가천대학교 논술고사
실전 모의고사

자연 계열(수학+국어)

시대에듀

2025 가천대학교 논술고사 실전 모의고사 자연 계열

Always **with you**

사람의 인연은 길에서 우연하게 만나거나 함께 살아가는 것만을 의미하지는 않습니다.
책을 펴내는 출판사와 그 책을 읽는 독자의 만남도 소중한 인연입니다.
시대에듀는 항상 독자의 마음을 헤아리기 위해 노력하고 있습니다. 늘 독자와 함께하겠습니다.

머리말

반갑습니다. 이 책의 저자 이규정, 오지연입니다.

우선 많은 수험서 중에서도 이 책을 선택해 준 여러분께 감사의 마음을 전합니다. 수능 이전에 이 책을 만난 학생들에게는, 약술형 논술고사를 선택한 새로운 도전이 여러분의 논리력 향상과 가천대학교 합격이라는 두 마리 토끼를 모두 잡게 해 줄 것이라고 약속드리고 싶습니다. 수능 이후 이 책을 만난 학생이라면, 수능에 응시하느라 정말 고생 많으셨고, 이 책을 마지막으로 여러분의 긴 수험 생활이 행복으로 마무리될 수 있도록 최선을 다하시라고 말씀드리고 싶습니다. 어느 순간 여러분을 만날지 알 수 없지만, 어디선가 여러분의 합격을 위해 저희도 열심히 노력하고 있을 것입니다.

약술형 논술을 정복하려면,

약술형 논술고사는 기존의 논술시험과 전혀 다른 형식과 풀이 과정을 가지고 있습니다. 게다가 약술형 논술 전형은 신설된 지 얼마 되지 않아 참고할 수 있는 기출문제나 문제집이 많지 않습니다. 이 때문에 약술형 논술고사는 학생들에게 두려운 도전이자 모험이었을 것입니다. 공부를 어디서부터 시작해야 하는지도 막막하였을 것입니다.

포기하지 마세요.

그래서 저희가 나섰습니다. 실제 출제 범위인 『수능특강』·『수능완성』 교재와 평가원, 수능 기출문제를 샅샅이 살피고, 연계 변형하여 출제하였습니다. 나아가 학생들의 부담을 최소화하고, 양질의 문제들로 구성하여 한 문제를 풀더라도 열 문제를 푼 것과 같은 효과를 가져올 수 있도록 풍부한 해설을 준비하였습니다.

도전하세요, 끝까지!

모의고사를 풀 때도 논술고사장에서 푸는 것처럼 80분을 정확하게 지켜주세요!
국어와 수학 과목은 따로따로 나누어서 풀지 말고, 한꺼번에 실전처럼 풀어 주세요!
해설을 꼼꼼하게 참고하며 냉정하게 채점하고, 분석해 주세요!
이러한 작은 노력이 여러분을 합격으로 이끌어 줄 것입니다.

여러분의 합격을 응원합니다.

많은 이들이 논술 전형은 어렵다고들 합니다. 하지만 그 어려움을 뚫고 합격한 기쁨은 말로 표현할 수 없을 만큼 클 것입니다. 합격의 짜릿함을 위해 조금만 참고 인내하시기를 바랍니다. 부디 합격자 중 한 명이 되시어, 가천대학교에서 '최초가 최고가 되는 미래'를 누리시기를 간절히 바랍니다.

저자 이규정, 오지연 드림

가천대학교 논술 전형 알아보기

시험 특징

가천대학교 논술고사는 본교에 지원한 수험생들이 고등학교 교육과정을 통해 대학 교육에 필요한 수학능력을 갖추었는지 평가합니다. 그러므로 평소 학교 교육과 대학수학능력시험을 성실하게 공부한 학생이라면 별도의 준비가 없어도 논술 고사에 대비할 수 있습니다.

출제 방향

학생들의 수험 준비 부담 완화를 위해 EBS 수능 연계 교재를 중심으로 고등학교 정기고사 서술형 · 논술형 문항의 난이도로 출제할 예정입니다.

준비 방법

학교 수업과 정기고사의 서술형 · 논술형을 충실하게 준비하는 것이 좋으며, EBS 연계 교재를 꼼꼼하게 공부한다면 좋은 성과를 얻을 수 있을 것입니다.

전형 일정

구분	일시	비고
고사장 확인	2024. 11. 12. (화)	
인문 계열, 컴퓨터공학과, 간호학과, 클라우드공학과, 바이오로직스학과	2024. 11. 25. (월)	가천대학교 입학처 홈페이지
자연 계열	2024. 11. 26. (화)	
합격자 발표	2024. 12. 13. (금)	

전형 방법

논술 100%

🌀 선발 원칙

논술고사 성적의 총점 순으로 선발합니다(수능 최저학력기준을 충족한 자).

🌀 수능 최저학력기준

모집 단위	반영 영역	최저학력기준
인문 계열, 자연 계열	국어, 수학, 영어, 사회/과학탐구(1과목)	1개 영역 3등급 이내
바이오로직스학과	국어, 수학, 영어, 사회/과학탐구(1과목)	2개 영역 등급 합 5 이내
클라우드공학과	국어, 수학(기하, 미적분), 영어, 과학탐구(2과목)	2개 영역 등급 합 4 이내 (과학탐구 적용 시 2과목 평균, 소수점 절사)

🌀 평가 방법

계열	문항 수		배점	총점	고사 시간	답안지 형식
	국어	수학				
인문	9	6	각 문항 10점	150점 + 850점 (기본 점수)	80분	노트 형식의 답안지 작성
자연	6	9				

🌀 출제 범위 및 평가 기준

구분	출제 범위	평가 기준
국어	고등학교 1학년 국어 (문학, 독서, 화법, 작문, 문법 영역)	• 문항에서 요구하는 조건에 충실한 답안 • 제시문의 핵심 내용을 정확하게 표현한 답안
수학	수학 I , 수학 II	• 문제해결에 필요한 개념과 원리에 대한 정확한 서술 • 정확한 용어, 기호를 사용한 표현

※ 그 외 구체적인 사항은 가천대학교 홈페이지 내 모집요강과 전형 안내 문서를 반드시 확인하세요.

이 책의 구성과 특징

본책 | 제1회~제7회 실전 모의고사

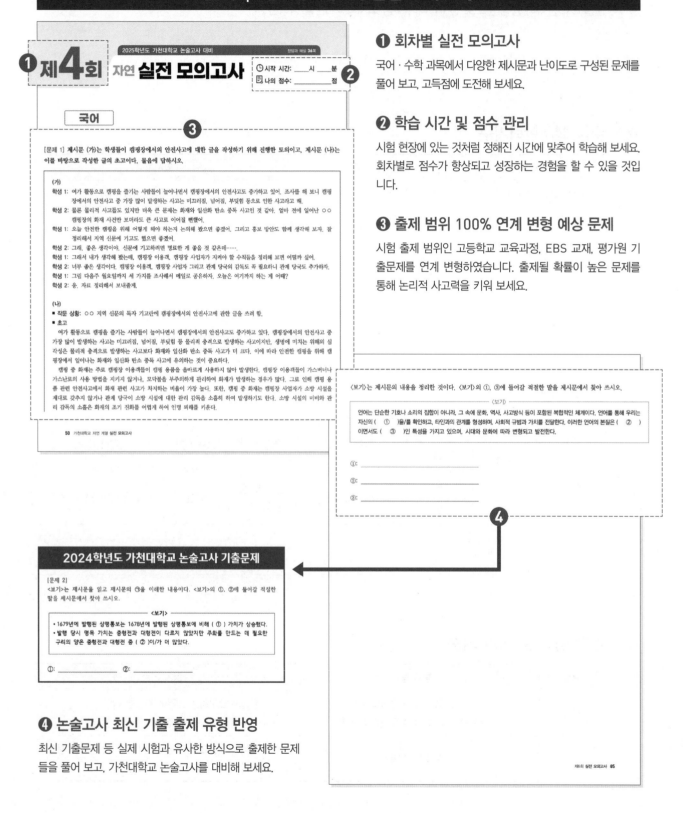

❶ 제4회 2025학년도 가천대학교 논술고사 대비 정답과 해설 36쪽
자연 실전 모의고사
❷ ⏱ 시작 시간: ____시 ____분
📋 나의 점수: _____점

국어

❸

[문제 1] 제시문 (가)는 학생들이 캠핑장에서의 안전사고에 대한 글을 작성하기 위해 진행한 토의이고, 제시문 (나)는 이를 바탕으로 작성한 글의 초고이다. 물음에 답하시오.

(가)
학생 1: 여가 활동으로 캠핑을 즐기는 사람들이 늘어나면서 캠핑장에서의 안전사고도 증가하고 있어. 조사를 해 보니 캠핑장에서의 안전사고 중 가장 많이 발생하는 사고는 미끄러짐, 넘어짐, 부딪힘 등으로 인한 사고라고 해.
학생 2: 물론 물리적 사고들도 있지만 더욱 큰 문제는 화재와 일산화 탄소 중독 사고인 것 같아. 얼마 전에 일어난 ○○ 캠핑장의 화재 사건만 보더라도 큰 사고로 이어질 뻔했어.
학생 1: 오늘 안전한 캠핑을 위해 어떻게 해야 하는지 논의해 봤으면 좋겠어. 그리고 홍보 방안도 함께 생각해 보자. 잘 정리해서 지역 신문에 기고도 했으면 좋겠어.
학생 2: 그래, 좋은 생각이야. 신문에 기고하려면 명료한 게 좋을 것 같은데…….
학생 1: 그래서 내가 생각해 봤는데, 캠핑장 이용객, 캠핑장 사업자가 지켜야 할 수칙들을 정리해 보면 어떨까 싶어.
학생 2: 너무 좋은 생각이네. 캠핑장 이용객, 캠핑장 사업자 그리고 관계 당국의 감독도 꼭 필요하니 관계 당국도 추가하자.
학생 1: 그럼 다음주 월요일까지 세 가지를 조사해서 메일로 공유하자. 오늘은 여기까지 하는 게 어때?
학생 2: 응. 자료 정리해서 보내줄게.

(나)
■ 작문 상황: ○○ 지역 신문의 독자 기고란에 캠핑장에서의 안전사고에 관한 글을 쓰려 함.
■ 초고
　여가 활동으로 캠핑을 즐기는 사람들이 늘어나면서 캠핑장에서의 안전사고도 증가하고 있다. 캠핑장에서의 안전사고 중 가장 많이 발생하는 사고는 미끄러짐, 넘어짐, 부딪힘 등 물리적 충격으로 발생하는 사고이지만, 생명에 미치는 위해의 심각성은 물리적 충격으로 발생하는 사고보다 화재와 일산화 탄소 중독 사고가 더 크다. 이에 따라 안전한 캠핑을 위해 캠핑장에서 일어나는 화재와 일산화 탄소 중독 사고에 유의하는 것이 중요하다.
　캠핑 중 화재는 주로 캠핑장 이용객들이 캠핑 용품을 올바르게 사용하지 않아 발생한다. 캠핑장 이용객들이 가스버너나 가스난로의 사용 방법을 지키지 않거나, 모닥불을 부주의하게 관리하여 화재가 발생하는 경우가 많다. 그로 인해 캠핑 용품 관련 안전사고에서 화재 관련 사고가 차지하는 비율이 가장 높다. 또한, 캠핑 중 화재는 캠핑장 사업자가 소방 시설을 제대로 갖추지 않거나 관계 당국이 소방 시설에 대한 관리 감독을 소홀히 하여 발생하기도 한다. 소방 시설의 비비와 관리 감독의 소홀은 화재의 조기 진화를 어렵게 하여 인명 피해를 키운다.

50 가천대학교 자연 계열 실전 모의고사

〈보기〉는 제시문의 내용을 정리한 것이다. 〈보기〉의 ①, ③에 들어갈 적절한 말을 제시문에서 찾아 쓰시오.

─〈보기〉─
언어는 단순한 기호나 소리의 집합이 아니라, 그 속에 문화, 역사, 사고방식 등이 포함된 복합적인 체계이다. 언어를 통해 우리는 자신의 (①)을/를 확인하고, 타인과의 관계를 형성하며, 사회적 규범과 가치를 전달한다. 이러한 언어의 본질은 (②)이면서도 (③)인 특성을 가지고 있으며, 시대와 문화에 따라 변형되고 발전한다.

①: _____
②: _____
③: _____

❹

2024학년도 가천대학교 논술고사 기출문제

[문제 2]
〈보기〉는 제시문을 읽고 제시문의 ㉠을 이해한 내용이다. 〈보기〉의 ①, ②에 들어갈 적절한 말을 제시문에서 찾아 쓰시오.

─〈보기〉─
• 1679년에 발행된 상평통보는 1678년에 발행된 상평통보에 비해 (①) 가치가 상승했다.
• 발행 당시 명목 가치는 중형전과 대형전이 다르지 않았지만 주화를 만드는 데 필요한 구리의 양은 중형전과 대형전 중 (②)이/가 더 많았다.

①: _____　②: _____

제6회 실전 모의고사 85

❶ 회차별 실전 모의고사

국어·수학 과목에서 다양한 제시문과 난이도로 구성된 문제를 풀어 보고, 고득점에 도전해 보세요.

❷ 학습 시간 및 점수 관리

시험 현장에 있는 것처럼 정해진 시간에 맞추어 학습해 보세요. 회차별로 점수가 향상되고 성장하는 경험을 할 수 있을 것입니다.

❸ 출제 범위 100% 연계 변형 예상 문제

시험 출제 범위인 고등학교 교육과정, EBS 교재, 평가원 기출문제를 연계 변형하였습니다. 출제될 확률이 높은 문제를 통해 논리적 사고력을 키워 보세요.

❹ 논술고사 최신 기출 출제 유형 반영

최신 기출문제 등 실제 시험과 유사한 방식으로 출제한 문제들을 풀어 보고, 가천대학교 논술고사를 대비해 보세요.

책 속의 책 | 정답 및 해설

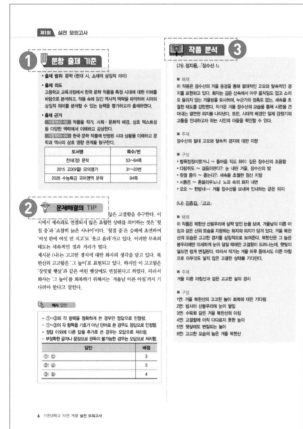

❶ 문항 출제 기준

출제 의도는 문제의 '정답'과 일맥상통합니다. 문항 출제 기준으로 출제자의 의도를 파악하여 문제 풀이의 정확성을 높여 보세요.

❷ 문제해결의 TIP

선생님의 자세한 해설을 읽어 보세요. 1:1 지도를 받는 것처럼 친절한 '문제해결의 TIP'은 명쾌한 이해를 도와줄 것입니다.

❸ 작품 분석

주요 작품의 해제, 주제, 구성, 줄거리를 파악할 수 있습니다. 핵심 내용을 공부해 두면 앞으로 문제를 풀 때 단단한 토대가 될 것입니다.

❹ 예시 답안

선생님께서 제시한 예시 답안을 내가 적은 답안과 비교하고, 따라 써 보세요. 중요 키워드를 정확하게 적어내는 연습을 할 수 있습니다.

❺ 다른 풀이

논술고사의 특성에 맞게 '다른 풀이'를 제공하였습니다. 내가 생각한 방식 이외에 다른 풀이 방법을 확인하고, 문제해결력을 기를 수 있습니다.

❻ 교과서 속 개념 확인

문제 풀이에 활용되는 교과서 속 개념을 제시하였습니다.
국어 · 수학 문제를 풀기 위한 기본적 개념을 알아 두세요.

CONTENTS

이 책의 차례

가천대학교

논술 실전 모의고사

자연 계열

가천대학교

제1회 실전 모의고사

지원 학과 : _____

성   명 : _____

문항 수	총 15 문항 (국어 6, 수학 9)	배점	각 문항 10점
시험 시간	80분	총점	150점 + 850점 (기본 점수)

제1회 자연 **실전 모의고사**

🕐 시작 시간: _____시 _____분
📋 나의 점수: _____점

국어

[문제 1] 다음은 학생이 작성한 논설문이다. 물음에 답하시오.

■ **작문 상황**
　도시 낙엽으로 인해 발생하는 문제와 이에 대한 해결 방안을 다룬 글을 ○○시 지역 신문 독자 기고란에 실으려 함.

■ **학생의 글**
　가을철 낙엽은 우리에게 아름다운 정취를 느끼게 한다. 그런데 특별한 처리 과정을 거치지 않아도 자연 순환되는 숲속 낙엽과 달리 도시 가로수들이 만들어 내는 도시 낙엽은 처리 과정에서 여러 가지 문제를 발생시킨다. 먼저, 도시 낙엽이 쌓이면 도로 위 보행자들이 미끄러지는 안전사고를 유발하거나 우천 시 하수구를 막아 침수 피해를 발생시키기도 한다. 그래서 지자체에서는 사람들이 많이 다니는 장소 위주로 도시 낙엽을 치우고 있지만, 처리 인력과 시간 등이 부족하여 제때 치우지 못한 낙엽이 발생하고 있는 실정이다. 다음으로, 수거된 도시 낙엽을 소각 처리하는 과정에서 추가 비용과 환경 오염 문제가 발생한다. 수거된 도시 낙엽은 다른 일반 쓰레기와 달리 폐기할 때 대부분 소각 처리를 하기 때문에 소각 비용이 추가로 들고, 대기 오염을 유발하는 유해 물질을 발생시킨다. 마지막으로, 도시 낙엽의 경제적 가치에 대한 인식이 부족하여, 수거된 도시 낙엽을 경제적 자원으로 활용하지 못하고 있는 실정이다. 지자체들이 수거된 도시 낙엽의 가치를 인식하고 활용 방안을 마련하기보다는 주로 폐기하는 방법으로 처리하고 있어 도시 낙엽의 문제가 더욱 심각해지고 있다. 도시 낙엽으로 인해 발생하는 문제점을 해결하기 위해서는 다음과 같은 노력이 필요하다.
　첫째, 지자체의 손길이 닿지 못하는 곳에 남은 도시 낙엽을 치우기 위해 시민들의 협조가 필요하다. 지자체에서는 도시 낙엽을 치워야 하는 이유를 캠페인 활동을 통해 시민들에게 알려 자발적인 참여를 유도해야 한다. 둘째, 도시 낙엽을 소각 처리하는 과정에서 발생하는 비용과 유해 물질을 줄이기 위해 낙엽 수거 전용 봉투의 사용을 확대할 필요가 있다. 일반 쓰레기가 섞이지 않게 낙엽 수거 전용 봉투를 사용하면 낙엽을 축사 바닥 깔개나 보온재로 농가에서 사용하는 등의 다양한 용도로 재사용할 수 있어 소각되는 도시 낙엽의 양을 줄일 수 있기 때문이다. 셋째, 지자체에서는 도시 낙엽을 경제적 자원으로 인식하고 재활용을 통해 가치를 창출할 수 있는 방안을 모색해야 한다. 도시 낙엽을 퇴비로 가공한 뒤 판매하는 것은 좋은 예가 될 수 있다. 더 나아가 도시 가로수의 주된 수종과 특성을 파악하여 낙엽을 경제적 자원으로 재활용하는 적합하고 효율적인 방안에 대한 연구도 활성화되어야 할 것이다.

〈보기〉는 제시문을 작성하기 전에 수립한 글쓰기 계획이다. 〈보기〉의 ①, ②가 반영된 문장을 제시문에서 찾아 각각의 첫 어절과 마지막 어절을 순서대로 쓰시오.

---〈보기〉---

① 낙엽을 치우지 않으면 안전상 어떤 문제점들이 생기는지를 작성해 경각심을 일으켜야겠어.

② 낙엽을 퇴비로 활용하는 경제적 가치를 알려줄 수 있는 구체적인 사례를 활용해 설명해야겠어.

㉠ 첫 어절: _____ , 마지막 어절: _____

㉡ 첫 어절: _____ , 마지막 어절: _____

| 2~3 | 다음 글을 읽고 물음에 답하시오.

근미래에 인간과 동등한 정신 능력을 지니고 인공 지능까지 탑재한 지능형 로봇이 등장할 것으로 보인다. 인간처럼 사고할 수 있으며, 설정된 목표를 향해 자율적으로 판단하고 실행에 옮기는 AI의 등장은 인간을 노동으로부터 자유롭게 하였고, 인간이 하던 많은 일들을 효율적으로 수행하여 생산성을 향상시켰다. 그러나 이렇게 유용한 인공 지능을 탑재한 지능형 로봇에 긍정적인 측면만 존재하는 것은 아니다. 인간의 명령에 따라 업무를 하던 중에 지능형 로봇이 범죄를 저지르게 된다면, 그 문제의 책임 소재는 누구에게 물을 것인가? 인간의 통제 속에 있지만 인간의 통제 밖에 있기도 한 지능형 로봇의 일에 인간의 법인 형법을 적용하는 것은 바람직한 것인가? 인간의 형법을 로봇에서도 적용한다고 했을 때, 범죄를 저지른 주체의 행위는 자발적인 것인가? 이와 같은 질문에는 무엇 하나 명확하게 답을 하기 어렵다. 따라서 지능형 로봇이 행한 일의 결과로 발생할 수 있는 문제를 어떻게 처리할 것인지에 대한 논의가 필요하다.

인공 지능을 탑재한 지능형 로봇이 범법 행위를 자행하였을 때, 형법에 따라 로봇이 책임을 지도록 하기 위해서는 그 행위가 로봇이 스스로 행한 일이어야 한다. 하지만 현행법은 인간의 행위만을 고려하여 제정하였기 때문에 로봇이 한 일에 대한 범죄 구성 요건을 명확하게 하기에는 한계가 있다. 또한, 지능형 로봇이라고 하더라도 인간으로부터 온전히 독립하여 사고하는 것은 불가능하다. 인간이 로봇에게 프롬프트를 통해 명령을 해야 로봇이 인식과 판단을 시작할 수 있기 때문이다. 프롬프트(prompt)는 컴퓨팅 분야에서 주로 사용되는 용어로, 사용자에게 명령을 입력하도록 유도하는 화면 또는 인터페이스를 말한다.

최근에는 인간 중심의 법체계를 뛰어넘어 AI를 탑재한 지능형 로봇을 수용할 수 있는 '체계 이론'을 설계해야 한다는 주장이 제기되고 있다. 체계 이론은 사회 현상을 관찰할 때, 대상을 근본적으로 재정의하여 실질적으로 면밀하게 살필 수 있어야 한다는 견해에서 비롯되었다. 체계 이론에서는 비록 AI 로봇이 자연인이 아닐지라도 독자적인 사회 구성원으로서 사회 체계 속에서 소통하며 사회에 지속적으로 참여한다면 법적인 지위를 부여해야 한다는 입장을 취한다. 이와 유사한 발상은 기존의 법체계에 존재하는 '법인'을 통해 확인할 수 있다. 법인은 전형적인 권리 능력의 주체인 자연인이 아니지만 법인격이 부여되어 법률상 권리와 의무의 주체가 될 수 있다. 자연인은 법률상으로 개인을 의미하며, 생물학적인 존재로서 권리와 의무를 가지고 있는 주체를 말한다. 지능형 로봇에 법률 권리와 의무가 귀속되는 법률상의 인격을 부여한다면, 지능형 로봇이 권리와 의무를 가지게 됨은 물론이고 더 나아가 지능형 로봇에게 형사 책임도 물을 수 있게 된다. 인공 지능의 작동 자체는 인간의 명령으로 부팅되지만, 그 이후의 행위는 사회적 체계 속에서 소통되며, 사회적 맥락을 형성하기 때문이다. 체계 이론의 시점에서는 범죄를 특정한 사회적 소통의 유형으로 보는데, 형사 책임을 물을 때에도 행위나 행위 주체에 중점을 두는 것이 아니라 소통 과정이나 방식에 중점을 둔다. 따라서 이 소통의 방식이 위법하다면 범죄로 인정하는 것이다.

그렇다면 다음과 같은 문제를 제기할 수 있다. 지능형 로봇에게 위법 행위가 가능한 범죄 능력이 있다고 상정했을 때, 지능형 로봇에게 범죄의 책임을 물어 처벌을 하는 것은 바람직한 것인가? 처벌은 징계적·응보적·회복적·예방적 목적으로 내린다. 특히 예방적 목적의 처벌은 범죄자의 교화와 재사회화를 통해 범죄를 예방하는 것을 목표로 한다. 그러나 탑재된 AI 시스템에 자정 장치가 없는 한 지능형 로봇은 동일한 명령에 동일한 행위를 반복할 것으로, 처벌을 하더라도 예방적 목적이 퇴색될 수 있다. 또한, 응보적 목적의 처벌은 범죄 피해자가 입은 손상에 대한 형벌을 내리는 것이지만 지능형 로봇이 스스로 금전적 혹은 정신적 보상을 할 수 없기에 이에 대한 기술적·윤리적 논의가 추가적으로 필요하다.

[문제 2]

〈보기〉는 제시문의 요약문을 작성하기 위해 정리한 것이다. ⑦~② 중 적절한 것 한 개를 찾아 기호를 쓰시오.

─────────────────── 〈보기〉 ───────────────────

⑦ 법인과 지능형 로봇은 기존 형법에서 규정하고 있는 행위 능력이 있는 자연인이다.

© 징계적 측면에서 본다면, AI 로봇은 동일한 명령에 동일한 행위를 반복할 가능성이 있으므로 처벌을 통한 범죄 예방 효과는 퇴색될 수 있음을 경계해야 한다.

© 체계 이론은 최근에 제기된 주장으로, 기존의 이론보다 형식적인 접근으로, 인간 중심의 법체계가 아닌 AI를 포함할 수 있는 체계를 설계해야 한다고 말한다.

② 체계 이론은 인공 지능 로봇이 사회 구성원으로서 사회적 소통에 참여한다면 법적 지위를 부여해야 한다는 입장을 취하며, 법적 처벌 기준으로는 인공 지능 로봇의 행위 그 자체보다는 소통 방식의 위법성 여부를 중시한다.

───

[문제 3]

〈보기1〉은 제시문을 읽고 탐구 활동을 실시한 것이다. 〈보기1〉의 사례를 이해하여, 〈보기2〉의 ①, ②에 들어갈 적절한 말을 제시문에서 찾아 쓰시오.

─────────────────── 〈보기1〉 ───────────────────

선생님: 자율 주행 자동차가 사고를 냈다고 가정해 봅시다. 이런 경우에는 누가 사고의 책임을 져야 할까요?

학생: 선생님, 자율 주행 자동차는 기술적인 시스템에 의해 운행되기 때문에 운전자의 개입이 없는 상황에서 사고가 발생한 것이라 고민이 됩니다.

선생님: 맞아요. 일반적으로는 운전 사고는 운전자가 사고의 책임을 지지만, 자율 주행 자동차의 경우에는 운전자가 직접 운행하지 않는 상황이기 때문이죠.

학생: 아마도 자율 주행 시스템을 개발하고 제작한 기업이나 제조사에게도 일정 부분의 책임이 있을 것 같아요. 이것은 시스템의 결함이나 오작동으로 인해 사고가 발생한 경우라고 생각이 되어서요.

선생님: 그렇군요. 만약, 기술이 더 발전하여 자율 주행 자동차가 더욱 진화하여 인간처럼 사고하고 인간처럼 행위할 수 있다면 어떻게 해야 할까요? 스스로 판단하여 물건을 수송하고, 도로 상황을 점검하고, 신호 체계도 스스로 이해하여 주행을 선택한 거라면, 그래도 제조사에서 책임을 져야 할까요?

───

─────────────────── 〈보기2〉 ───────────────────

〈보기1〉의 사례에서 학생은 기존의 법체계에서 자율 주행 자동차는 권리와 의무의 주체인 (①)이/가 아니라고 판단하였다. 따라서 자율 주행 자동차는 인간의 명령에 의해 움직이는 것일 뿐, 스스로 사고하여 행위하는 주체가 아니기에 사고 발생 시 그 책임을 제조사에서 담당해야 한다고 본 것이다. 그러나 (②)에 따르면 자율 주행차는 인간과 소통하며 사회 속에 참여하고 있어 충분히 사회적·법적 책임을 부여받아 범죄 능력뿐 아니라 범법 행위에 대한 책임을 져야 한다.

───

①: _____

②: _____

[문제 4] 다음 글을 읽고 물음에 답하시오.

정약용은 독서를 통해 지식을 습득하고 사고력을 향상시키는 것이 중시하며, 한 권의 책을 깊게 읽는 정독을 권유하였다. 그는 독서 방법의 단계를 입지(立志), 해독(解讀), 판단(判斷), 초서(抄書), 의식(意識)의 다섯 가지로 구분하여 제시하였는데, 이 중에서 특히 초서 단계의 중요성을 강조하며, 자신의 생각을 적는 초서 단계에서는 게으름을 피우지 않아야 한다고 하였다. 다섯 가지 독서 단계를 통해 효과적으로 정보를 이해하고 활용하는 정약용의 독서 방법론은 현대에도 많은 영향을 미치고 있다.

정약용이 제시한 독서법의 첫 번째 단계인 '입지'는 독서 전 준비 과정이다. 이 단계에서는 미리 보기를 실행하며 자신의 관심사나 선호도를 확인하고, 이전의 경험들을 바탕으로 독서에 대한 마음가짐과 태도를 정립하는 것이 중요하다. 두 번째 단계인 '해독'은 글을 실제로 읽고 내용을 해석하면서 이해하는 과정이다. 이는 단순한 텍스트의 이해를 넘어 더 깊은 의미와 메시지를 발견하는 것을 의미한다. 다산은 글의 본질을 파악하고 내포된 메시지를 탐구하는 것은 학자로서의 역량을 키우는 중요한 요소이므로 해독 과정에 심혈을 기울여야 한다고 강조하였다. 세 번째 단계인 '판단'은 독자가 글을 능동적으로 헤아리고 비판하는 과정이다. 이는 자신만의 견해나 관점을 기준으로 새로 읽은 내용을 판단하고 취사선택하는 것을 의미한다.

'초서'는 해독과 판단이 끝나고 시작된다. 네 번째 단계인 '초서'는 독서한 내용을 체계적으로 정리하고 중요한 부분을 선별하는 과정을 의미한다. 이는 단순히 내용을 베껴 쓰는 것이 아니라, 독자가 판단한 결과를 기반으로 자신이 택한 문장과 그에 대한 자신의 견해를 기록하는 것을 말한다. 초서는 독자가 글을 더 깊이 이해하고 자신의 생각을 정리하는 데 도움이 되는 중요한 단계이다. 마지막 단계인 '의식'은 독서와 쓰기를 통합하여 통찰력을 얻고 자신만의 지식과 견해를 창조하는 단계이다. 다산은 의식 단계를 거치면서 독서한 내용을 더 깊이 이해할 수 있고, 이를 통해 쉽게 책을 쓰는 단계로 나아갈 수 있다고 보았다.

〈보기1〉과 〈보기2〉는 독서 방법에 대해 조사한 내용이다. 〈보기1〉과 〈보기2〉의 ①, ②에 들어갈 적절한 말을 제시문에서 찾아 쓰시오.

〈보기1〉

손, 뇌와의 상호 작용으로 책을 읽는 새로운 방법 발견

독서는 우리 뇌를 활발하게 자극하는 활동으로 잘 알려져 있다. 그러나 독서의 형태와 방식에 따라 기억에 남는 정도가 달라질 수 있다고 한다. 독일의 철학자 칸트는 "손은 바깥으로 드러난 또 하나의 두뇌"라고 말하며 손을 사용하여 떠오르는 생각을 정리하며 책을 읽는 것은 뇌를 더욱 활발하게 만들어 기억력을 향상시킬 수 있다고 하였다. 손과 손가락은 우리 대뇌피질의 감각 및 운동 영역을 가장 넓게 차지하고 있어 손가락을 움직이는 것은 뇌를 광범위하게 자극하고 활동한다. (①) 독서법은 책을 읽을 때 손을 사용하여 떠오르는 생각들을 정리하는 것인데, 독서 노트를 만들어 보는 것도 추천한다. 단, 문장을 그대로 필사 과정은 생각을 정리하는 것에 적합하지 않기에 경계해야 한다.

〈보기2〉

독서를 통해 자신의 근본을 발견하라

독서는 우리의 세계를 넓히고 새로운 경험을 쌓는 소중한 방법 중 하나이다. 그러나 독서를 시작하기 전에 우리는 자신의 관심사를 명확히 하는 것이 중요한데, 이를 (②) 독서법이라고 한다. 책의 목차를 훑어보고 몇 페이지를 살펴보는 과정에서 우리는 책의 내용과 주제를 간단히 파악할 수 있고, 이전의 경험들을 떠올리며 자신의 관심사와 책의 연관성을 찾아볼 수 있다. 예를 들어, 자연 과학에 관심이 많은 독자라면 책의 목차와 일부 내용을 통해 해당 주제에 대한 새로운 정보를 얻을 수도 있을 것이다.

①: _____

②: _____

[문제 5] 다음 글을 읽고 물음에 답하시오.

[앞부분 줄거리] 당초 예상보다 이르게 목욕탕 수리를 마무리한 임 씨는 '그'와 '그'의 아내에게 집에 더 손볼 곳이 있으면 봐 주겠다고 제안을 하고, 임 씨가 수리비 비용을 과하게 청구할까 봐 불안했던 '그'는 옥상 방수 공사를 추가로 부탁한다. 임 씨를 도와 옥상 방수 공사를 늦은 시간까지 하면서 '그'는 집수리 일이 생각보다 어렵다는 것을 알게 된다. 또, 임 씨의 정직한 계산서를 받고 자신이 임 씨를 오해했음에 부끄러움을 느낀다.

"좋수다. 형씨. 한잔하십시다."

임 씨가 호기를 부리며 소리 나게 잔을 부딪쳤다.

"그렇지, 그렇지. 다 같은 토끼 새끼 주제에 무슨 얼어 죽을 사장이야!"

그의 허세도 임 씨 못지않았으므로 이윽고 두 사람은 주거니 받거니 술잔을 비우기 시작하였다.

"내가 이래 봬도 자식 농사는 꽤 지었지요."

임 씨는 자신의 아들딸이 네 명이란 것, 큰놈은 국민학교 4학년인데 공부를 썩 잘하고 둘째 딸년은 학교 대표 농구 선수인데 박찬숙 못지않을 재주꾼이라고 자랑했다.

"그놈들 곰국 한번 못 먹인 게 한이오, 형씨. 내 이번에 가리봉동에 가면 그 녀석 멱살을 휘어잡아야지."

임 씨가 이빨 사이로 침을 찍 뱉었다. 뭐 맛있는 거나 되는 줄 알고 김 반장의 발발이 새끼가 쪼르르 달려왔다.

"가리봉동에 가면 곰국이 나와요?"

임 씨가 따라 주는 잔을 받으면서 그는 온몸을 휘감는 술기운에 문득 머리를 내둘렀다. 아까부터 비 오는 날에는 가리봉동에 간다는 임 씨의 말이 술기운과 더불어 떠올랐다.

"곰국만 나오나. 큰놈 자전거도 나오고 우리 농구 선수 운동화도 나오지요. 마누라 빠마값도 쏙 빠집니다요. 자그마치 팔십만 원이오, 팔십만 원. 제기랄. 쉐타 공장 하던 놈한테 일 년 내 연탄을 대 줬더니 이놈이 연탄값 떼어먹고 야반도주 했어요. 공장이 망했다고 엄살을 까길래, 내 마음인들 좋았겠소. 근데 형씨, 아, 그놈이 가리봉동에 가서 더 크게 공장을 차렸지 뭡니까. 우리네 노가다들, 출신이 다양해서 그런 소식이야 제꺼덕 들어오지, 뭐."

"그럼 받아야지, 암. 받아야 하구 말구."

그는 딸꾹질을 시작했다. 임 씨에게 술을 붓는 손도 정처 없이 흔들렸다. 그에 비하면 임 씨의 기세 좋은 입만큼은 아직 든든하다.

"누군 받기 싫어 못 받수. 줘야 받지. 형씨, 돈 있는 놈은 죄다 도둑놈이오. 쫓아가면 지가 먼저 울상이네. 여공들 노임도 밀렸다, 부도가 나서 그거 메우느라 마누라 목걸이까지 팔았다고 지가 먼저 성깔 내."

"쥑일 놈."

그는 스웨터 공장 사장을 눈앞에 그려 본다. 빤질빤질한 상판에 배는 툭 불거져 나왔겠지.

"그게 작년 일인데 형씨, 올여름에 비가 오죽 많았소. 비만 오면 가리봉동에 갔지요. 비만 오면 갔단 말이오."

"아따, 일 년 삼백육십오 일 비 오는 날은 쌔고 쌨는디 머시 그리 걱정이당가요?"

김 반장이 맥주를 새로 가져오며 임 씨를 놀려 먹었다.

"시끄러, 임마. 비가 와야 가리봉동에 가지, 비가 와야……."

"해 뜨는 날은 돈 벌어서 좋고, 비 오는 날은 돈 받아서 좋고, 조오타!"

김 반장이 젓가락으로 장단까지 맞추자 임 씨는 김 반장 엉덩이를 찰싹 갈긴다.

"형씨, 형씨는 집이 있으니 걱정할 것 없소. 토끼띠면 어쩔 거여. 집이 있는데, 어디 집값이 내리겠소?"

"저런 것도 집 축에 끼나……."

이번엔 또 무슨 까탈을 일으킬 것인지, 시도 때도 없이 돈을 삼키는 허술한 집이라고 대꾸하려다가 임 씨의 말에 가로채여서 그는 입을 다물었다.

"난 말요. 이 토끼띠 사내는 말요, 보증금 백오십만 원에 월세 삼만 원짜리 지하실 방에서 여섯 식구가 살고 있소. 가리봉동 그 새끼는 곧 죽어도 맨션아파트요, 맨션아파트!"

임 씨는 주먹을 흔들며 맨션아파트라고 외쳤는데 그의 귀에는 꼭 맨손 아파트처럼 들렸다.

"돈 받으러 갈 시간도 없다구. 마누라는 마누라대로 벽돌 찍는 공장에 나댕기지, 나는 나대로 이 짓 해서 벌어야지. 그래도 달걀 후라이 한 개 마음 놓고 못 먹는 세상!"

임 씨의 목소리가 거칠어졌다. 술이 너무 과하지 않나 해서 그는 선뜻 임 씨에게 잔을 돌리지 못하고 있었다.

"돌고 돌아서 돈이라고? 돌고 도는 돈 본 놈 있음 나와 보래! 우리 같은 신세는 평생 이 지랄로 끝장이야.

돈? 에이! 개수작 말라고 해."

임 씨가 갑자기 탁자를 내리쳤다. 그 바람에 기우뚱거리던 맥주병이 기어이 바닥으로 나뒹굴면서 요란한 소리를 내었다.

"참고 살다 보면 나중에는……."

"모두 다 소용없는 일이야!"

임 씨의 기세에 눌려 그는 또 말을 맺지 못하고 입을 다물었다. 나중에는 임 씨 역시 맨션아파트에 살게 되고 달걀 프라이쯤은 역겨워서, 곰국은 물배만 채우니 싫어서 갖은 음식 타박에 비 오는 날에는 양주나 찔끔거리며 사는 인생이 될 것이다, 라고 말할 수는 없었다. 천 번 만 번 참는다고 해서 이 두터운 벽이, 오를 수 없는 저 꼭대기가 발밑으로 걸어와 주는 게 아님을 모르는 사람이 그 누구인가.

그는 임 씨의 핏발 선 눈을 마주 보지 못하였다. 엉터리 견적으로 주인 속이는 일꾼이라고 종일토록 의심하며 손해 볼까 두려워 궁리를 거듭하던 꼴을 눈치채이지는 않았는지, 아무래도 술기운이 확 달아나 버리는 느낌이었다.

– 양귀자, 「비 오는 날이면 가리봉동에 가야 한다」

〈보기〉는 제시문에 대한 설명의 일부이다. 〈보기〉의 ①, ②에 들어갈 적절한 말을 제시문에서 찾아 쓰시오.

───── 〈보기〉 ─────

작가 양귀자는 이 소설을 통해 80년대의 암울한 사회 구조의 폭력을 비판하고 있다. 1980년대 공장들이 밀집해 있던 가리봉동은 가난한 사람들의 현실적인 삶을 보여주는 공간이다. 부도덕한 자본가는 하층 노동자를 희생시키며, 서민들의 돈을 떼먹고 호의호식하는 부도덕한 인간형으로 그려지고 있다. 반면, 열심히 살아가는 임 씨가 가난하게 사는 모습을 보며, 정직하고 성실한 사람이 제대로 대우받지 못하는 사회 문제를 보여주고자 하였다. 성실하지 않지만 부유하게 살아가는 스웨터 공장 사장이 사는 (①)은/는 부유층의 상징이자 가리봉동 주민들과의 계층적 차이를 드러내는 소재이다. (②)은/는 부유층과 빈민층 간의 단절을 상징적으로 나타내며, 심각한 계층 갈등과 불평등의 문제를 고발하고 있다.

①: _____

②: _____

[문제 6] 다음 글을 읽고 물음에 답하시오.

(가)

  벌목정정(伐木丁丁)*이랬거니 아람드리 큰 솔이 베어짐 직도 하이 ⊙ 골이 울어 메아리 소리 쩌르렁 돌아옴 직도 하이 다람쥐도 좇지 않고 멧새도 울지 않아 ⓒ 깊은 산 고요가 차라리 뼈를 저리우는데 눈과 밤이 종이보다 희고녀! 달도 보름을 기다려 흰 뜻은 한밤 이 골을 걸음이랸다? ⓒ 윗절 중이 여섯 판에 여섯 번 지고 웃고 올라간 뒤 조찰히* 늙은 사나이의 남긴 내음새를 줍는다? 시름은 바람도 일지 않는 고요에 심히 흔들리우노니 오오 견디랸다 차고 올연(兀然)히* 슬픔도 꿈도 없이 장수산(長壽山) 속 ⓓ 겨울 한밤내—

– 정지용, 「장수산 1」

* 벌목정정: 『시경(詩經)』의 '소아(小雅) 벌목(伐木)' 편에 있는 구절. 커다란 나무를 산에서 벨 때 쩡 하고 큰 소리가 난다는 뜻.
* 조찰히: 맑고 그윽하게.
* 올연히: 홀로 우뚝하게.

(나)

  북한산(北漢山)이
  다시 그 높이를 회복하려면
  다음 겨울까지는 기다려야만 한다.

  밤사이 눈이 내린,
  그것도 백운대(白雲臺)나 인수봉(仁壽峰) 같은
  높은 봉우리만이 ⓐ 옅은 화장을 하듯
  가볍게 눈을 쓰고

  왼 산은 차가운 수묵(水墨)으로 젖어 있는,
  어느 ⓑ 겨울날 이른 아침까지는 기다려야만 한다.

  ⓒ 신록(新綠)이나 단풍,
  골짜기를 피어오르는 안개로는,
  눈이래도 왼 산을 뒤덮는 적설(積雪)로는 드러나지 않는,

  심지어는 ⓓ 장밋빛 햇살이 와 닿기만 해도 변질하는,
  그 고고한 높이를 회복하려면

  백운대와 인수봉만이 가볍게 눈을 쓰는
  어느 겨울날 이른 아침까지는
  기다려야만 한다.

– 김종길, 「고고(孤高)」

〈보기〉는 제시문 (가)와 (나)에 대한 해설의 일부다. 〈보기〉의 ①~③에 들어갈 적절한 기호를 제시문에서 찾아 쓰시오.

―――――――――――――――――――― 〈보기〉 ――――――――――――――――――――

(가)와 (나)는 각각 장수산과 북한산이라는 산(山)을 공간적 배경으로 삼고 있는 작품이다. (가)는 깊고 고요한 겨울산의 모습을 통해 지향하는 정신적인 경지를 드러내고 있다. 바람 한 점 없고, 다람쥐도 멧새도 울지 않는 깊은 산은 절대적으로 고요한 세계이다. 이러한 차고 외로운 겨울을 이겨내겠다는 치열한 정신은 일제 강점기를 살아내겠다는 의지와 상통한다. 또한, (①   )을 통해 탈속적 태도에 대한 지향이 드러난다. (나)의 화자가 궁극적으로 지향하는 경지는 (②   )와 같은 조그만 것에도 변질되고 만다. 따라서 화자는 원하는 대상이 드러나는 (③   )를 기다리고 있다.

①: ＿＿＿＿＿＿＿＿＿＿＿＿＿＿＿＿＿＿＿＿＿＿＿

②: ＿＿＿＿＿＿＿＿＿＿＿＿＿＿＿＿＿＿＿＿＿＿＿

③: ＿＿＿＿＿＿＿＿＿＿＿＿＿＿＿＿＿＿＿＿＿＿＿

수학

[문제 07]

다음은 8의 세제곱근 중 실수인 것을 α, 허수인 것을 각각 β, γ라 할 때, $\dfrac{\beta^3 + \gamma^3}{\alpha}$ 의 값을 구하는 과정이다. 빈칸에 알맞은 수식 또는 문자를 써넣어 다음의 풀이 과정을 완성하시오.

실수 a의 n제곱근은 방정식 $x^n = a$의 근임을 이용하자.

8의 세제곱근은 방정식 $x^3 = $ ① 의 근이다.

이 방정식을 풀면

$(x - 2)($ ② $) = 0$

이때 이차방정식 ② $= 0$의 판별식을 D라 하면

$D = $ ③ < 0

이므로 이 이차방정식은 서로 다른 두 허근을 갖는다.

따라서 $\alpha = $ ④ 이고, β, γ는 이차방정식 ② $= 0$의 근이다.

이차방정식의 근과 계수와의 관계에 의하여

$\beta + \gamma = $ ⑤ , $\beta\gamma = $ ⑥

이므로

$\beta^3 + \gamma^3 = $ ⑦

$\therefore \dfrac{\beta^3 + \gamma^3}{\alpha} = $ ⑧

[문제 08]

그림과 같이 중심이 원점 O이고 반지름의 길이가 6인 원이 직선 l과 점 P에서 접하고, 이때 삼각형 AOP의 넓이는 24이다.
직선 l이 x축의 양의 방향과 이루는 각의 크기를 θ라 할 때,
$\sin\theta + \cos\theta$의 값을 구하는 과정을 서술하시오. $\left(\text{단}, \dfrac{\pi}{2} < \theta < \pi\right)$

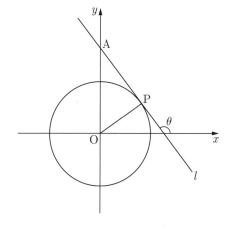

[문제 09]

양의 실수 m에 대하여 좌표평면에서 원 $x^2 + y^2 = 10$과 함수 $y = |mx|$의 그래프가 만나는 점 중 x좌표가 양수인 점을 P, x좌표가 음수인 점을 Q라 하고, 동경 OP가 나타내는 각의 크기를 α, 동경 OQ가 나타내는 각의 크기를 β라 하자. $\sin\alpha \times \cos\beta = -\dfrac{3}{10}$일 때, 서로 다른 m의 값의 합을 구하는 과정을 서술하시오.

(단, O는 원점이고, 시초선은 x축의 양의 방향이다.)

[문제 10]

첫째항이 2이고 공차가 3인 등차수열 $\{a_n\}$에 대하여

$$\sum_{k=1}^{n} \frac{1}{\sqrt{a_{k+1}} + \sqrt{a_k}} = \frac{4\sqrt{2}}{3}$$

를 만족시키는 자연수 n의 값을 구하는 과정을 서술하시오.

[문제 11]

두 함수 $f(x)$, $g(x)$가 $\lim\limits_{x \to 3} \dfrac{f(x-3)+3}{x+2} = 2$, $\lim\limits_{x \to 0} \dfrac{g(x+3)+4}{f(x)-2} = 3$을 만족시킬 때,

$\lim\limits_{x \to 2} f(x-2)g(x+1)$의 값을 구하는 과정을 서술하시오. (단, $f(x) \neq 2$)

[문제 12]

실수 전체의 집합에서 미분가능한 함수 $f(x)$에 대하여 $f(2)=-1$, $f(7)=9$이다. x의 값이 2에서 7까지 변할 때의 $f(x)$의 평균변화율을 p라 하고, 곡선 $y=f(x)$ 위의 점 $(3,\ f(3))$에서의 접선의 기울기를 q라 하자. $p=q$일 때, $\displaystyle\lim_{h\to 0}\dfrac{f(3+h)-f(3-h)}{h}$의 값을 구하는 과정을 서술하시오.

[문제 13]

다항함수 $f(x)$에 대하여 곡선 $y=f(x)$ 위의 점 $(2,\ f(2))$에서의 접선의 방정식이 $y=3x+4$이다. 함수 $g(x)=xf(x)$에 대하여 곡선 $y=g(x)$ 위의 점 $(2,\ g(2))$에서의 접선의 방정식을 구하는 과정을 서술하시오.

[문제 14]

두 상수 a, b에 대하여 함수 $f(x) = 2x^3 + 3x^2 + ax + b$가 다음 조건을 만족시킬 때, $b - a$의 값을 구하는 과정을 서술하시오.

> (가) 함수 $f(x)$는 $x = 1$에서 극값을 갖는다.
> (나) 닫힌구간 $[-2,\ 2]$에서 함수 $f(x)$의 최댓값은 30이다.

[문제 15]

다항함수 $f(x)$가 모든 실수 x에 대하여 $(x+1)f(x) = 3x^3 - 9x + \displaystyle\int_2^x f(t)dt$를 만족시킨다. $f(-2)$의 값을 구하는 과정을 서술하시오.

가천대학교

제2회 실전 모의고사

지원 학과 : _____

성   명 : _____

문항 수	총 15 문항 (국어 6, 수학 9)	배점	각 문항 10점
시험 시간	80분	총점	150점 + 850점 (기본 점수)

제**2**회 자연 실전 모의고사

국어

[문제 1] 다음은 학생회 학생들의 기획 회의이다. 물음에 답하시오.

학생 1: 지난 회의에서 학습플래너 사용률과 관련해 대화를 나누고 설문 조사 문항을 만들었잖아. 오늘은 그 후에 진행된 설문 조사의 결과를 바탕으로 우리 학교 학습플래너 사용률을 높이기 위한 방안에 대해 이야기해 보도록 할게. 먼저 설문 조사 결과를 보면서 사용률이 저조한 원인을 파악하고 해결 방안에 대해 논의해 보자.

학생 2: 설문 조사 결과를 보니 학습플래너 자체의 필요성을 느끼지 못하는 학생들이 많았고, 필요성은 있지만 학습플래너를 작성하는 방법을 잘 몰라서 사용하지 못하는 학생들도 의외로 많더라.

학생 1: 그렇구나. 혹시 다른 원인도 있었어?

학생 2: 학교에서 제공하는 학습플래너가 실용적이지 않다고 생각하는 경우도 많았어.

학생 1: 그러면 실용적이지 않다고 생각하는 구체적인 이유에는 어떤 것들이 있어?

학생 2: 학습플래너 크기가 너무 커서 가지고 다니기 불편하다고 하네.

학생 3: 맞아. 나도 가지고 다니면서 틈틈이 계획을 적고 점검하고 싶었는데 크기가 크니까 불편하더라.

학생 1: 그런 이유들이 있었구나. 그러면 지금까지 이야기한 것들을 바탕으로 우리 학교 학습플래너 사용률을 높일 수 있는 방안을 논의해 보자.

학생 2: 나는 학습플래너의 필요성과 작성법을 알려주는 홍보 활동이 필요하다고 생각해. 네 생각은 어때?

학생 3: 나도 홍보 활동이 좋은 해결 방안이라고 생각해. 우리 학교 학생 중 학습플래너를 작성해서 도움을 받았던 경험담을 소개하는 활동은 어떨까?

학생 2: 그래, 정말 좋은 생각이야. 경험담을 소개하면 학습플래너의 작성법도 알리고 자연스럽게 학습플래너의 필요성도 알릴 수 있을 것 같네.

학생 1: 그럼 학습플래너의 실용성은 어떻게 높일 수 있을까?

학생 2: 무조건 크기를 줄이는 것보다는 다양한 크기의 학습플래너가 있으면 좋을 것 같아.

학생 1: 네 생각이 맞는 것 같아. 그러면 오늘 회의 내용을 정리해서 학교에 건의문을 제출하도록 하자.

학생 3: 그리고 이러한 건의와 더불어 학생들의 다양한 요구를 지속적으로 반영할 수 있도록 기획단 구성도 제안하는 건 어떨까?

학생 1: 그것도 좋은 생각이다. 그러면 오늘은 여기까지 하고, 다음 회의 시간에는 오늘 회의 내용을 반영해서 담당 선생님께 드릴 건의문을 작성해 보도록 할게. 내가 초고를 작성해 올 테니 보완할 점에 대해 함께 의견을 나누어 보자.

〈보기〉는 제시문의 내용을 정리한 것이다. 〈보기〉의 ㉠, ㉡이 반영된 문장을 제시문에서 찾아 각각의 첫 어절과 마지막 어절을 순서대로 쓰시오.

〈보기〉

회의에 참여한 학생들은 학습플래너 제작을 통해 학습플래너의 필요성을 환기시키고 지속적인 홍보를 통해 학생들에게 도움을 주고자 한다. 이를 위해 학생들은 학습플래너 제작 목적, 홍보 방안, ㉠ 사용이 저조한 이유, 실용성의 보완 방법 등에 대해 논의하고 있다. 특히, 학생들은 회의를 통해 ㉡ 상대가 제안한 내용을 수용하며 그 효과를 언급하는 등 더 나은 발전 방향을 모색하기 위해 노력하고 있다.

㉠ 첫 어절: _____ , 마지막 어절: _____

㉡ 첫 어절: _____ , 마지막 어절: _____

| 2~3 | 다음 글을 읽고 물음에 답하시오.

'완전 경쟁 시장'은 다수의 기업이 질적인 면에서 같은 제품이나 서비스를 제공하는 시장을 말한다. 이와 같은 시장에서 시장 참가자인 개인이나 기업은 자유롭게 시장으로의 진입과 퇴출을 결정할 수 있다. 또한, 시장 참가자는 상품의 가격이나 품질 등의 정보를 가지고 있어야 한다. 이와 같이 거래 당사자가 완전한 정보를 가진다면 하나의 상품은 오직 하나의 가격으로만 시장에서 거래된다. 그러나 이러한 조건들을 충족하는 완전 경쟁 시장은 현실 세계에 존재하기 어렵다. 한편, '독점 시장'은 단일 기업이 시장에서 특정 상품의 유일한 공급자로 존재하는 시장이다. 이 시장에서 기업은 다른 기업들과 경쟁하지 않고 독자적으로 시장을 지배하며, 시장에서 완전한 통제력을 가지게 된다.

'독점적 경쟁 시장'은 생산물의 차별화를 수반하는 경쟁으로 완전 경쟁 시장과 독점 시장의 성격을 공통적으로 지니고 있는 시장이다. 이 시장의 특성은 다수의 공급자들이 존재하고, 공급자마다 차별화된 상품을 시장에 공급하고 있다는 점이다. 시장의 다양성은 각 상품이 서로 대체 가능함을 의미하기에 경쟁이 일어나는 특징을 가지고 있다. 그러나 독점적 경쟁 시장에서는 제품 품질, 마케팅, 고객 서비스 등의 차별화를 통한 경쟁이 주로 이루어진다. 스마트폰 앱 시장의 경우, 다수의 공급자가 동종의 앱을 제공하지만 각각의 앱은 기능, 디자인, 품질 상의 차이가 존재하고, 이에 따라 사용자에게 각기 다른 경험을 제공한다. 예를 들어, 소셜 미디어 앱은 다양하지만 각각의 앱은 차별화된 기능이나 인터페이스를 가지고 있기에 사용자들은 각자의 필요에 따라 특정 앱을 선택하여 사용할 수 있다. 따라서 개발자들은 사용자 친화적인 앱을 개발하기 위해 치열하게 경쟁을 하는 것이다.

독점적 경쟁 시장에서는 공급되는 상품의 품질이 동일하지 않으므로 기업은 자신의 상품에 대한 독점자로서 자신이 보유한 차별성에 따라 일정 범위에서 가격을 결정할 수 있다. 이때 독점적 경쟁 시장의 개별 기업은 이익의 극대화를 위해 '한계 수입'과 '한계 비용'이 일치하는 수준에서 공급량을 결정한다. 한계 수입은 기업이 생산량을 한 단위 증가할 때 얻게 되는 판매 수입으로, 해당 제품의 판매 가격과 동일하다. 한계 비용은 생산량이 한 단위 증가할 때 늘어나는 비용이다. 따라서 한계 수익에서 한계 비용을 빼면 기업이 제품을 한 단위 추가 생산하여 얻을 수 있는 순이익을 구할 수 있는데, 이때 수익이 비용을 초과해야만 ㉠ 초과 이윤이 발생한다.

시장 진입이 자유로운 독점적 경쟁 시장에서 기존의 기업이 초과 이윤을 내고 있다면 다른 기업도 초과 이윤을 얻기 위해 시장에 새롭게 진입할 것이다. 그러나 각 기업들이 생산한 제품은 서로 유사하기에 ㉡ 대체 관계에 놓이게 되고, 기존 기업의 상품에 대한 대체성이 높아지면 소비자의 수요는 분산되어 결국 개별 상품에 대한 수요가 줄어들게 된다. 수요의 감소는 초과 이윤이 사라지기 전까지 이어지는데, 수요가 감소하면 시장 가격이 하락하므로 개별 기업의 ㉢ 평균 수입 역시 감소하게 된다. 신규 기업의 진입으로 평균 수입의 감소가 이어져 평균 수입과 평균 비용이 같아지게 되면, 기업의 초과 이윤이 완전히 제거되고 0이 되므로 신규 기업의 진입이나 퇴출이 멈추게 된다. 이렇게 초과 이윤이 나지 않아 새로운 기업의 시장 진출이 일어나지 않는 상태를 ㉣ 장기 균형 상태라고 한다.

장기 균형으로 인해 독점적 경쟁 시장의 기업은 단기적으로만 초과 이윤을 얻을 수 있다. 따라서 기업은 이윤을 극대화하기 위해 여력이 있더라도 생산량을 축소한다. 독점적 경쟁 시장의 기업은 제품을 대량 생산하여 평균 비용을 낮추고 이를 통해 가격을 인하하는 전략을 택하는 것이 아니라 상품의 품질이나 서비스 등을 ㉤ 차별화하는 전략을 택하여 시장에서의 더욱 독점적인 지위를 유지하려 하는 것이다. 이는 생산의 효율성이 떨어지는 방식이지만, 소비자에게 폭넓은 선택의 기회를 제공한다. 각 기업이 차별화된 품질, 디자인, 기능, 서비스를 제공하는 비가격 경쟁을 하면, 고객은 제품의 특성뿐만 아니라 기업의 가치까지 고려하여 자신의 취향에 맞는 상품을 선택할 수 있게 된다. 또한, 기업은 시장에서 자신들의 독특한 정체성을 강조함으로써 고객들의 충성도를 높일 수 있다.

[문제 2]

〈보기〉는 제시문을 읽고 내용을 정리한 것인데, 〈보기〉의 ⓐ, ⓑ는 제시문의 내용과 일치하지 않는다. ⓐ, ⓑ를 올바르게 수정하려고 할 때, 적절한 말을 제시문에서 찾아 쓰시오.

― 〈보기〉 ―

• ⓐ <u>독점 시장</u>은 다수의 기업이 동일한 상품을 생산하고 판매하는 시장 모델로, 누구나 시장에서 주체가 될 수 있고, 하나의 상품은 단일 가격으로 거래된다.
• 독점적 경쟁 시장에서 개별 기업은 차별화된 상품을 공급한다. 기업들은 가격과 공급량을 조절할 수 있지만, 비가격 경쟁을 통해 독점적 지위를 유지하고자 한다. 이 과정에서 ⓑ <u>기업</u>의 선택권이 다양화되는 장점이 있다.

① ⓐ를 올바르게 수정한 것: _____

② ⓑ를 올바르게 수정한 것: _____

[문제 3]

〈보기1〉은 제시문을 읽고 '독점적 경쟁 시장'에 해당하는 산업을 조사한 것이다. 〈보기1〉을 참고하여 제시문의 ㉠~㉢ 중 〈보기2〉의 ①, ②에 들어갈 적절한 기호를 찾아 쓰시오.

― 〈보기1〉 ―

한국인의 커피 소비량은 세계 2위라고 한다. 한국인의 1인당 연간 커피 소비량이 약 400잔 정도이니, 한국에 커피 전문점이 많은 것은 어쩌면 당연할지도 모른다. 그러나 현실은 공급이 수요를 초과한 지 오래이다. 실제로 팬데믹 기간에 신규 커피 전문점 개점률은 2년 연속 상승세를 보였다. 공정위의 통계에 따르면, 신규 출점 수가 가장 많은 상위 네 개 브랜드가 모두 박리다매 구조로 영업을 추구하는 저가 커피 업체로, 각각 전국에 2,000곳 넘는 매장이 운영 중인 것으로 알려져 있다. 시장의 수요는 한정적이지만, 점포의 수가 늘어나면서 가맹점주들은 출혈 경쟁에 내몰리게 되었다. 이에 가맹점주들은 프랜차이즈 본사에서 시행하는 출점 전략만으로는 출혈 경쟁을 막는 것은 역부족이라고 판단하고, 출점 제한 조치 등 정부 차원의 규제가 필요하다고 주장하고 있다. 하지만 이 역시 근본적인 해결책으로 보기는 어렵다.

– 〈○○일보〉, 김○○ 기자

― 〈보기2〉 ―

〈보기1〉의 사례를 살펴보면, 커피 산업에 다수의 신규 사업자가 진입한 결과, 전국에는 수많은 커피 전문점이 생겨났다. 가성비 좋은 저렴한 원두의 공급으로 커피의 맛은 평준화되어 소비자들은 전국 어디서나 비슷한 맛의 커피를 맛볼 수 있게 되었다 해도 과언은 아니다. 이러한 커피 전문점은 서로 유사한 상품을 공급하는 (　①　)에 놓이게 되었다. 장기적으로 시장에서 지속 가능성을 확보하고, 소비자들의 다양한 선택권을 보장하기 위해서는 개별 기업들의 (　②　) 전략이 필요하다.

①: _____

②: _____

| 4~5 | 다음 글을 읽고 물음에 답하시오.

산산이 부서진 이름이여!
허공중에 헤어진 이름이여!
불러도 주인 없는 이름이여!
부르다가 내가 죽을 이름이여!

심중에 남아 있는 말 한마디는
끝끝내 마저 하지 못하였구나.
사랑하던 그 사람이여!
사랑하던 그 사람이여!

붉은 해는 서산마루에 걸리었다.
㉠ 사슴이의 무리도 슬피 운다.
떨어져 나가 앉은 산 위에서
나는 그대의 이름을 부르노라.

설움에 겹도록 부르노라.
설움에 겹도록 부르노라.
부르는 소리는 비껴가지만
하늘과 땅 사이가 너무 넓구나.

선 채로 이 자리에 돌이 되어도
부르다가 내가 죽을 이름이여!
사랑하던 그 사람이여!
사랑하던 그 사람이여!

– 김소월, 「초혼(招魂)」

[문제 4]

〈보기〉는 작품 해설의 일부이다. 〈보기〉의 ①, ②에 들어갈 적절한 말을 제시문에서 찾아 쓰시오.

─〈보기〉─

김소월의 「초혼(招魂)」은 죽은 사람의 이름을 세 번 부름으로써 그 사람을 소생하게 하려는 전통적인 의식인 고복 의식에서 시적 착상을 하여 창작되었다. 흔히 초혼(招魂)이라고 불리는 이 고복 의식은 이미 죽음으로 인하여 떠난 혼을 다시 불러 들여 죽은 사람을 살려내려는 인간들의 간절한 소망을 의식화한 것이다. 이 시에서 시적 화자는 사별로 인해 사랑하는 임과 단절된 상황을 절망적으로 인식하고 있다. (①   )와/과 (②   ) 사이의 거리감은 화자의 이러한 절망감을 심화하고 있다.

①: _____

②: _____

[문제 5]

〈보기1〉은 수사법에 대한 설명이고, 〈보기2〉는 다양한 수사법이 사용된 작품이다. ⓐ에는 〈보기1〉의 ㉠~㉣ 중 제시문의 '㉮'에 쓰인 수사법을 찾아 기호를 쓰고, ⓑ에는 〈보기2〉의 ①~④ 중 ㉮와 동일한 수사법이 쓰인 작품을 찾아 기호로 쓰시오.

― 〈보기1〉 ―

문학 작품을 감상할 때에는 문학에 사용된 문학적 수사와 그 효과에 대해서 이해해야 한다. ㉠ 감정 이입은 자연의 풍경이나 예술 작품에 화자의 감정이나 정신을 불어넣거나, 대상으로부터 느낌을 직접 받아들여 대상과 자신이 서로 통한다고 느끼는 문학적 개념이다. ㉡ 시적 허용은 시에서만 특별히 허용하는 문법의 규범 제약에서 벗어난 표현을 말한다. 띄어쓰기나 맞춤법에 어긋나는 표현, 비문법적인 문장 등이 있다. 또한, ㉢ 언어유희는 말이나 문자를 소재로 하는 유희를 의미한다. 이는 다른 의미를 암시하기 위해 말장난을 하는 경우로, 풍자, 해학을 드러내기 위해 사용하기도 한다. ㉣ 도치법은 정서의 환기와 변화감을 이끌어내기 위하여 말의 차례를 바꾸어 쓰는 문장 표현법이다. 주어, 목적어, 서술어의 정상적인 순서가 아닌 서술어, 목적어의 순서와 같이 단어의 배치를 달리하여 표현하는데, 이는 비문처럼 보이지만 강조의 의미를 더욱 잘 살려줄 수 있다.

― 〈보기2〉 ―

① 육곡(六曲)은 어듸미고 조협(釣峽)에 물이 넙다
　나와 고기와 뉘야 더욱 즐기ᄂᆞ고
　황혼의 낙딕를 메고 대월귀(帶月歸) ᄒᆞ노라

　　　　　　　　　　　　　　　　　　　　　　　　　　　― 이이, 「고산구곡가」〈제7수〉

② 먼 후일 당신이 나를 찾으시면
　그때에 내 말이 "잊었노라"

　　　　　　　　　　　　　　　　　　　　　　　　　　　― 김소월, 「먼 후일」

③ 해야 솟아라 해야 솟아라 말갛게 씻은 얼굴 고운 해야 솟아라.

　　　　　　　　　　　　　　　　　　　　　　　　　　　― 박두진, 「해」

④ 아아, 님은 갔지마는 나는 님을 보내지 아니하였습니다.

　　　　　　　　　　　　　　　　　　　　　　　　　　　― 한용운, 「님의 침묵」

ⓐ: _____

ⓑ: _____

[문제 6] 다음 글을 읽고 물음에 답하시오.

사회 구성원 모두가 만족할 만한 의사 결정을 하는 것은 쉽지 않다. 이와 관련하여 미국의 경제학자 케네스 애로는 합리적인 의사 결정 방법은 다음과 같은 요건을 갖추어야 한다고 말하였다.

첫째, 선호 영역의 무제한성이다. 이는 개인이 여러 가지 대안 중에서 더 좋아하는 것을 선택하는 기회를 가질 수 있어야 한다는 것을 의미한다. 둘째, 파레토 원리이다. 이는 집단 구성원에 속한 개개인 모두가 A보다 B를 선호하는 경우, 집단의 최종 선택도 A보다 B를 선호해야 한다는 것이다. 셋째, 완비성과 이행성이다. 완비성은 모든 대안에 대해 선호의 순위를 매길 수 있어야 함을 의미한다. 이행성은 개인 선호의 특성 중 하나로, 어떤 관계 R이 이행적이라는 것은 원소 a, b, c에 대해 a R b와 b R c의 관계가 성립하면 a R c의 관계도 성립한다는 의미이다. 즉, 만약 a를 b보다 좋아하고 b를 c보다 좋아하면 응당 a를 c보다 좋아한다는 선호 관계가 성립해야 한다는 것이다. 넷째, 무관한 대안으로부터의 독립성이다. 독립성은 의사 결정 과정에서 제3의 대안이 추가되더라도 기존 대안들 간의 상대적 순위가 바뀌지 않아야 한다는 것을 의미한다. 예를 들어, 수능 성적과 내신 성적으로 학생을 평가할 때, 새로운 전형 요소인 면접이 추가되더라도 수능 성적과 내신 성적에 의한 학생 순위가 바뀌어서는 안 된다. 즉, 면접 점수는 수능과 내신 성적에 영향을 미치지 않고 독립적으로 평가되어야 하는 것이다. 다섯째, 비독재성은 사회적 선호가 특정한 개인의 선호를 따르지 않아야 한다는 것이다. 이는 집합적인 의사 결정 과정에서 어느 한 개인이나 소수의 의견이 지배적으로 작용해서는 안 된다는 것으로 사회적 선호가 어떤 한 사람의 선호를 따르지 않아야 한다는 것이다.

애로는 수학적 방법을 통해 위 조건들이 동시에 달성될 수 없다는 것을 증명하였다. 애로에 따르면, 첫째 조건부터 넷째 조건까지를 충족하는 유일한 방법이 독재이기 때문에 이들 조건은 다섯째 조건과 모순되므로 네 가지 조건을 만족시킬 경우, 나머지 한 가지 조건을 어길 수밖에 없다. 애로는 '바람직한 사회적 선택이 가능하기 위한 조건'을 정리하여 제시한 것이지만, 세간에서는 만족할 만한 사회적 선택을 하는 것은 불가능하다는 의미에서 이를 '불가능성의 정리'라고 불렀다. 정치 경제학의 핵심 이론으로 평가받는 애로의 불가능성의 정리는 우리가 활용하고 있는 다양한 의사 결정의 방식이 우리가 생각하는 것만큼 완벽하거나 이상적인 방식은 아니라는 사실을 확인시켜 준다. 불가능성의 정리는 의사 결정 과정을 거쳐 나온 결론이 비민주적이거나 비합리적인 의사 결정일 수 있다는 점을 시사한다. 따라서 의사 결정 과정에서 합리성을 추구하되, 선택받지 못한 다른 대안과 다양한 의견을 존중해야 한다.

〈보기〉는 수업 시간의 대화 내용이다. 〈보기〉의 빈칸에 들어갈 적절한 말을 제시문에서 찾아 쓰시오.

───── 〈보기〉 ─────

선생님: 철수는 영희를 좋아하고, 영희는 민수를 좋아합니다. 이 경우 철수가 민수를 좋아한다고 할 수 있을까요?
학생: 아니요, 철수가 영희를 좋아하고 영희가 민수를 좋아한다고 해서 철수가 민수를 좋아한다고 할 수 없습니다. 이 관계는 (   )이/가 성립하지 않기 때문입니다.

수학

[문제 07]

$a > 0$, $a \neq 1$인 상수 a에 대하여 두 함수 $f(x) = a^x$, $g(x) = a^{-x-1}$이 다음 조건을 만족시킨다. 이때 $g(2)$의 값을 구하는 과정을 서술하시오.

(가) 두 함수 $y = f(x)$, $y = g(x)$의 그래프의 교점의 y좌표는 1보다 크다.
(나) $-2 \leq x \leq 1$에서 함수 $f(x)$의 최댓값은 9이다.

[문제 08]

함수 $f(x) = 4\sin\dfrac{1}{2}(x+a)\pi + 2$의 그래프가 그림과 같고 $f\left(-\dfrac{1}{3}\right) = f(b) = 2$, $f(0) = f(c) = 0$이다. 세 상수 a, b, c에 대하여 $a+b+c$의 값을 구하는 과정을 서술하시오. (단, $0 < a < 4$, $0 < b < 3 < c$)

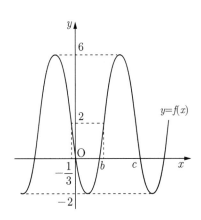

[문제 09]

그림과 같이 삼각형 ABC에 대하여 선분 AB의 중점을 D, 선분 BC를 3 : 2로
내분하는 점을 E라 할 때, 두 삼각형 ABC, DBE가 다음 조건을 만족시킨다.

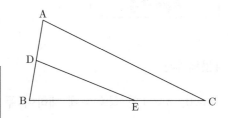

(가) $\overline{BE} = \overline{DE}$

(나) 두 삼각형 ABC, DBE의 외접원의 넓이의 비는 147 : 36이다.

$\overline{BE}^2 = \dfrac{q}{p}\overline{BD}^2$일 때, $p+q$의 값을 구하는 과정을 서술하시오. (단, p와 q는 서로소인 자연수이다.)

[문제 10]

다음은 모든 자연수 n에 대하여

$$\sum_{k=1}^{n} k \times 2^{n-k+1} = 2^{n+2} - 2(n+2) \qquad \cdots\cdots (*)$$

가 성립함을 수학적 귀납법으로 증명한 것이다. 빈칸에 알맞은 문자나 수식을 써넣어 다음의 증명 과정을 완성하시오.

(i) $n = 1$일 때

(좌변) $= 1 \times 2^{1-1+1} = 2$, (우변) $= 2^3 - 2 \times 3 = 2$이므로 $(*)$이 성립한다.

(ii) $n = m$일 때, $(*)$이 성립한다고 가정하면

$$\sum_{k=1}^{m} k \times 2^{m-k+1} = 2^{\boxed{①}} - 2(\boxed{①})$$

이므로

$$\sum_{k=1}^{m+1} k \times 2^{(m+1)-k+1} = \sum_{k=1}^{m} k \times 2^{(m+1)-k+1} + \boxed{②}$$

$$= 2 \times \left\{ 2^{\boxed{①}} - 2(\boxed{①}) \right\} + \boxed{②}$$

$$= 2^{\boxed{③}} - 2(\boxed{③})$$

즉, $n = \boxed{②}$일 때도 $(*)$이 성립한다.

(i), (ii)에 의하여 모든 자연수 n에 대하여 $(*)$이 성립한다.

[문제 11]

함수 $f(x)$가 다음 조건을 만족시킨다.

> (가) 함수 $f(x)+f(-x)$가 $x=0$에서 연속이다.
> (나) 함수 $f(x+2)\{f(x)-1\}$이 $x=-2$에서 연속이다.

$\lim\limits_{x \to 0-} f(x)=2$, $\lim\limits_{x \to 0+} f(x)=4$, $\lim\limits_{x \to -2-} f(x)=3$, $\lim\limits_{x \to -2+} f(x)=2$일 때, $f(-2)+f(0)$의 값을 구하는 과정을 서술하시오.

[문제 12]

그림과 같이 직선 $y=3x$와 곡선 $y=x^2$이 만나는 점 중 원점이 아닌 점을 A라고 하자. $0<t<3$에 대하여 직선 $x=t$가 직선 $y=3x$와 만나는 점을 P, 곡선 $y=x^2$과 만나는 점을 Q라 할 때, $\lim\limits_{t \to 3-} \dfrac{\overline{\mathrm{AQ}}}{\overline{\mathrm{PQ}}}$의 값을 구하는 과정을 서술하시오.

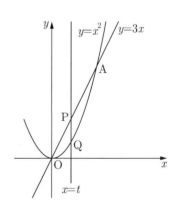

[문제 13]

수직선 위를 움직이는 점 P의 시각 $t\,(t \geq 0)$에서의 위치 x는 $x = \dfrac{1}{2}t^4 - 3t^2 + (7 - 2m)t$이다. 점 P가 시각 $t = 0$일 때 원점을 출발한 후, 운동 방향이 두 번 바뀌도록 하는 모든 정수 m의 개수를 a, 그 값의 합을 b라 하자. 이때 ab의 값을 구하는 과정을 서술하시오.

[문제 14]

두 다항함수 $f(x)$, $g(x)$가 다음 조건을 만족시킬 때, $g(3)$의 값을 구하는 과정을 서술하시오.

(가) $f(0) = g(0)$
(나) 모든 실수 x에 대하여
  $f(x) + xf'(x) = 4x^3 + 3x^2 - 2x + 2$
(다) 모든 실수 x에 대하여
  $f'(x) + g'(x) = 4x + 1$

[문제 15]

그림과 같이 곡선 $y=-2x^2+4x+a$와 직선 $y=a$로 둘러싸인 부분의 넓이를 A, 곡선 $y=-2x^2+4x+a\,(x\leq 0)$와 x축 및 y축으로 둘러싸인 부분의 넓이를 B라 하자. $A:B=1:7$일 때, 양수 a의 값을 구하는 과정을 서술하시오.

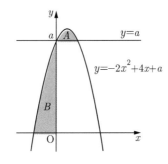

홀륭한 가정만한 학교가 없고,
덕이 있는 부모만한 스승은 없다.

– 마하트마 간디 –

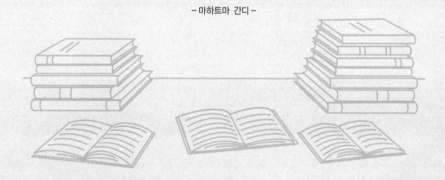

제3회 실전 모의고사

지원 학과 : _____

성   명 : _____

문항 수	총 15 문항 (국어 6, 수학 9)	배점	각 문항 10점
시험 시간	80분	총점	150점 + 850점 (기본 점수)

제**3**회 자연 **실전 모의고사**

국어

[문제 1] 다음은 작문 상황을 바탕으로 학생이 작성한 초고이다. 물음에 답하시오.

■ **작문 상황**: ○○ 지역 신문의 독자 기고란에 청소년 문제와 관련해 주장하는 글을 쓰려 함.

■ **초고**

　최근 감염병 유행에 따른 일상의 변화로 인해 무기력이나 우울과 불안 등의 부정적 감정을 겪는 청소년이 늘고 있다. 청소년기는 자아 정체성을 확립해 가는 시기로, 부정적인 감정이 계속되면 부정적인 정체성을 형성할 우려가 있다. 청소년기에 부정적인 감정을 유발하는 환경에 자주 노출되면 뇌 성장이 저해된다. 뇌가 제대로 성장하지 않으면 감정을 과잉 표출하거나 위험한 행동을 하게 된다. 우울, 불안, 짜증 등이 지속되면 뇌의 해마가 손상되어 학습에 어려움이 생기고 학업 능력의 저하도 발생할 수 있다. 그러므로 현 상황의 문제 해결을 위해 청소년을 위한 감정 관리 프로그램을 확대 실시해야 한다.

　현재 우리 지역에서는 청소년의 감정 관리를 위해 전문 상담 기관을 운영하고 있다. 이를 근거로 청소년의 감정 관리 프로그램이 실시되고 있어 프로그램 확대 실시는 필요 없다고 주장할 수 있다. 하지만 기존의 감정 관리 프로그램은 소수의 청소년만을 대상으로 하며 전문적인 상담 활동만으로 시행된다는 한계가 있다.

　감정 관리 프로그램은 청소년이 자신의 감정을 알아차리고 이해함으로써 상황에 따라 감정을 조절할 수 있도록 돕는 것을 목표로 한다. 청소년을 위한 감정 관리 프로그램의 실질적인 확대 실시를 위해서는 실시 대상의 확대와 활동 내용의 다양화라는 두 가지 방향에서 접근해야 한다. 실시 대상의 확대가 필요한 이유는 부정적 감정을 겪는 청소년이 증가하였고, 심각한 감정 상태임에도 기존의 전문 상담 기관을 찾지 않는 청소년이 있기 때문이다. 그리고 활동 내용의 다양화가 필요한 이유는 부정적 감정과 관련한 청소년 개개인의 다양성을 고려하여 보다 다양하고 단계적인 활동을 마련해야 청소년의 개인적 특성에 맞는 감정 관리 활동을 선택할 수 있기 때문이다.

　청소년을 대상으로 적용할 수 있는 감정 관리 프로그램으로는 마음 알아차리기, 감정 노트 쓰기, 독서 치료 등이 있다. 실제로 전교생을 대상으로 감정 노트 쓰기를 실시한 학교에서는 학생들의 부정적 감정이 감소되고 학교생활을 긍정적으로 인식하게 되었다는 연구 결과가 있다.

〈보기〉는 초고를 보완하기 위한 추가 자료이다. 〈보기〉의 자료에서 시사하는 문제점에 대한 해결 방안이 반영된 문장을 제시문에서 찾아 첫 어절과 마지막 어절을 순서대로 쓰시오.

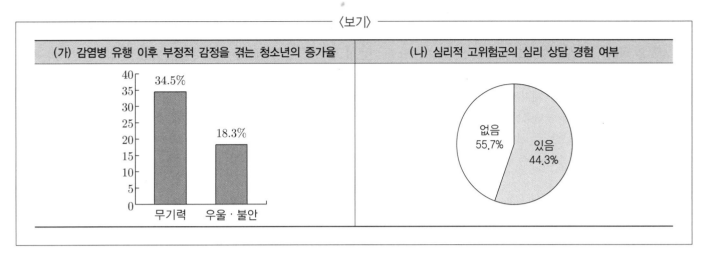

첫 어절: _____ , 마지막 어절: _____

| 2~3 | 다음 글을 읽고 물음에 답하시오.

토마스 쿤의 『과학 혁명의 구조』는 과학 철학에 거대한 변화를 가져왔다. 특히, 쿤이 도입한 과학적 '패러다임'이라는 개념은 그동안 설명하지 못했던 과학 이론의 변화를 설명할 수 있게 하여 지식의 진보를 이루는 데 중요한 역할을 하였으며, 새로운 이론과 발견을 받아들이는 데 있어서도 중요한 기준이 되었다. 쿤이 말하는 패러다임은 특정 시대의 과학 공동체 구성원들이 공유하는 신념, 가치관, 기술 등의 전체적 집합체를 가리킨다. 그는 과학자 공동체는 공유하고 있는 가치관이나 신념들을 통해 그간 제기된 문제점과 한계들을 해결해 나가는데, 이것을 정상 과학이라고 하였다. 연구자들은 이러한 정상 과학의 틀 안에서 연구를 진행하고, 지식을 축적해 나간다. 그러나 새로운 관측이나 실험 결과가 예측에서 벗어나는 경우나 기존의 이론으로는 설명할 수 없는 현상이 발견되는 경우가 많아져서 정상 과학으로 더 이상 이러한 예외를 설명하기 어려워지거나 증명할 수 없게 되면, 과학 혁명이 일어날 수 있다고 하였다. 즉, 쿤이 말하는 과학 혁명은 패러다임의 전환을 의미한다.

쿤은 과학의 변화는 혁명이라는 주장을 통해 과학이 합리적인 체계 속에서만 작동하는 학문이 아님을 입증하였고, 과학은 귀납적이라는 기존의 관점을 뒤집었다. 쿤은 패러다임이 달라지면 사고방식과 세계를 인식하는 방식도 변한다고 보았다. 이러한 쿤의 견해와 같이 사고방식의 전도를 통해 세계를 인식하는 방식이 달라진 대표적인 예가 천동설을 버리고 지동설을 수용한 과학자이다. 이들은 그동안 사용하던 익숙한 도구인 망원경으로 세계를 관찰하지만, 패러다임의 전환을 통해 달을 더 이상 행성으로 보지 않고 위성으로 관찰하게 된 것이다. 이는 관찰을 통해 이론을 결정하는 것이 아니라 이론을 통해 관찰을 결정하는 것이며, 과학자의 세계관이 변하면, 과학자가 인식하는 세계 또한 달라진다는 것이다.

쿤은 과학 혁명을 통한 패러다임의 전환 전후로 어휘의 개념이나 범주도 달라지고 문제의 접근 방식과 관찰 방법, 해결 방식도 변화한다고 보았다. 어떠한 패러다임에 속해 있는지에 따라 용어의 내포적 의미나 지시적 의미가 미묘하게 달라지는데, 이에 따라 과학자들은 모든 패러다임에 동일하게 적용 가능한 중립적 언어를 사용할 수는 없게 된다. 또한, 세계 역시 패러다임 전환 전후로 달리 인식하게 되므로 모든 패러다임에서 동일하게 인식될 수 있는 세계는 존재하지 않는다. 쿤은 이렇듯 과학 혁명이 발생하고 난 뒤 의미론적 측면, 과학자가 인식하는 세계관 측면, 방법론적 측면에서 차이가 나타나는 것으로 보았고, 이를 '통약 불가능성'으로 설명하였다. 과학사에서 볼 수 있는 이러한 단절은 서로 다른 패러다임에 속한 과학자들이 동일한 표준 하에서 소통하기 어렵게 만든다.

[문제 2]

〈보기〉는 심화 학습을 실시한 것이다. 〈보기〉의 ①, ②에 들어갈 적절한 말을 제시문에서 찾아 쓰시오.

─────────── 〈보기〉 ───────────

선생님 : 일정한 시기의 과학자들은 그 시기에 통용되는 이론, 즉 (①   )(이)라고 불리는 특정한 이론이나 방법론을 통해 제기되는 문제들을 설명해 왔습니다. 예전에는 다수의 과학자들이 지구가 평평하다고 믿었어요. 하지만 자꾸만 기존의 이론으로 증명할 수 없는 일들을 발견하면서 새로운 이론이나 방법론이 필요로 하게 되었습니다. 그래서 결국 (②   )이/가 일어나게 되었고, 당시까지 받아들여 왔던 (③   )이/가 전환되어 다른 새로운 방식으로 세상을 바라보고 연구하게 된 것입니다.

①: _____

②: _____

③: _____

[문제 3]

〈보기〉는 제시문을 읽고 내용을 정리한 것인데, 〈보기〉의 ⓐ, ⓑ는 제시문의 내용과 일치하지 않는다. ⓐ, ⓑ를 올바르게 수정하려고 할 때, 적절한 말을 제시문에서 찾아 쓰시오.

─────────── 〈보기〉 ───────────

• 쿤은 과학이 합리적인 체계 안에서만 작동하는 것이 아니라는 것을 입증하며, 과학이 ⓐ 연역적이라는 기존의 생각을 뒤바꿨다.
• ⓑ 지동설에서 달은 행성으로 간주되었다. 어떠한 가설을 택하느냐에 따라 '달'이 위성 또는 행성으로 분류가 달라지는 것처럼, 과학자들은 관찰을 통해 이론을 결정하는 것이 아닌 동일한 대상이라도 이론에 따라 관찰을 달리하게 된다는 사실을 알게 되었다.

① ⓐ를 올바르게 수정한 것: _____

② ⓑ를 올바르게 수정한 것: _____

[문제 4] 다음 글을 읽고 물음에 답하시오.

일반적으로 우리는 모든 인간이 합리적으로 행동할 것이라고 생각한다. 그러나 인간의 행위에는 합리적인 부분과 비합리적인 부분이 상존하는데, 통상 사회 과학은 인간의 합리적 행위는 경제학적 관점에서 이루어지고, 비합리적 행위는 사회학적 관점에서 행해진다고 설명한다. 미국의 사회학자 제임스 콜먼은 사회학에서 인간의 경제적 행위나 현상에 대해서 정의 내리거나 분석할 때에는 경제학만으로는 설명하기 어려우므로 사회학적 측면도 함께 고려해야 한다는 점을 강조하였다.

합리적 선택 이론은 인간의 행위를 체계적으로 모형화하고 이해하기 위해 일정한 규칙을 제안한다. 콜먼에 따르면, 인간의 행위는 행위 주체의 효율성을 추구하는 방향으로 이루어지며, 합리적 선택 이론에서 행위자는 각자의 목적을 추구하기 위해 자신이 소유하고 있는 자원의 효용을 최대치로 끌어올릴 수 있도록 활용하고 통제하는 존재로 상정된다. 자원은 가시적인 물질, 물리적인 도구나 환경을 넘어서 시간, 돈, 노력과 같은 비가시적인 배경뿐만 아니라 자신이 보유하고 있는 지식과 기술까지도 포함하는 개념이다. 그러나 행위자 개인의 의지만으로 보유한 모든 자원을 이용할 수는 없다. 자신의 자원이라고 하여도 타인에 의해 통제되어 있는 경우가 있으며, 오히려 자원에 의해 자신이 통제되는 경우도 존재하기 때문이다. 즉, 행위자가 동원하기를 바라는 모든 자원을 활용할 수는 없다는 결론에 이르게 된다. 콜먼은 합리적 선택 이론을 통해 행위자가 보유한 자원의 범주 안에서 자원을 통제할 수 있는 정도를 수치화하여 진정한 효용성의 범위를 찾고자 하였다.

콜먼은 이러한 수치화 작업을 경제학적 관점에 입각하여 실시하였으나 이에 머무르지 않고 사회 구조와 같은 사회학적 기준을 접목하였다. 콜먼은 각 행위자들의 일정 행위가 나타나는 빈도를 함수로 표현하였을 때, 행위가 더 이상 나타나지 않아 수치가 증가하거나 감소하지 않는다면 이는 사회적 상황이 균형 상태에 도달한 것이라고 하였다. 이러한 사회적 균형점은 완전 경쟁 시장을 전제로 자원이 배분되는 과정과 불평등 상태가 만들어지는 과정을 설명한다. 주어진 자원들은 행위자들의 행동에 의해 배분되고 권리가 양도되기도 하며, 그 과정에서 권력이 발생하고 불평등 역시 도출된다는 것이다. 콜먼은 빈부의 격차나 불평등 상황 등 사회적 문제는 사회 구조의 개혁이나 정부의 적극적인 개입 없이 행위자 개개인의 노력만으로 해결할 수 없다고 보았다.

행위자의 능력과 노력만으로는 해결하기 어려운 사회적 문제는 비단 경제적인 불평등만 존재하는 것이 아니다. 콜먼은 환경 오염, 기술적 문제 등에서 개인의 영향력이 점차 사소해져 가고 있음을 강조하며, 개인이 모여 사회적 공동체를 형성해야 영향력을 확대할 수 있음을 강조한다. 그는 다수가 결집된 사회 연결망이나 공동체의 규범 등의 사회적 자본을 통해 사회적 문제를 해결할 수 있다고 역설하며 사회는 호혜성을 기반으로 작동해야 한다고 주장하였다. 호혜성은 각 행위자들에게 주도성을 부여하여 고착화된 불평등을 완화시키는 중요한 요소이다. 이러한 콜먼의 이론은 여러 학자에게 비판을 받기도 하였지만, 인간의 행위를 단편적으로만 바라보지 않았다는 점에서 주목할 만하다.

〈보기〉는 제시문의 요약문을 작성하기 위해 정리한 것이다. ㉠~㉣ 중 적절하지 <u>않은</u> 것 두 개를 찾아 기호를 쓰시오.

───────── 〈보기〉 ─────────

㉠ 콜먼은 사회적 공동체를 형성하고, 사회적 자본과 호혜성을 기반으로 사회 문제를 해결해야 한다고 하였다.

㉡ 사회학자들 역시 경제학적 관점이 더 합리적이라는 것을 인정하였으나, 사회학적 요인을 함께 고려해야 한다고 주장하였다.

㉢ 합리적 선택 이론은 자원을 물질적인 것과 비물질적인 것으로 나누고, 어디까지나 통제 불가능한 요소인 비물질적인 것은 통제가 어려워 자원으로 판단하지 않았다.

㉣ 콜먼은 경제학에 사회학적 기준을 접목하여 행위자들의 행동과 자원 배분, 권리 양도, 권력 형성 등을 설명하며, 이러한 과정에서 발생한 사회적 불평등을 해결하기 위해 국가의 적극적인 개입이 필요하다고 하였다.

①: _____

②: _____

[문제 5] 다음 글을 읽고 물음에 답하시오.

이탈리아의 신학자 토마스 아퀴나스는 스콜라 철학의 대표자 가운데 한 사람으로, 이성과 신앙의 조화를 추구하여 방대한 신학 이론의 체계를 수립하였다. 스콜라 철학자들은 토마스 아퀴나스를 가장 위대한 철학자일 뿐만 아니라 미학에 가장 크게 기여한 철학자로 보았다. 토마스 아퀴나스에게 있어 '미(美)'라는 것은 어떤 대상을 바라볼 때 즐거움을 주는 것이자 인지적 능력의 대상이다. 왜냐하면 보면 즐거워지는 대상을 아름답다고 부르기 때문이다. 그는 예술 작품이 아름다운 이유는 그 작품을 만든 인간 자신이 아름답기 때문이므로, 예술 작품의 미와 인간의 미는 차원이 다르다고 하였다. 그는 인간의 미는 신에게서 유래한 것이고, 예술 작품의 미는 인간의 미가 반영된 것이라고 보았다. 따라서 정확하게 거슬러 올라가면 예술 작품의 미 역시 신에게서 비롯된 것이므로 예술 작품의 미는 인간이 온전히 만든 것은 아니라고 하였다. 신학자인 토마스 아퀴나스는 자연과 인간을 모두 포함해 아름다움의 궁극적인 원인을 신에게서 찾는데, 그에 따르면 '미' 자체는 신이 창조한 것으로 세계를 창조한 신의 일부분이다. 따라서 미는 인간의 주관적인 사고 과정에 영향을 받기보다는 객관적이며 절대적인 신의 세계에서 존재한다. 더 나아가 그는 어떤 사물의 아름다움은 인간이 주관적으로 아름답다 느끼기 전에 이미 '미'로써 실재하고 있다고 보았다. 사물은 우리가 그것을 사랑하기 때문에 아름다운 것이 아니라, 그것이 아름답고 선하기 때문에 우리에게 사랑을 받는 것이다.

미의 실재성에 대해 토마스 아퀴나스는 아리스토텔레스의 질료 형상론을 전제로 자신의 입장을 정립하였다. 경험주의라는 아리스토텔레스적 정신과 구체적인 것, 절제·균형에 대한 선호 등에서 영감을 얻어서 그것을 스콜라의 형이상학과 윤리학뿐만 아니라 스콜라 미학에도 도입한 것이다. 토마스 아퀴나스의 질료 형상론에서 질료는 대상을 만들 수 있는 가능성의 상태를 의미하며, 각 대상별 구별할 수 있는 본초적인 특성으로, 그러한 질료가 형상을 갖추게 되면 현실태가 된다. 예를 들면, 비너스 조각상은 청동이라는 질료에 '미'를 상징하는 여신인 비너스의 형상이 결합되어 조각상이라는 현실태가 된다. 사물은 질료의 형태만으로는 존재할 수는 없으며 형상에 대한 인식은 지각을 통해 이루어진다. 토마스 아퀴나스에 따르면 인간 세상에 존재하는 모든 사물들은 신의 피조물로서 질료와 형상이 결합된 복합물이며, 신은 오직 순수 형상이기에 개별적으로 사물을 통해 인식된다. 토마스 아퀴나스의 미학에서 사물의 '미'는 세상에 드러난 형상을 통해 인식되며, 순수 형상인 신 역시 사물을 통해 인식된다.

'미'가 실재한다면 미를 통해 얻는 즐거움은 무엇이며 미의 의미는 어떻게 인식해야 하는가? 토마스 아퀴나스의 미는 세 가지 조건을 충족할 것을 요구한다. 첫째는 사물의 완전성이다. 둘째는 적절한 비례 혹은 조화이고, 셋째는 명료성이다. 만약 어떤 사물이 아름답다면, 그 사물의 완전성, 비례성, 명료성이 잘 맞아 떨어진 것이다. 그에 따르면, 아름다움은 완전하다. 어떠한 사물이 자신의 본성에 따라 갖추어야 하는 것을 그대로 다 갖추고 있다면 그것은 완전하다고 할 수 있다. 인간이 '선'를 추구하고 싶은 욕구를 가지는 것은 '선'이 완전성의 결정체이기 때문이며, 인간의 이러한 욕구는 본능에 가깝다. 또한, 아름다움은 비례를 갖추고 있다. 비례성은 사물의 본성이 사물의 모습과 조화로운 상태가 되는 것을 의미한다. 사물들은 개별성을 가져 각기 다른 비례를 지니고 있다. 토마스 아퀴나스는 인간과 동물의 비례는 다르고, 인간과 신의 비례 역시 다르며, 육체와 정신의 비례도 다르다고 보았다. 따라서 인간의 미, 동물의 미, 육체의 미, 정신의 미는 각기 다르다고 하였다. 마지막으로, 아름다움은 명료하다. 명료성은 사물이 자신의 본성을 뚜렷하게 가지는 것을 의미한다. 사물이 아름답다면 그 사물이 자신의 특성인 본성을 100% 온전히 가지고 있어서 '진'의 상태로 존재하기 때문인 것이다.

토마스 아퀴나스는 '미'는 인간의 인식과 인간의 욕구 모두와 관계가 있다고 보았다. '미'는 즐거움의 대상으로 욕구를 일으키는 대상이며, 동시에 인식해야 하는 대상이다. 그러나 여기서 말하는 욕구는 감각적이거나 말초적인 쾌락에 근거한 욕구가 아니라 사물의 본성을 인지하여 얻을 수 있는 기쁨을 말한다. 토마스 아퀴나스는 '선'과 '진'을 두루 갖춘 '미'에 가까이 가고자 하였으며, 이를 얻는 기쁨을 신에게 가까이 가는 기쁨으로 여겼다.

〈보기〉는 제시문을 읽고 요약한 내용이다. 〈보기〉의 ①~③에 들어갈 적절한 말을 제시문에서 찾아 쓰시오.

〈보기〉

토마스 아퀴나스가 제시한 미의 의미 내용		
(①)	(②)	명료성
자신의 본성을 그대로 다 갖추고 있는 '선'을 추구하는 상태	각기 다른 사물의 본성을 반영하여 조화로운 상태	자신의 본성을 뚜렷하게 가지는 (③)의 상태로 존재

①: _____

②: _____

③: _____

[문제 6] 다음 글을 읽고 물음에 답하시오.

왜 나는 조그마한 일에만 분개하는가
저 왕궁 대신에 왕궁의 음탕 대신에
50원짜리 갈비가 기름 덩어리만 나왔다고 분개하고
옹졸하게 분개하고 설렁탕집 돼지 같은 주인년한테 욕을 하고
옹졸하게 욕을 하고

한번 정정당당하게
붙잡혀 간 소설가를 위해서
언론의 자유를 요구하고 월남 파병에 반대하는
자유를 이행하지 못하고
20원을 받으러 세 번씩 네 번씩
찾아오는 야경꾼*들만 증오하고 있는가

옹졸한 나의 전통은 유구하고 이제 내 앞에 정서(情緒)로
가로놓여 있다
이를테면 이런 일이 있었다
부산에 포로수용소의 제14야전병원에 있을 때
정보원이 너스들과 스펀지를 만들고 거즈를
개키고 있는 나를 보고 포로경찰이 되지 않는다고
남자가 뭐 이런 일을 하고 있느냐고 놀린 일이 있었다
너스들 옆에서

지금도 내가 반항하고 있는 것은 이 스펀지 만들기와
거즈 접고 있는 일과 조금도 다름없다
개의 울음소리를 듣고 그 비명에 지고
머리에 피도 안 마른 애놈의 투정에 진다
떨어지는 은행나무 잎도 내가 밟고 가는 가시밭

아무래도 나는 비켜서 있다 절정 위에는 서 있지
않고 암만해도 조금쯤 옆으로 비켜서 있다
그리고 조금쯤 옆에 서 있는 것이 조금쯤
비겁한 것이라고 알고 있다!

그러니까 이렇게 옹졸하게 반항한다
이발쟁이에게
땅주인에게는 못 하고 이발쟁이에게
구청 직원에게는 못 하고 동회 직원에게도 못 하고
야경꾼에게 20원 때문에 10원 때문에 1원 때문에
우습지 않으냐 1원 때문에

모래야 나는 얼마큼 적으냐
바람아 먼지야 풀아 나는 얼마큼 적으냐
정말 얼마큼 적으냐……

– 김수영, 「어느 날 고궁을 나오면서」

* 야경꾼: 밤사이에 화재나 범죄가 없도록 살피고 지키는 사람.

〈보기〉는 이 작품의 해설이다. 〈보기〉의 ㉠을 확인할 수 있는 연을 제시문에서 찾아 연의 첫 어절과 마지막 어절을 쓰시오.

〈보기〉

김수영의 「어느 날 고궁을 나오면서」는 '조그만 일'에 분개하는 옹졸한 화자의 삶을 표상하고 있다. 본질적이고 중요한 일에는 침묵하고, 사소하다 못해 중요하지 않은 일에는 민감하게 반응하는 이중적인 태도를 사실적으로 묘사하여 권력자들의 부정과 부도덕성에 대해서는 자신의 의견을 표출하지 못하고 주변부에서 맴도는 소시민적인 모습을 보여주고 있는 것이다. 화자는 미미한 자연물을 대상으로 삼아 ㉠ 자조적 독백을 반복하는 극단적인 자기 비하를 통해 사회적 부조리함에 저항하지 못하는 부끄러움을 표현하고 있다.

첫 어절: _____ , 마지막 어절: _____

수학

[문제 07]

두 점 $A(6\log_2 a, \ b)$, $B(\log_2 a, \ 6b)$에 대하여 선분 AB를 $3 : 2$로 내분하는 점이 직선 $y = 2x$ 위에 있을 때, $b\log_a 16$의 값을 구하는 과정을 서술하시오. (단, $a > 0$, $a \neq 1$)

[문제 08]

양수 a와 실수 b에 대하여 함수

$$f(x) = 2a\sin\left(ax + \frac{\pi}{6}\right) + a\cos\left(\frac{\pi}{3} - ax\right) + b$$

의 주기가 3π이고 최솟값이 2일 때, $f\left(\dfrac{\pi}{4}\right)$의 값을 구하는 과정을 서술하시오.

[문제 09]

$0 \le x < 2\pi$에서 함수 $y = \cos\left(\dfrac{3}{2}\pi + x\right)\cos\left(\dfrac{\pi}{2} - x\right) + 2\cos x - 3$의 최댓값을 M, 최솟값을 m이라 할 때, $M-m$의 값을 구하는 과정을 서술하시오.

[문제 10]

모든 항이 정수인 등차수열 $\{a_n\}$이 다음 조건을 만족시킬 때, a_{10}이 될 수 있는 모든 값의 합을 구하는 과정을 서술하시오.

(가) 모든 자연수 n에 대하여 $a_n < a_{n+1}$이다.

(나) $a_4 \times a_5 = a_3{}^2 + 5$

[문제 11]

닫힌구간 $[0, 4]$에서 정의된 함수 $y = f(x)$의 그래프가 오른쪽 그림과 같다. 이차함수 $g(x)$에 대하여 함수 $h(x) = f(x)g(x)$가 닫힌구간 $[0, 4]$에서 연속이고 $h(1) + h(4) = -12$일 때, 함수 $g(x)$는 $x = k$에서 최솟값 m을 갖는다. 다음은 $k + m$의 값을 구하는 과정이다. 빈칸에 알맞은 문자나 수식을 써넣어 풀이 과정을 완성하시오. (단, k는 상수이다.)

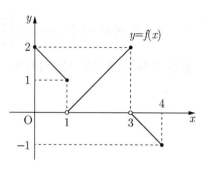

함수 $f(x)$가 $x = $ ① , $x = $ ② (단, ① < ②)에서만 불연속이고, 함수 $g(x)$는 실수 전체의 집합에서 연속이다.

따라서 함수 $h(x)$가 $x = $ ① , $x = $ ② 에서 연속이면 닫힌구간 $[0, 4]$에서 연속이다.

함수 $h(x)$가 $x = $ ① 에서 연속이어야 하므로

$g($ ① $) = $ ③ …… ㉠

또한, 함수 $h(x)$가 $x = $ ② 에서 연속이어야 하므로

$g($ ② $) = $ ④ …… ㉡

㉠, ㉡에 의해

$g(x) = a($ ⑤ $)($ ⑥ $)$ (단, a는 0이 아닌 상수)

으로 놓을 수 있다.

이때 $h(1) + h(4) = -12$이므로 $1 \times g(1) - 1 \times g(4) = -12$

$\therefore a = $ ⑦

따라서 함수 $g(x)$는 $x = $ ⑧ 에서 최솟값 ⑨ 를 갖는다.

$\therefore k + m = $ 10

[문제 12]

실수 t에 대하여 함수 $f(x) = \begin{cases} -x^2 + 2x & (x < 3) \\ x^2 - 4x & (x \geq 3) \end{cases}$ 의 그래프와 직선 $y = tx$가 만나는 점의 개수를 $g(t)$라 하자. 삼차항의 계수가 1인 삼차함수 $h(x)$에 대하여 $h(g(x))$가 실수 전체의 집합에서 연속일 때, $h(6) - h(4)$의 값을 구하는 과정을 서술하시오.

[문제 13]

함수 $f(x) = x^4 - 2x^3 + k$일 때, 모든 실수 x에 대하여 부등식 $20\sin^2 x \leq f(2\sin x)$가 성립하도록 하는 실수 k의 최솟값을 구하는 과정을 서술하시오.

[문제 14]

실수 전체의 집합에서 연속인 함수 $f(x)$가 다음 조건을 만족시킬 때, $\displaystyle\int_{-3}^{9} f(x)dx = \dfrac{q}{p}$가 성립한다. 서로소인 두 자연수 p와 q에 대하여 $p+q$의 값을 구하는 과정을 서술하시오.

(가) 모든 실수 x에 대하여 $f(x+3) = f(x) + 3$

(나) $\displaystyle\int_{0}^{3} f(x)dx = -\dfrac{4}{5}$

[문제 15]

수직선 위를 움직이는 점 P의 시각 $t\,(t \geq 0)$에서의 속도 $v(t)$가 $v(t) = 3t^2 + 2t + p$이다. 시각 $t=0$에서의 점 P의 위치는 0이고, 시각 $t=2$에서의 점 P의 위치는 2이다. 점 P가 시각 $t=0$일 때부터 움직이는 방향이 바뀔 때까지 움직인 거리를 구하는 과정을 서술하시오. (단, p는 상수이다.)

제4회 실전 모의고사

지원 학과 : _____

성   명 : _____

문항 수	총 15 문항 (국어 6, 수학 9)	배점	각 문항 10점
시험 시간	80분	총점	150점 + 850점 (기본 점수)

제**4**회 자연 **실전 모의고사**

국어

[문제 1] 제시문 (가)는 학생들이 캠핑장에서의 안전사고에 대한 글을 작성하기 위해 진행한 토의이고, 제시문 (나)는 이를 바탕으로 작성한 글의 초고이다. 물음에 답하시오.

(가)

학생 1: 여가 활동으로 캠핑을 즐기는 사람들이 늘어나면서 캠핑장에서의 안전사고도 증가하고 있어. 조사를 해 보니 캠핑장에서의 안전사고 중 가장 많이 발생하는 사고는 미끄러짐, 넘어짐, 부딪힘 등으로 인한 사고라고 해.

학생 2: 물론 물리적 사고들도 있지만 더욱 큰 문제는 화재와 일산화 탄소 중독 사고인 것 같아. 얼마 전에 일어난 ○○ 캠핑장의 화재 사건만 보더라도 큰 사고로 이어질 뻔했어.

학생 1: 오늘 안전한 캠핑을 위해 어떻게 해야 하는지 논의해 봤으면 좋겠어. 그리고 홍보 방안도 함께 생각해 보자. 잘 정리해서 지역 신문에 기고도 했으면 좋겠어.

학생 2: 그래. 좋은 생각이야. 신문에 기고하려면 명료한 게 좋을 것 같은데…….

학생 1: 그래서 내가 생각해 봤는데, 캠핑장 이용객, 캠핑장 사업자가 지켜야 할 수칙들을 정리해 보면 어떨까 싶어.

학생 2: 너무 좋은 생각이다. 캠핑장 이용객, 캠핑장 사업자 그리고 관계 당국의 감독도 꼭 필요하니 관계 당국도 추가하자.

학생 1: 그럼 다음주 월요일까지 세 가지를 조사해서 메일로 공유하자. 오늘은 여기까지 하는 게 어때?

학생 2: 응. 자료 정리해서 보내줄게.

(나)

■ **작문 상황:** ○○ 지역 신문의 독자 기고란에 캠핑장에서의 안전사고에 관한 글을 쓰려 함.

■ **초고**

　여가 활동으로 캠핑을 즐기는 사람들이 늘어나면서 캠핑장에서의 안전사고도 증가하고 있다. 캠핑장에서의 안전사고 중 가장 많이 발생하는 사고는 미끄러짐, 넘어짐, 부딪힘 등 물리적 충격으로 발생하는 사고이지만, 생명에 미치는 위해의 심각성은 물리적 충격으로 발생하는 사고보다 화재와 일산화 탄소 중독 사고가 더 크다. 이에 따라 안전한 캠핑을 위해 캠핑장에서 일어나는 화재와 일산화 탄소 중독 사고에 유의하는 것이 중요하다.

　캠핑 중 화재는 주로 캠핑장 이용객들이 캠핑 용품을 올바르게 사용하지 않아 발생한다. 캠핑장 이용객들이 가스버너나 가스난로의 사용 방법을 지키지 않거나, 모닥불을 부주의하게 관리하여 화재가 발생하는 경우가 많다. 그로 인해 캠핑 용품 관련 안전사고에서 화재 관련 사고가 차지하는 비율이 가장 높다. 또한, 캠핑 중 화재는 캠핑장 사업자가 소방 시설을 제대로 갖추지 않거나 관계 당국이 소방 시설에 대한 관리 감독을 소홀히 하여 발생하기도 한다. 소방 시설의 미비와 관리 감독의 소홀은 화재의 조기 진화를 어렵게 하여 인명 피해를 키운다.

캠핑 중 일산화 탄소 중독 사고는 이용객들이 밀폐된 텐트에서 부주의하게 난방 기기를 사용하다가 주로 발생한다. 일산화 탄소는 무색, 무취여서 중독되기 전까지는 누출 여부를 알 수가 없기 때문에 더 위험하다. 일산화 탄소에 중독되면 구토, 어지럼증 외에 심정지까지 발생할 수 있다. 일산화 탄소 중독 사고는 인명 피해율이 높아서 각별한 주의가 필요함에도 불구하고 발생률은 줄지 않고 있다.

캠핑장에서의 화재와 일산화 탄소 중독 사고를 예방하기 위해 캠핑장 이용객들은 안전 수칙에 따라 캠핑 용품을 사용하고 난방 기기 사용 시에는 환기구를 확보해야 한다. 캠핑장 사업자들은 소방 시설과 일산화 탄소 경보기 등의 안전 용품 등을 구비해야 하며, 관계 당국은 이에 대한 관리 감독을 철저하게 해야 한다. 캠핑장 화재와 일산화 탄소 중독 사고를 예방하기 위해 이용객, 사업자, 관계 당국 모두가 주의와 노력을 기울여야 한다. 이를 통해 사고 없는 안전한 캠핑이 이루어질 수 있다.

〈보기〉는 초고에 대한 학생들의 반응이다. 제시문 (가)를 참고하여 〈보기〉의 ㉠, ㉡이 반영된 문장을 제시문 (나)에서 찾아 각각의 첫 어절과 마지막 어절을 순서대로 쓰시오.

───── 〈보기〉 ─────

초고를 확인해 보았는데, 우리가 토의했던 내용 중에서 ㉠ 문제의 심각성을 제기하고, 그 원인을 명확하게 밝힌 점이 잘 반영되어 있어서 좋았어. 그리고 ㉡ 글을 마무리할 때, 핵심 내용을 문제 해결의 모든 주체와 관련지어 요약하고 예상되는 효과까지 언급해서 중심 주제가 더 잘 드러나는 것 같아.

㉠ 첫 어절: _____ , 마지막 어절: _____

㉡ 첫 어절: _____ , 마지막 어절: _____

[문제 2] 다음 글을 읽고 물음에 답하시오.

교과서의 글은 주로 '메타 텍스트', '서술 텍스트', '자료 텍스트'로 분류된다. 이들 각각은 학습자의 이해와 학습 효과를 높이는 데 기여한다. 메타 텍스트는 단원의 구성이나 교과서 전체의 구성을 안내하는 부분으로 독자에게 교과서의 구조와 학습 경로를 안내하는 부분이다. 학습 내용 자체를 담고 있지 않지만, 학습 과정을 명확히 하고 효율적으로 계획할 수 있도록 돕는다. 예를 들어, 단원의 목표나 학습 흐름을 설명하는 부분이 여기에 해당한다.

다음으로, 서술 텍스트는 학습 내용을 직접 서술하는 부분이다. 이는 교과서의 핵심으로, 학생들이 배워야 할 지식과 정보를 담고 있는데, 개념, 원리, 사실 등을 명확하고 체계적으로 설명하며, 학습자가 이해해야 할 내용을 충실하게 전달한다. 학생들은 이를 통해 기본적인 학습 목표를 달성할 수 있다.

마지막으로, 자료 텍스트는 학생들이 배운 개념과 원리를 실제로 활용해 볼 수 있도록 다양한 활동과 문제를 제시하는 부분이다. 이 부분은 학생들의 학년과 수준을 고려하여 제작되며, 학습 내용의 이해를 높이고 실질적인 응용 능력을 키우는 데 중점을 둔다. 예를 들어, 실험, 연습 문제, 프로젝트 등이 자료 텍스트에 포함될 수 있다.

국어 교과서의 제재를 선정할 때에는 학생들의 수준과 함께 '대자성', '균형성', '계열성'도 고려해야 한다. 이러한 요소들은 학생들의 전반적인 학습 경험을 풍부하게 하고, 체계적인 학습을 가능하게 한다. 먼저, 대자성은 다양한 해석을 가능하게 하는 제재의 특성을 의미한다. 이를 테면, 제품 사용 설명서는 제품의 기능이나 사용법 등을 설명하는 글이기에 다양한 해석이 불가능하므로 대자성이 없다. 대자성을 가진 제재는 학생들이 다양한 시각에서 접근하고 해석할 수 있게끔 하여 토론 수업에 매우 유용하다. 학생들은 이를 통해 서로 다른 관점을 존중하고 논리적으로 자신의 의견을 표현하는 능력을 기를 수 있다. 대자성을 가진 글은 비판적·창의적 사고를 촉진하는 데 기여하므로 교과서에는 대자성을 가진 제재가 일정 비율 포함되어야 한다.

균형성은 교과서에 다양한 제재가 실려야 한다는 것이다. 이는 학생들이 다양한 주제와 형식의 글을 접하게 하여, 문학적 감수성과 이해력을 고루 발달시키는 데 중요한 역할을 한다. 예를 들어, 문학 작품뿐만 아니라 연설문이나 논설문, 설명문, 기사, 인터뷰 등 다양한 갈래의 글이 균형 있게 수록되어야 한다. 내용적 측면에서도 환경 문제, 사회적 이슈, 역사적 사건, 문화, 과학, 인물 전기 등 다양한 주제를 다루는 글이 포함되면, 이를 통해 학생들은 특정 주제에 한정되지 않고, 여러 분야에 걸친 지식을 습득하며 종합적 사고 능력을 기를 수 있게 된다.

마지막으로, 계열성은 성취 기준의 취지를 바탕으로 학교급 간, 학년 간 학습 내용과 활동이 연계되며 반복·심화·확장되도록 제재를 선정해야 한다는 것을 의미한다. 계열성은 교육 과정을 체계적으로 구성하여, 학생들이 학습 내용을 점진적으로 심화하고 확장할 수 있게 한다. 이를 통해 학생들은 기초부터 고급 수준까지의 지식을 체계적으로 습득하게 된다. 또한, 계열성은 학습의 연속성과 통합성을 유지하게 한다. 이처럼 교과서의 제재를 선정할 때에는 대자성, 균형성, 계열성을 고려함으로써 학생들이 다양한 관점을 통해 깊이 있는 사고를 할 수 있게 하고, 다양한 문학적 경험을 쌓게 하며, 체계적이고 심화된 학습을 할 수 있도록 하는 것이 중요하다. 이를 통해 학생들은 더욱 풍부하고 의미 있는 학습 경험을 쌓을 수 있을 것이다.

〈보기1〉은 제시문을 읽고 표로 정리한 내용이다. 〈보기1〉의 ①~③에 들어갈 적절한 기호를 〈보기2〉에서 찾아 쓰시오.

	특성	예시	목적 및 효과
대자성	– 다양한 시각에서 접근과 해석이 가능한 글을 수록 – 토론 수업에 활용 가능	성찰을 유발하는 글, 신념이 제시된 글	①
균형성	– 다양한 주제와 형식의 글을 균형 있게 수록	시, 소설, 수필, 논설문, 설명문, 기사문	②
계열성	– 학년 간, 학교급 간 학습 내용과 활동을 연계 – 학습의 연속성과 통합성 유지	– 초등학교: 기초 문법 – 중·고등학교: 심화 문법	③

㉠: 체계적이고 연속적인 학습 경험 제공, 학습 내용을 점진적으로 심화·확장

㉡: 비판적이고 창의적인 사고 촉진, 다양한 관점에서 생각하고 표현하는 능력 배양

㉢: 폭넓은 독서 경험 제공, 문학적 감수성 및 이해력 신장, 다양한 지식을 습득할 기회 제공

①: _____

②: _____

③: _____

| 3~4 | 다음 글을 읽고 물음에 답하시오.

(가)

거울속에는소리가없소
저렇게까지조용한세상은참없을것이오

거울속에도내게귀가있소
내말을못알아듣는딱한귀가두개나있소

거울속의나는왼손잡이오
내악수(握手)를받을줄모르는—악수를모르는왼손잡이오

거울때문에나는거울속의나를만져보지를못하는구료마는
거울이아니었던들내가어찌거울속의나를만나보기만이라도했겠소

나는지금(至今)거울을안가졌소마는거울속에는늘거울속의내가있소
잘은모르지만외로된사업(事業)에골몰할게요

거울속의나는참나와는반대(反對)요마는
또꽤닮았소
나는거울속의나를근심하고진찰(診察)할수없으니퍽섭섭하오

– 이상, 「거울」

(나)

오렌지에 아무도 손을 댈 순 없다
오렌지는 여기 있는 이대로의 오렌지다
더도 덜도 아닌 오렌지다
내가 보는 오렌지가 나를 보고 있다

마음만 낸다면 나도
오렌지의 포들한 껍질을 벗길 수 있다
마땅히 그런 오렌지 / 만이 문제가 된다

마음만 낸다면 나도
오렌지의 찹잘한 속살을 깔 수 있다
마땅히 그런 오렌지 / 만이 문제가 된다

그러나 오렌지에 아무도 손을 댈 순 없다
대는 순간
오렌지는 오렌지가 아니 되고 만다
내가 보는 오렌지가 나를 보고 있다

나는 지금 위험한 상태다
　　오렌지도 마찬가지 위험한 상태다
　　시간이 똘똘 / 배암의 또아리를 틀고 있다

　　그러나 다음 순간
　　오렌지의 포들한 껍질에
　　한없이 어진 그림자가 비치고 있다
　　누구인지 잘은 아직 몰라도

– 신동집, 「오렌지」

[문제 3]

〈보기〉는 제시문 (가)와 (나)에 대한 해설의 일부이다. 〈보기〉의 ①, ②에 들어갈 적절한 말을 제시문 (가)와 (나)에서 찾아 쓰시오.

〈보기〉

시는 추상적인 개념이나 아이디어를 구체적인 대상에 투영하여 자신의 생각을 표현한다. 제시문 (가)와 (나)는 '오렌지'와 '거울'이라는 매개체를 통해 인간의 내면세계와 자아의 본질에 대한 깊은 탐구를 담고 있으며, 사물이나 현상을 통해 인간의 복잡한 심리와 존재의 의미를 성찰하는 데에 집중하고 있다. 제시문 (가)의 화자는 거울 속의 나와 악수를 하고 싶은 욕망이 있지만, 오른손잡이인 화자와는 달리 거울 속의 나는 (　①　)이기에 서로 악수를 할 수 없어 화자의 소망이 좌절되는 상황을 보여 주고 있다. 제시문 (나)의 화자는 '오렌지'라는 대상의 본질에 다가가고 싶어 하지만, 오렌지의 껍질을 깐다고 해도 외부의 영향을 받지 않은 본질적인 상태인 (　②　)이/가 아님을 말하며, 대상에 손을 대면 본질을 파악할 수 없게 된다고 말하고 있다.

---

①: _____

②: _____

[문제 4]

〈보기〉는 제시문 (가)와 (나)의 형식에 대한 해설의 일부이다. 〈보기〉의 ①, ②에 들어갈 적절한 말을 쓰시오.

〈보기〉

제시문 (가)는 (　①　)을/를 하지 않는 독특한 형식을 사용하였다. 이를 통해 작가는 있는 그대로의 의식과 현대인의 불안 심리를 효과적으로 표현하고자 하였다. 제시문 (나)는 오렌지의 본질을 탐구하면서 '나'와 '오렌지'의 관계를 반복적으로 강조하는 구조를 사용하고 있다. 이는 (　②　)(이)라는 구절을 반복해 서로 바라보는 관계성을 형성하며 대상도 나를 인식하려 하고 있음을 표현하고 있다.

---

①: _____

②: _____

| 5~6 | 다음 글을 읽고 물음에 답하시오.

민물에서 자라는 담수 조류는 대부분 매우 작은 부유성 미세 조류로서 엽록소라는 광합성 색소를 가지고 있고, 규조류, 녹조류, 남조류, 기타 조류로 구분된다. 규조류는 갈색, 녹조류는 옅은 녹색, 남조류는 남색을 띠는 색소를 많이 가지고 있는데, 일반적으로 수온이 10℃ 이하인 겨울~봄에는 규조류가, 10~20℃인 봄~초여름에는 녹조류가, 20℃ 이상이 되는 여름에는 남조류가 주로 증식한다. 물이 푸른색이나 진한 녹색으로 보이게 만드는 남조류가 호수나 강에 떠다니면서 대량으로 증식할 경우 녹조 현상을 일으킬 수 있다.

녹조 현상을 유발하는 주요 원인에는 과다한 영양물질의 공급, 수온의 상승, 일사량의 증가 그리고 물의 순환 정체 등이 있다. 조류의 성장에 필수적인 요소는 질소와 인 등의 영양물질이다. 수생태계로 유입되는 과다한 영양물질은 부영양화를 일으켜 조류의 과도한 성장을 유발할 수 있다. 각종 세제가 섞인 생활 하수, 공장에서 배출되는 산업 폐수, 농업 활동에 사용되는 비료와 퇴비에는 질소와 인 같은 영양물질과 여러 오염 물질이 들어 있다. 이러한 것들이 비나 관개 시스템, 지표수 등을 통해 강이나 호수로 유입되면 물 속에는 질소와 인 등의 영양물질이 풍부해져 부영양화가 일어난다. 이렇게 부영양화가 일어나면 녹조류가 영양물질을 이용하여 폭발적으로 증식할 수 있는 환경이 조성되고, 녹조 현상이 발생하게 된다. 또한, 부족한 하수 처리 시설이나 불완전한 오폐수 처리 과정은 녹조 현상을 가속화할 수 있다.

수온은 조류의 최적 성장을 좌우하는 요인이며, 햇빛은 광합성을 위한 필수 요소이다. 남조류는 20~30℃의 수온에서 가장 왕성하게 성장한다. 따라서 일사량이 증가하거나 기온이 올라가 수온이 상승하면, 남조류가 성장하기 좋은 환경이 조성되어 녹조 현상이 확산된다. 여름철에 녹조가 가장 많이 발생하는 것도 이와 같은 이유 때문이다. 더불어 온난화와 같은 기후 변화 역시 녹조 현상을 가속화하는 주요 원인 중 하나로 작용한다.

물이 흐르는 속도는 녹조의 발생과 확산에 중요한 역할을 한다. 물의 순환이 약하거나 물이 정체되어 있으면 남조류의 증식이 촉진된다. 하지만 유속이 빨라지면 남조류가 아래로 쓸려 내려가거나 흩어지기 때문에 대량으로 증식되지 않아 녹조를 효과적으로 제어할 수 있게 된다. 따라서 물의 순환이 정체되기 쉬운 댐이나 저수지와 같은 곳은 녹조 현상이 빈번하게 발생할 수 있으므로 주의가 필요하다.

녹조 현상은 우리 생활과 생태계에 심각한 문제를 유발할 수 있다. 녹조류가 과도하게 증식하면 햇빛을 차단하여 수생 식물은 광합성을 방해받게 되는데, 이로 인해 물속의 산소 농도가 급격히 감소하여 수생 생물의 대량 폐사로 이어질 수 있다. 이 경우 폐사한 동식물의 사체가 부패하여 더 많은 산소가 소비되는 악순환이 일어날 수 있으며, 수생 생물 간 생존을 위한 경쟁이 심화되어 생태계의 균형이 깨질 수도 있다. 또한, 일부 남조류는 미량의 냄새 물질과 독소를 생산하는데, 정화되지 않은 상태에서는 건강상 해를 끼칠 우려가 있으므로 주의가 필요하다. 따라서 녹조 현상의 예방과 관리는 수생태계의 건강과 인간의 안전을 위해 매우 중요하다.

[문제 5]

〈보기〉는 제시문의 요약문을 작성하기 위해 정리한 것이다. ㉠~㉣ 중 적절하지 않은 것 세 개를 찾아 기호를 쓰시오.

─────────〈보기〉─────────

㉠ 녹조 현상이 발생하면 물 속의 산소 농도가 증가한다.

㉡ 녹조 현상이 생태계에 미치는 영향은 크고, 녹조류 증식은 건강에도 악영향을 미칠 수 있다.

㉢ 친환경 비료라면 물에 녹아 녹조 현상을 유발하지 않으나, 화학 성분의 비료는 남조류의 폭발적인 증식을 초래한다.

㉣ 녹조 현상은 일사량이 증가하고 수온이 상승하면 빠르게 진행되는데, 여름을 제외한 다른 계절에는 기온이 낮아 녹조의 발생이 일어나지 않는다.

───────────────────────

[문제 6]

〈보기1〉은 녹조 현상이 일어나는 마을에 대한 설명이다. 〈보기2〉의 ①~③에 들어갈 적절한 말을 제시문과 〈보기1〉에서 찾아 쓰시오.

─────────〈보기1〉─────────

3년 전 댐을 건설한 A 지역에서는 작년부터 녹조 현상이 심각하게 발생하고 있다. 이 지역은 최근 몇 년간 평균 기온이 상승하는 등의 기후 변화가 관찰되었으며, 농업 생산량이 증가함에 따라 비료 사용량도 증가하였다. 이러한 상황 속에서 댐 주변에 위치한 마을의 주민들은 녹조 현상으로 인해 댐의 물을 식수원으로 사용하기 어려워졌고, 낚시터의 물고기가 죽었다고 불평하고 있다.

─────────〈보기2〉─────────

〈보기1〉의 마을은 (①)(으)로 인해 물의 순환이 약해졌다. 또한, 평균 기온의 상승으로 (②)이/가 높아졌으며, 비료 사용량의 증가로 인해 수생태계에 (③)이/가 과도하게 유입되었다. 이러한 요인들이 서로 상호작용하여 녹조 현상이 심화되었다.

───────────────────────

①: _____

②: _____

③: _____

수학

[문제 07]

이차함수 $y=f(x)$의 그래프와 일차함수 $y=g(x)$의 그래프가 그림과 같을 때, 방정식

$$\log\{f(x)+3\}=\log\frac{f(x)\{g(x)\}^2+27}{\{f(x)\}^2-3f(x)+9}$$

의 서로 다른 실근의 개수를 구하는 과정을 서술하시오.

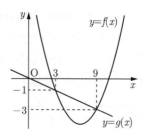

(단, $f(3)=g(3)=-1$, $f(9)=g(9)=-3$)

[문제 08]

$0\leq\theta\leq3\pi$일 때, x에 대한 이차함수 $y=5x^2+\sqrt{2}\sin\theta x+\cos\theta$의 그래프와 직선 $y=\dfrac{1}{5}$이 오직 한 점에서 만나

도록 하는 서로 다른 모든 실수 θ의 값의 합이 $\dfrac{q}{p}\pi$이다. $p+q$의 값을 구하는 과정을 서술하시오.

(단, p와 q는 서로소인 자연수이다.)

[문제 09]

삼각형 ABC가 $\sin^2 A + \sin^2 B = \sin^2 C$, $\sin A = \sqrt{3}\,(\sin C - \sin B)$를 만족시킨다. 삼각형 ABC의 외접원의 지름의 길이가 12일 때, 선분 AC의 길이를 구하는 과정을 서술하시오.

[문제 10]

수열 $\{a_n\}$이 모든 자연수 n에 대하여

$$a_{n+1} = \frac{3k}{2a_n + k}$$

를 만족한다. $a_1 = 1$, $a_3 = \frac{3}{2}$일 때, a_5의 값을 구하는 과정을 서술하시오. (단, k는 0이 아닌 상수이다.)

[문제 11]

함수 $f(x)=\begin{cases}x^2-1 & (x \le 2) \\ -x+3 & (x > 2)\end{cases}$ 에 대하여 함수 $g(x)=\begin{cases}af(x) & (x \le 2) \\ (x^2+bx-3)f(x) & (x > 2)\end{cases}$ 라 하면 $g(x)$는 $x=2$에서 미분가능

하다. $a+b=\dfrac{q}{p}$일 때, $p+q$의 값을 구하는 과정을 서술하시오. (단, a, b는 상수이고, p, q는 서로소인 자연수이다.)

[문제 12]

다항함수 $f(x)$가 모든 실수 x에 대하여 $f(-x)=-f(x)$, $|f'(x)| \le 5$를 만족시킬 때, $f(4)$의 최댓값을 M, 최솟값을 m이라 하자. $M-m$의 값을 구하는 과정을 서술하시오.

[문제 13]

다음은 8 이하의 자연수 a, b에 대하여 함수 $f(x) = x^3 + ax^2 + bx$의 역함수가 존재하도록 하는 순서쌍 (a, b)의 개수를 구하는 과정이다. 빈칸에 알맞은 문자나 수식을 써넣어 풀이 과정을 완성하시오.

함수 $f(x) = x^3 + ax^2 + bx$의 역함수가 존재하려면 모든 실수 x에 대하여

$f'(x) = $ ⟦ ① ⟧ ⟦ ② ⟧ 0이 성립해야 한다.

이차방정식 $f'(x) = 0$의 판별식을 D라 할 때

$\dfrac{D}{4}$ ⟦ ③ ⟧ 0이어야 하므로

a^2 ⟦ ③ ⟧ $3b$ ...... ㉠

㉠을 만족시키는 순서쌍 (a, b)의 개수는

$a = 1$일 때, b는 ⟦ ④ ⟧ 개

$a = 2$일 때, b는 ⟦ ⑤ ⟧ 개

$a = 3$일 때, b는 ⟦ ⑥ ⟧ 개

$a = 4$일 때, b는 ⟦ ⑦ ⟧ 개

$a = 5$, 6, 7, 8일 때, b는 ⟦ ⑧ ⟧ 개

이다. 따라서 구하는 모든 순서쌍의 개수는 ⟦ ⑨ ⟧ 이다.

[문제 14]

그림과 같이 함수 $y=|x^2-x|$의 그래프와 직선 $y=mx\,(m>0)$로 둘러싸인 두 부분의 넓이가 서로 같을 때, $(m+1)^3$의 값을 구하는 과정을 서술하시오.

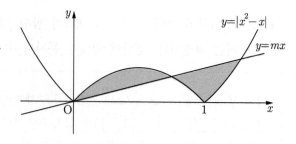

[문제 15]

최고차항의 계수가 1인 삼차함수 $f(x)$가 다음 조건을 만족시킬 때, 곡선 $y=f(x)$와 직선 $y=4\sqrt{2}$로 둘러싸인 부분의 넓이를 구하는 과정을 서술하시오.

(가) 모든 실수 a에 대하여 $\displaystyle\int_{-a}^{a} f(x)dx=0$이다.

(나) 방정식 $|f(x)|=4\sqrt{2}$는 서로 다른 4개의 실근을 갖는다.

제5회 실전 모의고사

지원 학과 : _____

성   명 : _____

문항 수	총 15 문항 (국어 6, 수학 9)	배점	각 문항 10점
시험 시간	80분	총점	150점 + 850점 (기본 점수)

제**5**회 자연 실전 모의고사

국어

[문제 1] 다음은 역사 동아리의 학생과 문화재 연구사의 인터뷰이다. 물음에 답하시오.

> **학생:** 안녕하세요? 얼마 전 저희 동아리에서 미륵사지를 견학한 후 석탑 복원에 대해 궁금증이 생겨서 인터뷰를 요청하게 되었습니다. 인터뷰에 응해 주셔서 감사합니다.
>
> **연구사:** 반갑습니다.
>
> **학생:** 먼저 문화재 복원이란 무엇인지 설명해 주시겠어요?
>
> **연구사:** 문화재 복원은 문화재가 소실된 경우에 고증을 통해 문화재의 전체나 일부를 원형 또는 특정 시기의 모습으로 되찾는 행위를 의미합니다.
>
> **학생:** 그렇다면 미륵사지 석탑은 원형으로 복원한 것인가요?
>
> **연구사:** 아닙니다. 이 석탑은 특정 시기의 모습으로 보수하여 복원한 것이에요. 얼마 전 석탑을 견학하였다고 하셨는데, 혹시 복원이 끝나지 않은 것처럼 보이지는 않았나요?
>
> **학생:** 맞아요. 사실 저는 아직 복원이 진행 중인 줄 알았어요. 왜 이런 모습으로 복원된 것인가요?
>
> **연구사:** 문화재는 원형의 모습으로 복원하는 것이 일반적인데, 미륵사지 석탑은 창건 당시의 원형을 알 수 있는 문헌 기록을 찾지 못하였습니다. 그래서 현재와 같이 비대칭의 모습으로 복원할 수밖에 없었죠.
>
> **학생:** 그렇군요. 방금 문화재는 원형의 모습으로 복원하는 것이 일반적이라고 하셨는데, 문화재를 복원할 때 지켜야 할 원칙으로는 어떤 것들이 있을까요?
>
> **연구사:** 문화재를 복원할 때는 역사적 가치의 보존을 위해 훼손된 재료는 보강하여 재사용해야 합니다. 미륵사지 석탑도 새로운 석재를 사용하여 훼손된 원래의 석재를 보강하였는데, 이때 전통 기법을 최대한 활용하였습니다.
>
> **학생:** 그렇다면 미륵사지 석탑 복원에는 어떤 전통 기법이 사용되었나요?
>
> **연구사:** 석탑을 복원할 때 정을 이용해 석재를 손으로 하나하나 다듬는 전통적인 석재 가공법을 활용하였습니다.
>
> **학생:** 정성이 많이 들어간 작업이었겠네요. 혹시 문화재 복원에 사용되는 기법에 대해 더 말씀해 주실 것이 있나요?
>
> **연구사:** 방금 전에 새로운 석재를 복원에 사용하였다고 이야기하였지요? 기존의 석재와 유사한 석재를 찾기 위해 기존 석재를 방사선으로 분석하는데요, 미륵사지 석탑 복원에도 방사선 분석 결과를 토대로 익산 황등 지역의 화강암을 사용하였습니다. 이외에도 석탑의 석재들을 다시 쌓아 올릴 때 3D 스캐닝을 활용하여 기울어짐 발생 여부를 확인하는 등 새로운 기법을 사용하였습니다.
>
> **학생:** 현대의 과학 기술이 전통을 다시 살리는 데 쓰였다니 흥미롭네요. 미륵사지 석탑을 복원하는 데 얼마나 걸렸나요?
>
> **연구사:** 복원을 완료하기까지 20년이 걸렸습니다. 일제 강점기 때 보수하는 과정에서 무너진 부분에 다량의 콘크리트를 덧씌워 놨었는데, 그것을 수작업으로 걷어내는 데만 3년이 걸렸을 정도로 쉽지 않은 작업이었죠.
>
> **학생:** 석탑 복원에 보이지 않는 노력이 많았군요. 끝으로 문화재 복원에 대해 학생들에게 한 말씀 부탁드리겠습니다.
>
> **연구사:** 문화재는 우리의 역사를 담고 있는 자산입니다. 학생들이 문화재 복원에 좀 더 관심을 가지고, 그 역사적 가치를 생각해 보면 좋겠습니다.
>
> **학생:** 좋은 말씀 감사합니다.

〈보기〉는 인터뷰를 진행한 후 작성한 문화재 복원에 관한 교지의 일부이다. 〈보기〉의 ㉠, ㉡이 반영된 문장을 제시문에서 찾아 각각의 첫 어절과 마지막 어절을 순서대로 쓰시오.

〈보기〉

문화재의 대부분은 수많은 전쟁으로 파손되기도 하고 세월의 흐름에 따른 자연스러운 부식이 일어나는 등 훼손되는 원인이 다양하다. 특히, 일제 강점기를 겪은 우리나라의 경우 일제의 만행으로 인해 파괴된 문화재의 복원이 많은 부분을 차지한다. 이번 인터뷰를 통해 문화재 복원에 관해 탐구할 수 있었으며, 특히 미륵사지 석탑의 복원이 ㉠ 원형의 모습을 갖추지 못한 이유와 ㉡ 미륵사지 복원이 더 늦어질 수밖에 없었던 역사적 사실을 알게 되었다.

㉠ 첫 어절: _____ , 마지막 어절: _____

㉡ 첫 어절: _____ , 마지막 어절: _____

| 2~3 | 다음 글을 읽고 물음에 답하시오.

블록체인은 분산 데이터 저장 기술로, 데이터를 작은 블록 단위로 묶어 체인 형태로 연결한 것이다. 이렇게 연결된 블록들은 여러 대의 컴퓨터에 중복으로 저장되어 있는데, 이러한 분산 저장 방식은 'P2P 방식'을 기반으로 한다. P2P는 중앙 서버 없이 동등한 지위를 가지고 있는 각 사용자들이 서로 데이터를 주고받는 방식이다. '중앙 집중식 시스템'은 중앙 서버가 존재하여 데이터 및 서비스를 관리하고 제어하기에 중앙 서버에 위협이 있으면 서버 전체의 불안정성으로 이어진다. 이에 반해 P2P 네트워크는 중앙 서버가 모든 데이터 요청을 처리하는 중앙 집중식 시스템보다 더욱 탄력적이고 확장성이 뛰어나다. P2P 네트워크에서는 노드라고 불리는 각 컴퓨터가 서로에 대하여 동등한 역할을 담당하는데, 참가하는 각 노드의 자원과 네트워크 회선을 이용해 작업 부하를 분산시킬 수 있다. 따라서 새로운 노드가 네트워크에 참여해도 전체 네트워크의 성능에는 지장이 없으며, 동시에 각 노드 간의 작업 부하가 균형 있게 분산되어 시스템 전체의 안정성이 유지된다.

블록체인의 주요 특징은 데이터의 변경이 용이하지 않아 저장된 데이터가 임의로 수정되거나 조작되기 어렵다는 점이다. 새로운 블록이 추가될 때에는 블록체인에 참여하는 모든 참가자들이 추가된 내용을 열람할 수 있어, 데이터의 투명성과 신뢰성이 보장된다. 따라서 블록체인은 기존의 중앙 집권식 시스템의 한계를 벗어나 안전하게 데이터를 저장하고 관리하는 혁신적인 기술로 평가받고 있다.

블록은 블록체인에서 식별, 암호화 및 거래 정보를 포함하는 기본 데이터 단위이다. 하나의 블록은 본문(body 또는 data), 헤더(header), 블록 해시(hash)로 구성된다. 본문은 다양한 거래 정보 등 실제 데이터를 포함한다. 헤더는 블록의 메타데이터를 담고 있는 부분으로 버전 정보, 이전 블록 해시, 머클 루트(merkle root), 시간(time), 난이도(difficulty) 및 논스(nonce)로 구성된다. 블록 해시는 블록의 전체 내용을 해시화한 값으로 블록의 고유한 식별자로 사용된다. 블록이 생성될 때마다 다른 블록 해시를 갖는데, 블록의 모든 내용을 요약한 고유한 문자열로, 블록이 변경되면 이에 대한 해시값도 변경될 수밖에 없다. 이렇게 구성된 블록들은 시간 순서대로 연결되어 체인을 이룬다. 새로운 블록이 생성될 때마다 이전 블록의 해시값을 참조하고, 새로운 블록의 해시값이 다시 다음 블록에 포함되는 구조는 블록체인의 불변성과 안전성을 보장하는 핵심 원리로 작용한다.

블록체인 기술을 적용하면 중앙은행과 같은 제삼자가 화폐의 가치를 담보하지 않아도 되는 전자 화폐를 만들 수 있는데, 이것이 암호 화폐이다. 블록체인 기술을 기반으로 한 암호 화폐는 분산된 네트워크에 의해 발행되며 중앙은행의 개입이 존재하지 않는다. 가장 유명한 블록체인 기반의 암호 화폐 중 하나인 비트코인은 블록체인 개념을 실현한 대표적인 사례이다. 비트코인은 블록체인 기술을 활용하여 네트워크 참여자들이 중앙은행 없이 서로 거래를 직접 수행할 수 있도록 하였다. 중앙의 통제를 배제하여 개인의 자유로운 거래가 이루어지면서 가상화폐가 블록체인 기술로 현실화되고 있다. 작업 증명(Proof of Work, POW)은 블록체인 네트워크에서 새로운 블록을 생성하고 추가하는 과정에 있어서 네트워크의 참여자들이 해결하기 어려운 수학적인 문제를 해결하며 블록을 생성하는 과정을 수행하는 단계이다. 특정한 해시 값이 특정한 패턴을 만족하는 값인지 확인하는 것으로, 참여자들은 여러 번의 시도를 통해 이를 찾아내고, 가장 빠르게 완료한 당사자가 승인한 블록이 네트워크에 공유되며, 모든 노드가 전파되고, 이후에 다음 블록을 생성하기 위한 기초가 된다. 그리고 그에 대한 보상으로 비트코인을 획득하게 된다. 이러한 방식으로 비트코인을 발행하는 과정을 채굴(Mining)이라고 부르며, 채굴자들은 해시 파워(Hash Power)를 이용하여 작업 증명을 수행하고 블록을 생성함으로써 더 많은 보상을 받지만, 네트워크의 보안과 안정성은 여전히 유지된다.

블록체인은 혁신적인 기술이지만 아직 해결해야 할 여러 가지 문제점이 있다. 블록체인의 거래 정보는 계속해서 누적되기 때문에 저장 공간을 확보하는 데 필요한 비용이 증가하며, 거대한 데이터베이스를 유지하면 실행 시간도 늘어날 수 있다. 이는 분산 환경에서 데이터 동기화 및 검증에 영향을 줄 수도 있다. 또한, 둘 이상의 참가자가 동시에 블록을 생성하여 네트워크가 두 갈래로 나뉘는 상황이 발생할 수 있다. 이로 인해 긴 체인과 짧은 체인이 동시에 발생하게 되는데, 이 경우 어느 체인을 유효한 것으로 판단할지 결정해야 한다. 일반적으로 가장 긴 체인이 채택되지만, 선택되지 않은 체인이 선택된 체인으로 전환되는 과정에서 거래 거부, 거래 취소 등 일시적인 혼란이 초래될 수 있다. 블록체인 네트워크는 사용자 수가 증가함에 따라 처리해야 할 거래량도 많아지므로 이를 해결하기 위한 기술적인 제한이나 개선이 필요하다.

[문제 2]

〈보기〉는 제시문을 읽고 내용을 정리한 것인데, 〈보기〉의 ⓐ, ⓑ는 제시문의 내용과 일치하지 않는다. ⓐ, ⓑ를 올바르게 수정하려고 할 때, 적절한 말을 제시문에서 찾아 쓰시오.

〈보기〉

- 비트코인의 경우에는, 블록에 포함된 거래의 송금액과 수신자 주소, 전송자 주소 등 블록의 실제 데이터를 포함하는 ⓐ 노드가 해당 블록에 포함된 실제 거래 데이터를 담고 있다.
- ⓑ P2P 네트워크는 블록의 고유한 식별자로 사용되며, 새로운 블록이 생성될 때마다 이전 블록의 해시값을 참조하고, 순서대로 연결된 블록들의 체인을 형성하고, 이를 통해 데이터의 변조나 위조를 방지하여 블록체인의 안전성을 유지한다.

---

① ⓐ를 올바르게 수정한 것: _____

② ⓑ를 올바르게 수정한 것: _____

[문제 3]

〈보기〉는 제시문을 읽고 요약한 내용이다. 〈보기〉의 ①, ②에 들어갈 적절한 말을 제시문에서 찾아 쓰시오.

〈보기〉

	(①)	(②)
공통점	두 시스템 모두 데이터를 공유하고 교환하며, 네트워크 연결이 이루어져 있다.	
차이점	사용자들 간에 동등한 지위에서 직접적으로 통신하고 데이터를 교환하며, 개별 노드의 장애가 전체 시스템에 큰 영향을 미치지 않으며, 분산된 구조로 인해 안정성 측면에서 더 뛰어나다.	중앙 서버에 의존하기 때문에 해당 서버에 장애가 발생하면 전체 시스템에 영향을 미치며, 모든 데이터 요청을 처리하기 때문에 확장성에 제약이 있다.

---

①: _____

②: _____

[문제 4] 다음 글을 읽고 물음에 답하시오.

사람의 다양한 생활 관계 중에서 법률에 의하여 규율되는 사람들 사이의 권리와 의무 관계를 법률관계라고 한다. 법률 관계는 당사자가 원하는 효과가 법에 의하여 보장되고 실현된다는 점에서 도덕·종교·관습 등에 의하여 규율되는 도덕 관계·종교 관계·관습 관계 등과 다르며, 권리와 의무로 나타나기 때문에 권리·의무 관계라고 부르기도 한다. 재산 관계, 가족 관계와 같이 개인들 사이의 법률관계를 민사 법률관계라고 한다. 민사 법률관계에서는 ㉠ 당사자들 간의 합의가 우선되므로 법은 합의에 의한 계약으로 이미 정해진 내용에 개입하지 않고, 계약으로 정해지지 않은 문제에 대해서만 적용된다. 다만, 일반적인 관계나 한쪽을 보호해야 하는 상황에서는 법이 당사자의 계약을 대신하여 적용되어 사회적으로 중요한 가치를 보호하는 역할을 한다.

㉡ 성문법, ㉢ 관습법, 조리는 민사 법률관계에 적용되는 법이다. 우선적으로 적용되는 법인 성문법은 문자로 적어 표현하고 문서의 형식을 갖춘 법으로, 국가 기관이 법률에 정해진 절차에 따라 제정하였다는 의미에서 제정법이라고도 한다. 이에 반해, 관습법은 사회에서 관행적으로 인정되고 따르는 법적 원칙이나 규칙을 의미한다. 특정한 법률이나 규칙으로 공식적으로 정해지지 않았지만, 한 사회에서 오랜 시간 동안 일관되게 따라온 사회적 관습이 도덕적인 규범으로서 지켜질 뿐만 아니라 사회의 법적 확신 내지 법적 인식을 수반하여 법의 차원으로 굳어진 것을 이른다. 관습법을 인정하지 않는 국가들도 있지만, 일부 국가의 법률 제도에서는 중요한 역할을 하며, 법원에서 판단할 때 기준이 되기도 한다.

만약, 분쟁을 해결할 적절한 성문법과 관습법이 모두 없는 경우에는 '조리'가 적용된다. 현대 사회는 매우 빠른 속도로 변하고 있기 때문에 발생하는 범죄나 사건들을 예측하여 법을 미리 제정할 수 없다. 성문법의 경우 복잡한 제정 절차를 반드시 거쳐야 하는 만큼 제정하는데 오랜 시간이 소요되며, 관습법은 일정 기간의 사회적 관행이 있어야 하기에 이 역시 형성되기까지 시간이 필요하다. 조리란 법이나 문서에 명시되지 않았지만, 사회에서 일반적으로 인정되고 따르는 규칙을 말한다. 이는 많은 사람들이 승인하는 공동생활의 원리인 도리(道理)이며, 사회 통념, 선량한 풍속, 기타 사회 질서, 신의 성실의 원칙이라는 말로 표현되기도 한다. 조리는 관습법과는 다르게 일반적인 사회적 미덕이나 상식에 부합하는지 여부에 따라 인정되기까지 오랜 시일이 걸리지 않는다.

'제사 주재자' 결정에 대한 판례는 실제 조리가 법적 판단의 기준으로 적용된 사례이다. 민법은 '제사용 재산의 소유권은 제사를 주재하는 자가 이를 승계한다'고 규정하고 있지만, '제사를 주재하는 자'가 누구인지에 대해서는 정하고 있지 않다. 이에 관습과 조리에 의해 제사 주재자를 정해 왔고, 2008년 ㉣ 대법원 전원 합의체 판결에 따르면, 제사 주재자는 먼저 망자의 공동 상속인들 사이의 협의에 의해 정해지며, 협의가 이루어지지 않는 경우에는 망자의 장남(장남이 이미 사망한 경우에는 장손자)이 제사 주재자가 된다. 또한, 공동 상속인들 중 아들이 없는 경우에는 망자의 장녀가 제사 주재자가 된다. 그러나 2023년 대법원은 전원 합의체 판결을 통해 판례를 변경하였다. 이에 따르면, 공동 상속인들 사이에 협의가 이루어지지 않는 경우에는 특별한 사정이 없는 한, 피상속인의 직계비속 중 최근친의 연장자가 제사 주재자로 우선한다고 보는 것이 가장 조리에 부합한다는 것이다. 이 판결에서 장남 또는 장손자 등 남성 상속인을 제사 주재자로 우선하는 것은 성별에 의한 차별을 금지한 헌법 정신에 합치하지 않으며, 제사용 재산의 승계에서 남성 상속인과 여성 상속인을 차별하는 것은 이를 정당화할 만한 합리적인 이유가 없다고 덧붙였다. 이어 현대 사회의 제사에서 부계 혈족인 남성 중심의 가계 계승 의미는 상당 부분 퇴색하고 망인에 대한 경애와 추모의 의미가 중요해지고 있으므로, 남성 상속인이 여성 상속인에 비해 제사 주재자로 더 정당하다고 볼 수 없다며 그동안 인정되어 오던 관습법상의 남성 상속인에 대한 관행도 부인하였다. 이는 제사 주재자로 장남 또는 장손자 등 남성 상속인을 우선하는 것이 보존해야 할 전통이라거나 헌법에 의해 정당화된다고 볼 수도 없다는 의미로 파악할 수 있다.

〈보기1〉는 일반 상속에 적용되는 민법 조문이다. 〈보기2〉의 ⓐ, ⓑ가 ㉠~㉣ 중에서 어떤 유형에 해당하는지 제시문에서 찾아 쓰시오.

〈보기1〉

제1009조(법정 상속분)
① 동순위의 상속인이 수인인 때에는 그 상속분은 균분으로 한다. 〈개정 1977.12.31., 1990.1.13.〉
② 피상속인의 배우자의 상속분은 직계비속과 공동으로 상속하는 때에는 직계비속의 상속분의 5할을 가산하고, 직계존속과 공동으로 상속하는 때에는 직계존속의 상속분의 5할을 가산한다. 〈개정 1990.1.13.〉

〈보기2〉

민법 제 1009조에 따라 일반 재산의 상속은 망자의 가족 구성원 간에 ⓐ 법률에서 정한 비율에 따라 상속되었다. 그러나 제사용 재산의 경우, 한 사람이 물려받을 필요가 있으므로 민법은 예외 조항을 두어 제사용 재산은 제사를 주재하는 자가 단독으로 상속받도록 하였다. 다만, 민법에 '제사 주재자'에 대한 조항이 없어 제사 주재자는 공동 상속인들 사이의 협의에 따라 정하고, ⓑ 협의가 없는 경우에는 망자의 장남(장손자) 또는 장녀로 선정되는 것이 관행이다. 하지만 최근에 대법원은 판례를 변경하여, 협의가 없을 때는 피상속인의 직계비속 중 최근친의 연장자가 제사 주재자 되도록 하였다.

ⓐ: _____

ⓑ: _____

[문제 5] 다음 글을 읽고 물음에 답하시오.

환경 오염은 현대 인류가 직면한 심각한 문제 중 하나로, 이 문제의 해결을 위해 다양한 이론과 접근법이 제시되고 있다. 환경 관리주의, 근본 생태주의, 그리고 사회 생태주의는 각각의 관점에서 환경 오염으로 인한 문제의 해결 방안을 제시하였다. 환경 관리주의는 인간이 자연보다 우위에 있으므로 인간의 개입이 자연환경을 조절할 수 있다는 믿음에 기초한다. 이 입장에 있는 사람들은 환경 문제의 해결을 위해 제도적 규제와 과학 기술적 해결책에 초점을 맞추는 경향이 있다. 이와 달리 사회 생태주의와 근본 생태주의는 환경 관리주의에서 강조하는 기술과 규제로는 환경 문제를 해결하기 어렵다고 주장한다.

근본 생태주의는 환경 문제의 원인을 인간이 자연을 인식하는 태도에 있다고 본다. 자연과 인간을 분리해서 인식하고, 자연을 도구화하는 태도는 자연을 오직 경제적 이익을 위한 수단으로만 인식하는 시각을 반영하는데, 환경 문제는 이러한 인식으로 인해 발생한다는 것이다. 근본 생태주의자들은 자연을 수단이나 도구로만 바라보는 것을 비판하며, 자연과 사회는 서로 의존하는 관계이므로 자연 친화적으로 인간의 삶이 변화하여야 환경 문제를 해결할 수 있다고 주장한다. 또한, 이들은 자연을 고유한 생명을 가진 대상으로 인식해야 하며, 자연과의 조화로운 관계 속에서 발전해야 한다고 본다. 이들은 모든 존재들은 상호 연결되어 불가분의 관계에 있으므로 작은 변화가 생태계 전체에 영향을 미칠 수 있음을 인지하고, 지속 가능한 방식으로 자원을 이용하고 환경을 보호해야 한다고 강조한다. 사회 생태주의는 환경 문제가 사회 구조적 문제에서 기인한 것으로 본다. 이 관점에서는 환경 문제가 인간이 인간을 지배하는 잘못된 사회 구조에서 비롯된 것으로 인식하고, 환경 문제를 해결하기 위해서는 반자본주의 투쟁을 기반으로 사회 내부의 착취 구조를 타파해야 한다고 주장한다. 또한, 경제적·사회적으로 취약한 집단의 이익과 권리를 보호해야 하고, 사회적 공평성을 중시하는 인간 공동체를 형성하여 인간이 자연을 지배하면서 발생하는 환경 문제를 종식해야 한다고 보고 있다.

과타리는 환경 관리주의, 근본 생태주의, 사회 생태주의 중 어느 한 가지만으로 환경 문제에 온전히 대처하는 것은 불가능하다고 보았다. 그는 환경 문제를 효과적으로 해결하기 위해서는 다양한 시각들을 종합적으로 고려하는 것이 필요하다고 말하며 생태 철학을 제시하였다. 그의 생태 철학은 환경 생태학, 정신 생태학, 사회 생태학을 접합한 관점이다. 환경 관리주의에 대응되는 환경 생태학은 자연의 영역을 탐구하며, 생태계와 생물 다양성 등 자연 환경의 구조와 기능을 연구하고, 근본 생태주의에 대응되는 정신 생태학은 인간의 영역을 중심으로 살펴보며, 인간의 내적 세계와 환경의 관계를 파악한다. 사회 생태주의에 대응되는 사회 생태학은 사회의 영역을 다루며, 인간 사회의 구조와 문화, 사회적 상호 작용 등을 분석하여 사회와 자연의 상호 관계를 심층적으로 이해한다. 과타리의 생태 철학은 이러한 세 가지 생태학의 관점을 접목하여, 인간과 자연을 구분하는 이분법을 극복하고 생태학적인 관점에서 새로운 주체성을 탐구하고자 하였다.

과타리는 주체성 생산을 동질 발생과 이질 발생으로 구분하였다. 동질적인 요소에 의해 주체성이 형성되는 경우를 동질 발생이라고 하는데, 비슷한 경험이나 배경, 가치관을 공유하는 사회 집단 내에서 주체성이 형성되는 경우에는 동질적인 요소가 주체성 형성에 영향을 미치게 된다. 반면, 다양한 경험이나 배경 등 이질적인 요소에 의해 주체성이 형성되는 경우를 이질 발생이라고 하는데, 서로 다른 문화나 가치관을 가진 사람들 사이에서 주체성이 형성되는 경우에는 각자의 개별적인 경험이나 환경적 요소가 주체성 형성에 영향을 미치게 된다. 과타리에 따르면, 개인의 주체성은 이질적인 주체성과 동질적인 주체성이 결합하여 형성되므로 개인에게는 다양한 성향이 존재할 수 있다.

그러나 과타리가 살던 시대는 물질적인 성공과 이윤 추구를 중시하는 자본주의 사회 체제였다. 그는 이러한 사회적 체제는 다양성과 개별성을 억압하고 일관성과 표준화된 행동을 우선시하는 경향이 있다고 생각하였고, 획일성을 강조하는 전통적인 주체성 형성 관점에 대해 비판적인 입장을 취하였다. 과타리는 자본주의 사회에서 형성되는 동질적인 주체성을 통해서는 환경 문제를 근본적으로 해결하기 어렵다고 보았고, 이질적인 주체성을 인정하고 존중해야 한다고 강조하였다. 자본주의 사회에서는 생태계 보전 역시 인간들의 욕망과 소비문화에 의해 제약된 범주 안에서 이뤄질 수밖에 없다. 따라서 환경 문제를 해결하기 위해 새로운 기술을 도입한다고 하더라도 그 기술을 사용하는 주체들의 인식과 행동 패턴이 변화하지 않는다면 문제의 해결에는 한계가 있다. 과타리는 환경 문제를 해결하고 지속 가능한 사회를 구축하기 위해서는 자본주의의 경제적 논리와 욕망에서 벗어나야 한다고 주장하였다. 그는 '다르게 되기'라는 개념을 제시하여, 새로운 사회적 관계와 인간-자연 관계를 형성하는 것이 중요하다고 강조하였다. 이를 통해 인간은 거대한 생명체 시스템 내에서 특정 사회 체제에 매몰되지 않고 독립적인 주체성을 형성한 상태로 자유롭고 조화롭게 살 수 있다는 것이다. 과타리는 새로운 시각과 관계를 형성하고, 기존의 사회 체제와 관행을 극복하고, 지속 가능한 환경과 사회를 창출하는 삶을 바람직한 생태주의적 삶으로 본다.

〈보기〉는 제시문을 읽고 내용을 정리한 것인데, ①~④에 들어갈 적절한 말을 제시문에서 찾아 쓰시오.

― 〈보기〉 ―

과타리의 새로운 이론은 환경 생태학, 사회 생태학, 정신 생태학의 접목하여 탄생하였다. 환경 생태학은 (①   )의 영역을 탐구하고, 사회 생태학은 (②   )의 영역을 다루며, 정신 생태학은 인간의 영역을 중점으로 살펴본다. 그리고, (③   )은/는 이러한 관점을 통합하여 인간과 자연 사이의 이분법을 극복하고 새로운 종합적 이해를 제시하여 생태학적 관점에서 인간과 자연의 상호 작용을 이해하고 새로운 (④   )을/를 탐구하고자 하였다.

①: _____

②: _____

③: _____

④: _____

[문제 6] 다음 글을 읽고 물음에 답하시오.

⊙ 십이월은 계동(季冬)이라 소한 대한 절기로다
설중(雪中)의 봉만(峯巒)들은 해 저문 빛이로다
세전에 남은 날이 얼마나 걸렸는고
집안의 여인들은 세시 의복 장만하고
무명 명주 끊어 내어 온갖 무색 들여 내니
자주 보라 송화색에 청화 갈매 옥색이다
일변으로 다듬으며 일변으로 지어 내니
상자에도 가득하고 횃대에도 걸었도다
ⓛ 입을 것 그만하고 음식 장만하오리라
떡쌀은 몇 말이며 술쌀은 몇 말인고
콩 갈아 두부하고 메밀쌀 만두 빚소
세육은 계를 믿고 북어는 장에 사서
납평 날 창애 묻어 잡은 꿩 몇 마리인고
아이들 그물 쳐서 참새도 지져 먹세
깨강정 콩강정에 곶감 대추 생률이라
주준에 술 들으니 돌 틈에 새암 소리
앞뒷집 타병성은 예도 나고 제도 나네
새 등잔 새발심지 장등하여 새울 적에
윗방 봉당 부엌까지 곳곳이 명랑하다
초롱불 오락가락 묵은세배하는구나
어와 내 말 듣소 농업이 어떠한고
종년 근고한다 하나 그중에 낙이 있네
위로는 국가 봉용 사계로 제선 봉친
형제 혼상 대사 먹고 입고 쓰는 것이
토지 소출 아니라면 돈 지당을 어이할꼬
예로부터 이른 말이 농업이 근본이라
ⓒ 배 부려 선업하고 말 부려 장사하기
전당 잡고 빚 주기와 장판에 체계 놓기
술장사 떡장사며 술막질 가게 보기
아직은 흔전하나 한 번을 뒤뚝하면
파락호 빚꾸러기 살던 곳 터도 없다
농사는 믿는 것이 내 몸에 달렸느니
절기도 진퇴 있고 연사도 풍흉 있어
수한 풍박 잠시 재앙 없다야 하랴마는
극진히 힘을 들여 가솔이 일심하면
아무리 살년에도 아사를 면하느니
제 시골 제 지키어 소동(騷動)할 뜻 두지 마소
황천(皇天)이 인자하사 노하심도 일시로다

자네도 헤어 보아 십 년을 가량(假量)하면

ⓐ 칠분은 풍년이요 삼분은 흉년이라

ⓜ 천만 가지 생각 말고 농업을 전심하소

하소정(夏小正)* 빈풍시(豳風詩)*를 성인이 지었으니

이 뜻을 본받아서 대강을 기록하니

이 글을 자세히 보아 힘쓰기를 바라노라

- 정학유, 「농가월령가」

* 하소정: 옛 중국의 기후 관련 저서로 농사와 목축 및 어업 활동에 대해 기록하였으며 『예기(禮記)』에 실려 있음.
* 빈풍시: 주나라 주공이 백성들의 농사짓는 어려움을 인식시키기 위하여 지은 시편으로 『시경(詩經)』에 실려 있음.

〈보기〉는 제시문에 대한 해설의 일부이다. 제시문의 ㉠~㉤ 중 〈보기〉의 ①, ②에 해당하는 부분을 찾아 기호로 쓰시오.

─────── 〈보기〉 ───────

「농가월령가」는 월중 행사표처럼 농가에서 해야 할 일을 매달 알려 준다는 점에서 인식적 기능을 지니고 있다. 또한, 실학 사상을 바탕으로 하여 농촌의 삶을 보여 주는 사료로써 실증성이 높다. 이는 농민들에게 근면하게 농사에 힘쓸 것을 강조하며, 농사를 우리 민족의 근본으로 인식하는 부분에서 작품에 잘 드러난다. 오직 농사만을 짓던 조선은 조선 후기에 ① 점차 상업이 발달하기 시작하였고, 화폐 경제의 발달과 더불어 대부업도 등장하기 시작하였다. 이렇게 농업이 아닌 상업으로도 돈을 버는 계층들이 생겨났으나, 작가는 삶의 근본인 ② 농업에 힘쓰는 것이 다른 산업에 종사하는 것보다 유리하다고 설득하고 있다.

①: _____

②: _____

수학

[문제 07]

$\left(\sqrt[3]{9}\right)^{\frac{n}{4}}$ 의 값과 $\dfrac{360}{n}\log_9 \sqrt{3}$ 의 값이 모두 자연수가 되도록 하는 자연수 n의 값의 합을 구하는 과정을 서술하시오.

[문제 08]

오른쪽 그림과 같이 $-\dfrac{1}{2}<x<\dfrac{3}{2}$ 에서 함수 $y=\tan \pi x$의 그래프와 두 직선 $y=k$, $y=-k\ (k>0)$로 둘러싸인 도형의 넓이가 8일 때, 상수 k의 값을 구하는 과정을 서술하시오.

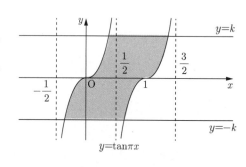

[문제 09]

그림과 같이 $\overline{AB}=8$, $\overline{AC}=10$이고 $\cos(\angle BAC)=\dfrac{1}{8}$인 삼각형 ABC가 있다.

선분 AC 위의 점 D와 선분 BC 위의 점 E에 대하여 $\angle BAC = \angle BDA = \angle BED$일 때, 삼각형 CDE의 외접원의 반지름의 길이는 $\dfrac{q}{p}\sqrt{r}$이다. 이때 $p+q+r$의 값을 구하는 과정을 서술하시오.

(단, p, q는 서로소인 두 자리 자연수이다.)

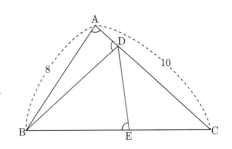

[문제 10]

자연수 n에 대하여 이차함수 $y=x^2-3nx-1$의 그래프와 직선 $y=2x-3n$이 만나는 서로 다른 두 점의 x좌표를 α_n, β_n이라 하자. $\displaystyle\sum_{n=1}^{20}\log\left(\dfrac{1}{\alpha_n}+\dfrac{1}{\beta_n}\right)$의 값을 구하는 과정을 서술하시오.

[문제 11]

두 함수 $f(x)$, $g(x)$가 다음 조건을 만족시킨다.

(가) $\displaystyle\lim_{x \to 1} \frac{f(x)-2}{x-1} = 4$

(나) 모든 실수 x에 대하여 $g(x-1)\{f(x)-2\} = (x-1)^2\{f(x)+6\}$

다음은 $\displaystyle\lim_{x \to 1} \frac{6(x-1)g(x-1)+f(x)g(x-1)}{2x-2+g(x-1)}$ 의 값을 구하는 과정이다. 빈칸에 알맞은 문자나 수식을 써넣어 풀이 과정을 완성하시오.

조건 (가)에서 $x \to 1$일 때, (분모) $\to 0$이고 극한값이 존재하므로 (분자) $\to$ ⎡ ① ⎤ 이어야 한다.

즉, $\displaystyle\lim_{x \to 1}\{f(x)-2\} = $ ⎡ ① ⎤ 에서 $\displaystyle\lim_{x \to 1}f(x) = $ ⎡ ② ⎤

조건 (나)에서 $x \neq 1$이고 $f(x) \neq 2$일 때,

$$\frac{g(x-1)}{x-1} = \frac{(x-1)\{ \boxed{\text{③}} \}}{f(x)-2}$$ 이므로

$$\lim_{x \to 1}\frac{g(x-1)}{x-1} = \lim_{x \to 1}\frac{\boxed{\text{③}}}{\dfrac{f(x)-2}{x-1}} = \boxed{\text{④}}$$

$\displaystyle\lim_{x \to 1}\frac{g(x-1)}{x-1} = $ ⎡ ④ ⎤ 에서 $x \to 1$일 때, (분모) $\to 0$이고 극한값이 존재하므로 (분자) $\to$ ⎡ ① ⎤ 이어야 한다.

즉, $\displaystyle\lim_{x \to 1}g(x-1) = $ ⎡ ① ⎤

$$\therefore \lim_{x \to 1}\frac{6(x-1)g(x-1)+f(x)g(x-1)}{2x-2+g(x-1)} = \lim_{x \to 1}\frac{6g(x-1)+f(x)\times\dfrac{g(x-1)}{x-1}}{2+\dfrac{g(x-1)}{x-1}}$$

$$= \boxed{\text{⑤}}$$

[문제 12]

함수 $f(x) = \dfrac{1}{3}x^3 + \dfrac{1}{2}\sqrt{a}\,x^2 - \dfrac{a}{8}x + 1$에 대하여 함수 $f(x)$의 극댓값과 극솟값의 곱은 음수이다. 방정식 $f(x) = 0$의

서로 다른 실근의 개수를 p, 서로 다른 실근 중 양수의 개수를 q라 할 때, $p^2 + q^2$의 값을 구하는 과정을 서술하시오.

(단, $a > 0$)

[문제 13]

함수 $f(x) = x^3 + 3x^2 - 2x - 3$의 그래프 위의 점 $P(a,\ f(a))$에서의 접선 l_1과 점 $Q(a+2,\ f(a+2))$에서의 접선 l_2가 서로 평행하다. 직선 l_1과 y축이 만나는 점을 R, 점 Q에서 직선 l_1에 내린 수선의 발을 H라 할 때, 삼각형 QRH의 넓이를 구하는 과정을 서술하시오.

[문제 14]

최고차항의 계수가 양수인 다항함수 $f(x)$가 모든 실수 x에 대하여

$$\frac{1}{2}x^2 f(x) = \int_2^x (t+2)f(t)dt - \int_x^{-2} (t-2)f(t)dt$$

를 만족시킨다. $\displaystyle\int_{-2}^2 (x-2)f(x)dx \times \int_{-2}^2 (x+2)f(x)dx = -16$일 때, $f(4)$의 값을 구하는 과정을 서술하시오.

[문제 15]

직선 위를 움직이는 점 P의 시각 t $(t \geq 0)$에서의 속도 $v(t)$를

$$v(t) = -(t-1)(t-a)(t-2a)$$

라 하자. 점 P가 출발 후 운동 방향을 한 번만 바꿀 때, 시각 $t=0$에서 $t=2$까지 위치변화량으로 가질 수 있는 모든 값의 합을 구하는 과정을 서술하시오. (단, a는 양의 실수이다.)

제6회 실전 모의고사

지원 학과 : _____

성   명 : _____

문항 수	총 15 문항 (국어 6, 수학 9)	배점	각 문항 10점
시험 시간	80분	총점	150점 + 850점 (기본 점수)

제**6**회 자연 **실전 모의고사**

국어

[문제 1] 다음은 동아리 교지 작성에 참여한 학생이 시청 누리집에 게재한 건의문이다. 물음에 답하시오.

□□시청 시민 광장 | 검색 [   ] ▼

| 민원 신청 | 시장과의 대화 | 정보 공개 |

시장님과 이야기하고 싶은 내용을 작성해 주세요.

시장님, 안녕하십니까? 저는 ○○ 고등학교 지역 문제 탐구 동아리 학생입니다. △△ 신문 보도 내용에 따르면, 최근 ○○숲 공원을 이용한 지역 주민의 수가 감소하였다고 합니다. 이에 저희 동아리에서 ○○숲 공원 이용에 대한 지역 주민의 인식을 조사해 보니, 많은 지역 주민들이 ○○숲 공원이 개선되기를 바라고 있었습니다. 그래서 이에 대한 건의를 드리고자 합니다.

△△ 신문 보도 내용에 따르면, 최근 ○○숲 공원의 전체 이용객 중 76%가 외부 방문객들이었습니다. 외부 방문객들의 ○○숲 공원 방문 목적은 대부분 생태 탐방이기 때문에 공원 내 휴게 시설의 부족을 문제점으로 여기는 외부 방문객은 그리 많지 않을 것입니다. 그러나 저희 동아리에서 조사한 내용에 따르면, ○○숲 공원의 개선이 필요하다고 답한 지역 주민의 65%가 공원 내 휴게 시설의 정비와 확충의 필요성을 느끼고 있었습니다.

○○숲 공원의 탐방로 곳곳에는 벤치가 설치되어 있습니다. 하지만 너무 낡아 휴식하기가 어려운 벤치가 많습니다. 이를 조속히 정비해 주시기 바랍니다. 또한, 공원 내부의 쉼터에는 현재 휴게 시설이 마련되어 있지 않습니다. 공원 탐방로의 중간 지점에 위치한 쉼터에 휴게 시설이 마련된다면 많은 지역 주민들이 편리하게 이용할 수 있을 것입니다.

○○숲 공원의 개선이 이루어진다면 지역 주민들의 공원 이용 만족도가 높아질 것입니다. 이는 지역 주민의 62%가 정신적 치유와 휴식에 도움을 주는 후생적 가치를 중요하게 여기고 있다는 저희 보고서의 내용에 의해 뒷받침됩니다.

시장님께서 늘 우리 □□시를 위해 많은 노력을 기울이고 계신 것으로 알고 있습니다. 조속한 답변과 조치를 기대합니다. 감사합니다.

〈보기〉는 건의문을 작성할 때 주의해야 하는 사항의 일부이다. 〈보기〉의 ㉠, ㉡이 반영된 문장을 제시문에서 찾아 각각의 첫 어절과 마지막 어절을 순서대로 쓰시오.

─〈보기〉─

일반적으로 건의문을 작성할 때는 예상 독자를 고려하여 격식에 맞는 어투를 사용해야 한다. 건의 사항에 대한 문제점과 이유를 명확하게 밝혀야 하며, ㉠ 문제 상황에 대한 구체적 수치를 함께 제시하여 문제의 심각성과 해결의 시급성을 드러내야 한다. 또한, ㉡ 건의 사항이 해결되었을 때 공동체 발전에 이바지할 수 있는지를 제시할 수 있어야 한다.

㉠ 첫 어절: _____ , 마지막 어절: _____

㉡ 첫 어절: _____ , 마지막 어절: _____

| 2~3 | 다음 글을 읽고 물음에 답하시오.

연역법과 귀납법은 철학적 논증의 대표적인 두 가지 방법이다. 연역법은 일반적인 원리나 법칙으로부터 특정한 결론을 도출하는 방식이다. '모든 사람은 죽는다. 소크라테스는 사람이다. 따라서 소크라테스는 죽는다.'와 같은 형태의 논증을 예로 들 수 있다. 연역법은 경험에 의하지 않고 논리상 필연적인 결론을 내게 하는 것으로, 하나 또는 둘 이상의 명제를 전제로 하여 명확히 규정된 논리적 형식에 의해 새로운 명제를 결론으로 이끌어 낸다. 이처럼 세 단계를 거치기 때문에 '삼단 논법'이라고도 한다. 연역법의 강점은 논리적 일관성과 확실성이다. 만약, 전제가 참이라면 결론도 반드시 참이 된다. 반면, 귀납법은 특정 사례들로부터 일반적인 결론을 도출하는 방식이다. 예를 들어, '이 백조는 하얗다. 저 백조도 하얗다. 그러므로 모든 백조는 하얗다.'와 같은 논증이다. 귀납법의 강점은 경험적 데이터를 바탕으로 새로운 지식을 생성할 수 있다는 점이다. 그러나 귀납법은 전제가 결론의 필연성을 논리적으로 확립해 주지 못한다는 한계를 지닌다. 귀납적 추리는 근본적으로 관찰과 실험에서 얻은 부분적이고 특수한 사례를 근거로 전체에 적용시키는 이른바 '귀납적 비약'을 통해 이루어진다. 따라서 귀납에서 얻어진 결론은 필연적인 것이 아니라 단지 일정한 개연성을 지닌 일반적 명제 내지는 가설에 지나지 않는다. 따라서 모든 사례를 관찰하지 않는 한 절대적인 확실성을 가질 수 없다. 이러한 귀납법의 한계를 극복하기 위해 베이컨은 새로운 귀납법을 구상하게 된다.

베이컨은 기존의 귀납법과 같이 단순히 여러 사례를 나열하고 그로부터 일반적인 결론을 도출하는 방식으로는 충분히 신뢰할 수 있는 과학적 지식을 얻을 수 없다고 보았다. 따라서 베이컨은 더 복잡하고 정교한 논리 과정을 통해 참의 정도를 강화하고자 하였다. 베이컨이 새로운 귀납법을 구상하게 된 배경에는 그의 경험주의 철학이 자리하고 있다. 그는 자연 현상에 대한 관찰과 실험을 통해 새로운 지식을 얻고자 하였으며, 이를 위해 기존의 논증 방법을 개선할 필요성을 느꼈다. 베이컨은 연역법이 새로운 지식을 창출하는 데 한계가 있다고 보았으며, 귀납법을 통해 더 많은 경험적 데이터를 바탕으로 일반적인 법칙을 도출할 수 있다고 믿었다. 베이컨은 새로운 논증 방식을 열의 개념을 도출하는 연구에 도입하였다. 그는 우선 '동물의 몸에서 열이 발생한다.'는 사례를 통해 열의 개념을 구체화하였다. 그는 이 사례를 바탕으로 열의 증감 성질을 비교하고, 열의 성질에서 제외할 요소들을 분석하여 열의 범위를 좁혀 나갔다. 그리고 다양한 사례를 분석하고 비교함으로써 열의 본질을 파악하고자 하였다. 그다음 동물의 몸, 태양, 불 등 다양한 열의 발생 원인을 분석하고, 이들 간의 공통점을 찾아내어 열의 개념을 정의하였다. 이를 통해 베이컨은 단순한 귀납적 접근법보다는 더 정교한 방법을 통해 참에 가까운 결론을 도출할 수 있었다. 이는 그의 새로운 귀납법이 가지는 강점을 잘 보여준다.

베이컨이 제시한 새로운 귀납법은 기존의 귀납법에 비해 여러 가지 우수성을 가지고 있다. 첫째, 그의 새로운 귀납법은 단순히 사례를 나열하는 것이 아니라, 더 복잡한 논리 과정을 통해 참의 정도를 강화한다. 이는 귀납법이 가지는 확률적 한계를 극복하고, 더 신뢰할 수 있는 결론을 도출할 수 있게 한다. 둘째, 경험적 데이터를 바탕으로 새로운 지식을 창출하는 데 유용하다. 베이컨은 자연 현상에 대한 관찰과 실험을 통해 데이터를 수집하고, 이를 바탕으로 일반적인 법칙을 도출하였다. 이는 과학적 방법론의 기초를 마련한 것으로 평가된다. 셋째, 과학적 탐구의 중요성을 강조한다. 그는 자연 현상에 대한 철저한 관찰과 실험을 통해 새로운 지식을 얻고자 하였으며, 이를 위해 기존의 논증 방법을 개선하고자 하였다. 이는 현대 과학의 기본 원칙 중 하나인 경험주의의 기초를 마련한 것으로 볼 수 있다. 그의 새로운 귀납법은 과학적 방법론의 발전에 중요한 기여를 하였으며, 오늘날에도 여전히 중요한 의미를 가지고 있다. 베이컨의 업적은 그의 철학적 사상과 과학적 탐구가 어떻게 상호 작용하여 새로운 지식을 창출하는 데 기여할 수 있는지를 잘 보여 준다.

[문제 2]

〈보기〉는 제시문에 대한 해설의 일부이다. 〈보기〉의 ①~③에 들어갈 적절한 말을 제시문에서 찾아 쓰시오. (모두 2 어절로 작성할 것)

───── 〈보기〉 ─────

베이컨은 기존의 귀납법이 가지고 있는 확률적 한계를 극복하고자, 더 복잡하고 정교한 논리 과정을 통해 (①)을/를 강화하려 하였다. 그는 자연 현상에 대한 철저한 관찰과 실험을 통해 (②)을/를 수집하고, 이를 바탕으로 일반적인 법칙을 도출하였다. 이는 (③)의 기초를 마련한 것으로 평가된다.

①: _____

②: _____

③: _____

[문제 3]

〈보기1〉은 제시문의 내용을 정리한 것이다. 〈보기1〉의 ①, ②에 들어갈 적절한 말을 〈보기2〉에서 찾아 쓰시오.

───── 〈보기1〉 ─────

베이컨은 연역법과 귀납법의 특징과 강점을 비교하고자 하였다. 연역법은 둘 이상의 명제를 근거로 하여 (①)을/를 도출하는 반면, 귀납법은 특정 사례들로부터 일반적인 결론을 도출한다. 그러나 귀납법의 결론은 항상 일정한 제한을 가지며, (②)을/를 관찰하지 않는 한 절대적인 확실성을 가질 수 없다. 이러한 귀납법의 한계를 극복하기 위해 베이컨은 새로운 귀납법을 구상하게 된다.

───── 〈보기2〉 ─────

특정한 결론, 철학적 논증 방법, 강점, 모든 사례, 귀납법의 한계, 일관성과 확실성

①: _____

②: _____

[문제 4] 다음 글을 읽고 물음에 답하시오.

인간의 의사소통을 위한 가장 기본적인 도구인 언어는 사회의 발달과 함께 진화해 왔다. 언어는 단순한 기호나 소리의 집합이 아니다. 인간은 언어를 통해 자신의 정체성을 확인하고, 타인과의 관계를 형성하며, 사회적 규범과 가치를 전달한다. 언어는 인간의 사고를 구조화하고, 인식의 틀을 제공하는 역할도 수행한다. 따라서 문화, 역사, 사고방식 등이 포함된 복합적인 체계인 언어를 이해하는 것은 인간의 사고방식과 사회 구조를 이해하는 데 필수적이다. 이러한 언어의 본질은 고정적이면서도 유동적이며, 시대와 문화에 따라 변형되고 발전한다.

춘추 전국 시대는 새로운 질서 형성의 길을 찾아 사상계가 활발한 움직임을 보였던 시기로, 이 시기의 주요 사상가들로는 공자, 순자, 노자, 장자가 있다. 이들은 각자의 철학적 입장에서 언어의 개념과 역할, 중요성을 논하였다. 공자는 '정명(正名)'을 강조하며, 언어를 명확하게 사용하는 것이 사회 질서를 바로잡는 데 필수적이라고 보았다. 순자는 사람들 간의 귀천을 밝히고, 역할과 책임을 구별하는 언어의 '사회적 기능'을 강조하며, 사회 질서를 유지하는 데 언어가 필요하다고 생각하였다. 반면, 노자는 언어가 대상의 본질을 담을 수 없으며, 본질은 언어로 표현되기 이전의 개념이라고 보았다. 장자는 언어가 상대적으로 유한하기에 대상의 본질을 전달하는 수단에 불과하다고 주장하였다.

공자와 순자는 언어가 사회 질서를 유지하는 데 필수적이라는 점에 동의하였다. 공자는 군신, 부자에게는 그에 어울리는 윤리와 질서가 존재하므로 모든 사회 구성원은 각자의 명분에 맞게 행동해야 올바른 질서가 유지되는 정명 사회가 된다고 주장하였다. 공자의 이러한 정명 사상은 순자에 이르러 더욱 구체적이고 명확한 인식으로 나타난다. 순자는 인간이 동물의 근본적 차이를 '구별하는 능력'으로 보고, 인간이 욕망에 따라 서로 다투는 데서 사회적 혼란이 일어나므로 이러한 문제를 해결하기 위해 언어 개념을 명확히 할 것을 주장하였다.

노자와 장자는 언어에 대해 비판적이고 반권위적인 시각을 가지고 있었다. 이들은 예(禮)를 통해 세상을 교화하려 한 유가의 폐단과 인간의 위선을 고발하며 만물의 근원인 자연으로 돌아갈 것을 역설하였다. 특히, 노자는 언어가 대상의 본질을 제한하고 왜곡할 수 있다고 주장하며, 언어를 통한 표현보다는 직관적 이해를 중시하였다. 반면, 장자는 언어가 본질을 완전히 표현할 수는 없지만, 언어를 통해 상대적 진리를 전달할 수 있다고 생각하였다. 언어의 한계를 인정하면서도 언어를 통해 진리를 추구하는 노력을 중시한 것이다.

이와 같이 다양한 사상가들의 언어 개념에 대한 논의는 언어의 복잡성과 다층적인 역할을 이해하는 데 중요한 단서를 제공한다. 언어는 단순히 의사소통의 도구를 넘어, 인간의 사고와 사회 구조를 형성하는 중요한 요소로써, 시대와 문화를 초월하여 다양한 논의와 해석이 이루어져 왔다. 이러한 논의들은 현대 사회에서도 유효하며, 언어의 중요성을 재조명하는 데 기여하고 있다.

〈보기〉는 제시문의 내용을 정리한 것이다. 〈보기〉의 ①~③에 들어갈 적절한 말을 제시문에서 찾아 쓰시오.

〈보기〉

언어는 단순한 기호나 소리의 집합이 아니라, 그 속에 문화, 역사, 사고방식 등이 포함된 복합적인 체계이다. 언어를 통해 우리는 자신의 (　①　)을/를 확인하고, 타인과의 관계를 형성하며, 사회적 규범과 가치를 전달한다. 이러한 언어의 본질은 (　②　) 이면서도 (　③　)인 특성을 가지고 있으며, 시대와 문화에 따라 변형되고 발전한다.

①: _____

②: _____

③: _____

[문제 5] 다음 글을 읽고 물음에 답하시오.

어제 우연히 책 정리를 하다 보니 낯익은 배경을 두르고 윤정이의 어깨에 팔을 걸뜨린 채 다정스레 찍은 사진이 발등에 떨어졌다. 둘은 너무나도 환히 웃고 있었다. 특히 이마가 초가집 지붕 선처럼 푸근하고 서늘했던 그녀, 우리에게도 이렇게 환한 웃음이 깃들인 적이 있었던가. 그는 갑자기 콧마루가 시큰해져 왔다. 둘 뒤에 이파리 무성한 갈매나무가 눈에 띄었던 것이다. 그 갈매나무만 아니었다면 두현이 불현듯 출판사에 지독한 몸살이라는 전화를 넣고 이렇듯 '아름다운 지옥'을 향해 실성한 사내처럼 마음만 급해 허둥지둥 비바람 부는 들판을 가로질러 가고 있진 않았을 것이다.

갈매나무는 두현의 기억이 미칠 수 있는 어린 시절부터 내면에 자리 잡아 온 움직일 수 없는 한 풍경이었다. 어릴 적 한때 할머니의 손에서 자란 두현이도 그 갈매나무와 더불어 컸다. 할머니 집 안마당에 어른 키의 갑절만큼 자라 있던 그 늙은 나무는 노년들어 홀로 대청마루에 나앉는 일이 잦았던 할머니에게는 무언의 친구이기도 했을 터였다.

가지 끝에 뾰족뾰족한 가시를 달고 있는 그 갈매나무는 두현에겐 지옥이자 천당이었다. 갈매나무 아래서 윤정이와 사진을 찍고 난 다음 그녀와 가진 첫 입맞춤이 천당에 대한 기억에 해당한다면 아내가 됐던 윤정이와 이 년이 채 안 돼 헤어지기로 동의한 다음 이혼 서류에 마지막으로 도장을 찍고 내려가 찾아뵌 할머니 집 앞의 갈매나무는 바로 캄캄한 지옥이었다.

현아 니 맴이 많이 아프제……

두현은 두렵고 송구스런 마음 때문에 엎드려 드린 큰절을 차마 일으키지 못하고 등짝을 들썩거리며 흐느꼈다. 그 격정의 잔등을 삭정이처럼 야윈 할머니의 손길이 잔잔히 더듬고 지나갔다.

할머니…… 이 매욱한 손자가 세상에 다시없는 불효를 저지르고 이렇게 찾아뵈었으니 이 일을 어쩌면 좋습니까? 호되게 꾸짖어 주세요, 부디!

꾸짖긴 눌로? 어림도 없지러. 니가 아프면 낼로(나를) 찾아와야지 그럼 눌로(누구를) 찾아…… 옹냐 잘 왔네라. 에구 불쌍한 내 새끼야, 니 맴 할미가 알제 하모 하모…….

부엌 분짝에 옆 이마를 기대어 집게손가락으로 눈가를 꼭꼭 찍어 누르고 섰던 작은 숙모한테 더운밥을 지어 내오도록한 할머니는 그가 물에 만 밥그릇을 앞에 두고 천근만근으로 무거워진 깔깔한 밥술을 놀리는 걸 지켜보다가 숙모의 부축을 받아 갈매나무 아래 평상에 나앉으셨다. 그러고는 등을 돌린 채 눈물을 지으셨다. 두현은 밥이 아니라 눈물을 떠 넣고 씹었다.

지집한테 찔리운 까시는 오래가는 벱인디…….

할머니가 갈매나무 우듬지께를 망연자실한 눈길로 쳐다보시며 중얼거렸다. 그러자 그도 어릴 적 겁도 없이 갈매나무에 오르려다 가시에 찔려 떨어졌던 기억이 났던 것이다. 아마 할머니도 그 때 기억 때문에 더 북받치시는 것일지도 모를 일이었다. 눈물이 그렁그렁한 어린 손자의 손바닥에 깊숙이 박힌 가시를 입김을 몇 번이고 호호 불어 가면서 빼 주실 때 해 주던 할머니의 말씀이 새삼 엊그제 일인 양 생생할 뿐이었다.

까시 아프제? 앞으로두 세상의 숱해 많은 까시가 널 괴롭힐지도 모르제. 그래도 사내니깐 울지는 말그래이. 그럴수록 더 독한 까시를 가슴속에 품어야 하니라. 알긋제?

야아…… 할무이.

세상의 독한 가시를 이기라는 그 말씀은 삼 년 전 늦깎이 시인으로 등단한 그가 여태껏 시의 화두로 삼아 온 것이었다.

[중략 부분 줄거리] 두현이 찾아간 '아름다운 지옥'은 이제 찻집이 아닌 오리탕 전문점으로 바뀌어 있었고, 두현은 그 식당의 여주인과 이야기를 나눈다.

아내가 가고 없는 그 신혼방에서 두현은 한사코 자신에게서 달아나려는 어떤 아이에 대한 꿈을 서너 번 꾸었다. 힐끗 뒤를 돌아다보는 꿈속의 작은 아이는 그를 닮아 보일 때도 있었고 얼굴이 하얗게 지워져서 나타날 때도 있었다. 아주 무서운 꿈이었다. 꿈자리에서 깨어날 때마다 그는 눈물이 핑 돌아 낯선 곳에서 잠이 설깬 아이처럼 훌쩍거리곤 했다.

그래서요?

그래서 그렇다는 말이죠.

에이, 시시해, 그럼 전 부인은 진짜 유학을 갔어요?

아직까지 한 번도 못 만났으니 그럴 가능성도 있을 겁니다.

그럼 요즘도 아이 꿈을 꾸세요?

아뇨, 요즘은 한 나무에 대한 꿈을 꾸는 편이죠.

나무요?

나뭅니다. 아주 헌걸차고 씩씩한 녀석이죠. 바로 수칼매나무입니다. 갈매나무가 암수딴그루 나무인 건 아시죠?

암수딴그루라뇨?

왜, 은행나무처럼 암수가 따로 있다 이겁니다. 제가 여태껏 보아 온 건 모두 암그루였죠. 아직 수그루를 한 번도 보지 못했죠. 아마 어느 깊은 계곡 어디에선가 뿌리를 박고 홀로 눈보라와 찬비와 거친 바람을 맞으며 추운 계절을 꿋꿋이 견디며 힘차게 수액을 높은 우듬지 위로 뽑아 올리는 자태를 간직한 수그루를 알아보게 될 겁니다. 그런 날이 꼭 올 겁니다. 제 꿈이 그렇거든요. 그놈을 봤어요. 한 번도 아니고, 두 번도 아니고…… 몹시 앓을 땐 내가 직접 그 수칼매나무가 되는 꿈을 꿔요. 아주 편안한 나무가 되는 꿈을 꿔요.

— 김소진, 「갈매나무를 찾아서」

〈보기1〉은 제시문에 대한 해설의 일부이다. 〈보기1〉의 ①~③에 들어갈 적절한 말을 〈보기2〉에서 찾아 쓰시오.

─────── 〈보기1〉 ───────

이 작품은 주인공 두현이 갈매나무와 관련된 과거의 기억을 통해 자신의 삶을 되돌아보는 과정을 그리고 있다. 이 작품의 핵심 소재인 (①)은/는 아름다운 기억과 지옥 같은 기억을 동시에 떠올리게 하는 역설적 성격을 띤다. 반면, (②)은/는 두현이 지향하는 삶에 대한 강인한 의지와 생명력을 지닌 존재이다. 작품 말미에서 자신이 직접 나무가 되는 꿈을 꾼다는 두현의 말을 통해 우리는 역설적 삶 안에 이미 (③)와/과 같은 아픔과 고통을 이겨 낼 힘이 숨어 있다는 사실을 깨달을 수 있다.

─────── 〈보기2〉 ───────

갈매나무, 낯선 곳, 더 독한 까시, 세상의 숱해 많은 까시, 수칼매나무, 아름다운 지옥, 우듬지, 지옥이자 천당

①: _____

②: _____

③: _____

[문제 6] 다음 글을 읽고 물음에 답하시오.

> 깨진 그릇은
> 칼날이 된다.
>
> 절제(節制)와 균형(均衡)의 중심에서
> 빗나간 힘,
> 부서진 원은 모를 세우고
> 이성(理性)의 차가운
> 눈을 뜨게 한다.
>
> 맹목(盲目)의 사랑을 노리는
> 사금파리여,
> 지금 나는 맨발이다.
> 베어지기를 기다리는
> 살이다.
> 상처 깊숙이서 성숙하는 혼(魂)
>
> 깨진 그릇은
> 칼날이 된다.
> 무엇이나 깨진 것은
> 칼이 된다.
>
> – 오세영, 「그릇·1」

〈보기〉는 제시문에 대한 해설의 일부이다. 〈보기〉의 ①, ②에 들어갈 적절한 말을 제시문에서 찾아 쓰시오. (①은 2어절로 작성할 것)

─────── 〈보기〉 ───────

이 작품은 동양의 중용사상을 반영하고 있으며, 근대적 이성주의라 할 수 있는 합리적인 사고 체계를 수용하고 있기도 하다. (①)에서 벗어난 상태는 날카로움을 가지게 되고, 이 날카로움은 우리를 맹목의 상태에서 벗어나게 한다. 이는 서양적 합리주의의 이성적 각성을 상징한다. 깨진 그릇은 칼날이 되고, 그 칼날은 우리에게 상처를 주기도 하지만 그 상처를 통해 비로소 (②)을/를 얻을 수 있다.

①: _____

②: _____

[문제 07]

실수 x와 2 이상의 자연수 n에 대하여 x^2-4의 n제곱근 중 실수인 것의 개수를 $f_n(x)$라 하고, 함수 $g(x)$를 $g(x)=f_3(x)+f_4(x)+f_5(x)+f_6(x)+f_7(x)+f_8(x)$라 하자. 방정식 $g(x)=3$을 만족시키는 정수 x의 개수를 구하는 과정을 서술하시오.

[문제 08]

함수 $f(x)=\begin{cases} 3^{x+2}-4 & (x\leq 0) \\ \log_3(x+1) & (x>0) \end{cases}$ 과 실수 a $(a>0)$에 대하여 다음 조건을 만족시키는 실수 t가 존재하지 않도록 하는 a의 최솟값을 구하는 과정을 서술하시오.

(가) $t \leq 0$
(나) $f(t)+f(a)=0$

[문제 09]

두 함수 $f(x) = 2\pi \sin x$, $g(x) = \pi \cos 2x$가 있다. $0 \le x \le 2\pi$에서 방정식 $\dfrac{(f \circ g)(x)}{(g \circ f)(x)} = 0$의 서로 다른 모든 실근의 합을 구하는 과정을 서술하시오.

[문제 10]

그림과 같이 $\overline{OA}=\overline{OB}=9$, $\angle AOB=\dfrac{\pi}{3}$ 인 부채꼴 AOB 내부에 호 AB와 두 선분 OA, OB에 모두 접하는 원을 C_1 이라 하자. 원 C_1과 한 점에서 만나고 두 선분 OA, OB에 모두 접하는 원을 C_2 라 하고, 이와 같은 방법으로 원 C_n과 한 점에서 만나고 두 선분 OA, OB에 모두 접하는 원을 C_{n+1} 이라 하자. 원 C_n의 반지름의 길이를 a_n 이라 할 때, 수열 $\{a_n\}$은 모든 자연수 n에 대하여 $a_1=p$, $a_{n+1}=qa_n$을 만족시킨다. 다음은 $36(p+q)$의 값을 구하는 과정이다. 빈칸에 알맞은 문자나 수식을 써넣어 다음의 풀이 과정을 완성하시오. (단, $a_n > a_{n+1}$)

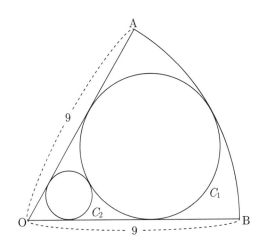

원 C_1의 중심을 O_1이라 하고, 점 O_1에서 선분 OB에 내린 수선의 발을 H_1이라 하자.

삼각형 O_1OH_1에서

$\overline{O_1H_1}=a_1$, $\overline{OO_1}=\boxed{①}$ 이고,

$\angle O_1OH_1=\dfrac{\boxed{②}}{6}$ 이므로

$\sin\dfrac{\boxed{②}}{6}=\dfrac{\overline{O_1H_1}}{\overline{OO_1}}$ 에서 $\dfrac{\boxed{③}}{2}=\dfrac{a_1}{\boxed{①}}$

$\therefore a_1=\boxed{④}$

한편, 원 C_n의 중심을 O_n, 원 C_{n+1}의 중심을 O_{n+1}이라 하자. 또, 점 O_n에서 선분 OB에 내린 수선의 발을 H_n이라 하고, 점 O_{n+1}에서 선분 O_nH_n에 내린 수선의 발을 Q_n이라 하자.

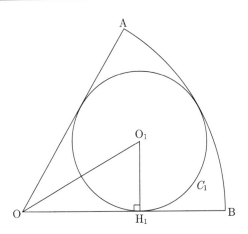

삼각형 $O_nO_{n+1}Q_n$에서 $\overline{O_nO_{n+1}}$과 $\overline{O_nQ_n}$을 a_n과 a_{n+1}을 이용하여 나타내면 $\overline{O_nO_{n+1}}=\boxed{⑤}$, $\overline{O_nQ_n}=\boxed{⑥}$

이고 $\angle O_nO_{n+1}Q_n=\dfrac{\boxed{②}}{6}$ 이므로

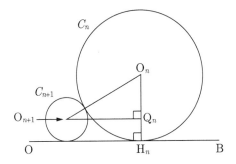

$\sin\dfrac{\boxed{②}}{6}=\dfrac{\overline{O_nQ_n}}{\overline{O_nO_{n+1}}}$ 에서 $\dfrac{\boxed{③}}{2}=\dfrac{\boxed{⑤}}{\boxed{⑥}}$

$\therefore a_{n+1}=\boxed{⑦}\,a_n$

따라서 $p=\boxed{④}$, $q=\boxed{⑦}$ 이므로 $36(p+q)=\boxed{⑨}$

[문제 11]

그림과 같이 곡선 $y=2x^2+1$과 직선 $y=2x+t$ $\left(t>\dfrac{1}{2}\right)$가 만나는 서로 다른

두 점을 각각 A, B라 하고, 점 A에서 x축에 내린 수선의 발을 P, 점 B에서 y축에 내린 수선의 발을 Q라 하자. 삼각형 APB와 삼각형 ABQ의 넓이를 각각

$S_1(t)$, $S_2(t)$라 할 때, $\displaystyle\lim_{t\to\frac{1}{2}+}\dfrac{S_2(t)}{S_1(t)}$의 값을 구하는 과정을 서술하시오.

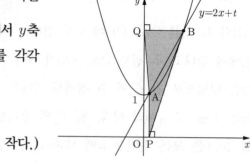

(단, 점 A의 x좌표는 점 B의 x좌표보다 작다.)

[문제 12]

최고차항의 계수가 1인 삼차함수 $f(x)$가 다음 조건을 만족시킬 때, 곡선 $y=f(x)$ 위의 점 $(a,\ f(a))$에서의 접선의 y절편을 구하는 과정을 서술하시오. (단, $a>0$)

(가) 곡선 $y=f(x)$와 직선 $y=2x-3$은 점 $(2,\ 1)$에서 접하고, 점 $(a,\ f(a))$에서 다시 만난다.
(나) $x=a$에서 접선의 기울기는 18이다.

[문제 13]

함수 $f(x) = ax^3 - 12ax + 3$이 $x = \alpha$에서 극대이고 $x = \beta$에서 극소일 때, 두 점 A, B를 A$(\alpha,\ f(\alpha))$, B$(\beta,\ f(\beta))$라 하자. 점 A에서의 접선과 곡선 $y = f(x)$가 만나는 점 중 A가 아닌 점을 C라 하자. 삼각형 ABC의 넓이가 32일 때, $\dfrac{1}{a}$의 값을 구하는 과정을 서술하시오. (단, a는 $a > 0$인 상수이다.)

[문제 14]

삼차함수 $f(x) = \dfrac{2}{3}x^3 + \dfrac{1}{2}ax^2 + bx$가 $x = 1$에서 극솟값을 갖고, $4\displaystyle\int_{-1}^{1} f(x)dx + 5\displaystyle\int_{-1}^{1} xf(x)dx = 0$일 때, $f(3)$의 값을 구하는 과정을 서술하시오.

[문제 15]

다항함수 $f(x)$가 모든 실수 x에 대하여

$$x^3 f(x) = \frac{1}{2}x^4 + 8 + 3\int_2^x t^2 f(t)dt$$

를 만족시킨다. $\displaystyle\int_2^3 x^2 f(x)dx = \frac{q}{p}$ 일 때, $p+q$의 값을 구하는 과정을 서술하시오.

(단, p와 q는 서로소인 자연수이다.)

가천대학교

제7회 실전 모의고사

지원 학과 : _____

성　　명 : _____

문항 수	총 15 문항 (국어 6, 수학 9)	배점	각 문항 10점
시험 시간	80분	총점	150점 + 850점 (기본 점수)

제**7**회 자연 **실전 모의고사**

국어

[문제 1] 다음은 문화 해설사의 강연이다. 물음에 답하시오.

안녕하세요? ○○고 학생 여러분, 문화 해설사 □□□입니다. 한글 창제 이야기는 이미 잘 알고 계실 테니, 오늘은 한글 대중화에 힘쓴 두 인물에 대해 말씀드리죠. (목소리를 높여) 바로 주시경, 최현배 선생입니다. 역사적으로 암울하였던 시기에 한글을 교육하고 연구하는 데 앞장선 두 분은 특별한 관계이기도 한데요. 어떤 관계일까요? 강연 내용에 힌트가 있으니 끝까지 잘 들어 주시길 바랍니다. (한 손을 올렸다 내리며) "말이 오르면 나라도 오르고, 말이 내리면 나라도 내리나니라." 나라와 민족을 지키기 위해 한글 교육과 연구에 매진하였던 주시경 선생이 남긴 말씀입니다. 선생은 한글을 가르칠 수 있다면 어디든 마다하지 않고 책 보따리를 들고 다녔기에 '주 보따리'로 불렸다고 합니다. 이런 열정으로 국어 강습소를 개설하였고, 여기에서 배출한 제자들과 함께 국어 연구 학회를 설립하였는데, 이는 오늘날 한글 학회의 뿌리가 됩니다. 대표 저서로는 『국어 문법』, 『국어문전음학』, 『국문 초학』 등이 있습니다. 그리고 얼마 전 주시경 선생에 대한 다큐멘터리가 방영되었는데, 이 영상을 찾아보는 것도 도움이 될 것입니다. 다음 소개할 인물은 최현배 선생입니다. 선생은 국어 강습소에 다니며 만난 어떤 인물로부터 큰 영향을 받게 됩니다. 이쯤에서 주시경 선생과의 관계를 눈치채신 분도 있을 텐데요. (청중의 반응을 살피며) 맞습니다. 두 분은 사제 간입니다. 최현배 선생은 스승의 길을 따라 한글 교육과 연구에 전념합니다. 조선어 학회 사건에 연루되어 옥고를 치르는 중에도 검열을 피해 솜옷 속에 쪽지를 숨겨 놓으며 한글을 연구하였다는 이야기는 선생의 굳은 의지를 잘 보여 주죠. 대표 저서로는 『우리말본』과 『한글갈』이 있습니다. 아, '갈'이 무슨 뜻인지 잘 모르실 텐데, 연구를 의미하는 우리말입니다. 선생은 해방 후에 국어 교재 집필과 교원 양성에 힘썼습니다. 최현배 선생에 대한 자료는 △△ 기념관 누리집에서 찾으실 수 있습니다.

〈보기〉는 강연자가 계획한 강연 전략이다. 〈보기〉의 ①, ②가 반영된 문장을 제시문에서 찾아 각각의 첫 어절과 마지막 어절을 순서대로 쓰시오.

―――――――― 〈보기〉 ――――――――

① 청중의 배경지식을 고려하여 청중이 생소하게 느낄 만한 우리말의 의미를 풀이해서 제시해야겠어.
② 최현배 선생님의 업적에 관심 있는 청중을 위해 인터넷 홈페이지에서 추가 정보를 찾을 수 있도록 안내해야겠어.

㉠ 첫 어절: _____, 마지막 어절: _____

㉡ 첫 어절: _____, 마지막 어절: _____

[문제 2] 다음 글을 읽고 물음에 답하시오.

> 낙엽은 폴—란드 망명정부의 지폐
> 포화(砲火)에 이즈러진
> 도룬 시(市)의 가을 하늘을 생각게 한다
> 길은 한 줄기 구겨진 넥타이처럼 풀어져
> 일광(日光)의 폭포 속으로 사라지고
> 조그만 담배 연기를 내어 뿜으며
> 새로 두 시의 급행차가 들을 달린다
> 포플라 나무의 근골(筋骨) 사이로
> 공장의 지붕은 흰 이빨을 드러내인 채
> 한 가닥 꾸부러진 철책이 바람에 나부끼고
> 그 위에 세로팡지(紙)로 만든 구름이 하나
> 자욱—한 풀벌레 소리 발길로 차며
> 호올로 황량한 생각 버릴 곳 없어
> 허공에 띄우는 돌팔매 하나
> 기울어진 풍경의 장막 저쪽에
> 고독한 반원을 긋고 잠기어 간다
>
> — 김광균, 「추일서정」

〈보기〉는 제시문에 대한 해설의 일부이다. 〈보기〉의 ①~③에 들어갈 적절한 말을 제시문에서 찾아 쓰시오.

───── 〈보기〉 ─────

이 작품은 황량한 도시의 풍경을 통해 삶의 고독과 비애를 그린 작품으로, 1930년대 모더니즘의 특징인 회화적 이미지가 잘 나타나 있다. 이 시에 나타난 자연은 우리의 마음을 달래 주는 대상들이 아니라, 메마르고 황폐한 도시에서 원래 모습을 상실한 채 문명화되어 버린 자연이다. 시의 전반부에서는 낙엽을 '폴란드 망명 정부의 지폐'와 '도룬 시의 가을 하늘'로 비유하여 이국적 정서와 함께 가을의 애상감, 공허감, 절망감 등을 환기하고 있다. 반면, 시의 후반부에서는 (①)와/과 같은 공감각적 심상과 (②)와/과 같은 시적 허용을 사용하여 시적 화자의 쓸쓸한 정서를 부각하고, 쓸쓸한 현실 상황을 벗어나기 위한 화자의 노력을 제시하고 있다. 화자가 허공에 돌을 던지는 행위는 (③)(으)로부터 벗어나기 위한 몸부림이라 할 수 있다.

①: _____

②: _____

③: _____

| 3~4 | 다음 글을 읽고 물음에 답하시오.

실업은 일할 의사와 능력이 있는 사람들이 일자리를 찾지 못하고 있는 상태를 의미한다. 실업은 그 원인에 따라 계절적 실업, 마찰적 실업, 순환적 실업 등으로 구분한다.

계절적 실업은 상품의 생산이나 수요가 자연의 계절적 조건으로 인해 제약을 받아서 노동의 투입이 계절에 따라 변동하기 때문에 생기는 실업이다. 농업, 관광업, 제조업, 건설업 등과 같은 산업에서 해마다 일정한 시기에 규칙적으로 발생한다. 예를 들어, 농업에서는 농번기에만 일자리가 많고, 그 외의 기간에는 일자리가 줄어드는 경향이 있다. 또한, 관광업에서도 성수기와 비수기에 따라 고용 수요가 크게 변할 수 있다. 계절적 실업은 특정 시기에만 단기적·규칙적으로 발생하는 비자발적 실업으로, 일시적으로 발생하기 때문에 장기적인 실업 문제와는 구별된다. 또한, 계절적 실업은 보통 해당 산업의 특성상 불가피한 것으로 간주되며, 완전히 없앨 수는 없지만 예측이 가능하므로, 이를 미리 계획하고 대비함으로써 계절적 실업으로 인한 근로자의 어려움을 해소하고 안정적인 고용을 유도할 수 있다.

마찰적 실업은 개인의 이직이나 전직 과정에서 자연스럽게 발생하는 일시적인 실업이다. 일할 사람을 찾고 있는 기업과 일자리를 찾는 사람 사이에 서로의 요구 조건이 일치하지 않아 일종의 마찰이 생겼다고도 볼 수 있기 때문에 마찰적 실업이라고 하며, 새로운 근로자나 일자리를 찾고 있는 상황이라는 측면에서 탐색적 실업이라고도 한다. 이는 사람들이 새로운 직장을 찾거나 직업을 바꾸기 위해 필요한 시간 동안 발생하며, 경제의 건강한 변화와 개인의 경력 발전을 위해 필수적인 과정으로 간주된다. 예를 들어, 대학을 졸업하고 첫 직장을 찾는 졸업생, 직업 만족도가 낮아 다른 일자리를 찾는 직장인 또는 자신의 기술을 더 잘 활용할 수 있는 곳으로 옮기기 위해 이직하는 사람들이 마찰적 실업 상태에 있을 수 있다. 마찰적 실업은 계절적 실업 등과 달리 근로자의 자발적 선택으로 발생하는 실업이다. 따라서 마찰적 실업은 언제나 발생할 수 있으며 경기가 좋은 경우에도 일어난다. 이러한 실업은 일반적으로 단기적이며, 경제의 전체 실업률에 큰 영향을 미치지 않는다. 또한, 이는 경제가 성장하고 변화하는 데 있어 필수적인 역할을 한다. 그러나 마찰적 실업이 장기화되면 개인과 경제에 부정적인 영향을 미칠 수 있다. 따라서 장기화된 마찰적 실업의 경우, 정부의 정책적 지원이 필요하다. 실업자들이 현재 시장에서 요구되는 기술을 습득할 수 있도록 직업 훈련 및 재교육 프로그램을 제공함으로써, 그들이 더 빨리 적합한 일자리를 찾을 수 있도록 도울 수 있다. 또한, 취업 정보 센터나 온라인 플랫폼을 통해 취업 정보를 제공하여 구직자들이 더 빨리 일자리를 찾을 수 있도록 돕는 등 지원 방법을 마련해야 한다. 또한, 재취업을 촉진하기 위해 단기적으로 경제적 지원을 제공하여 구직 활동을 지원할 수도 있다.

순환적 실업은 경제 활동 상태와 밀접하게 연관된 실업 유형이다. 경제가 호황일 때는 대체로 실업률이 낮아지고, 반대로 경제가 불황일 때는 실업률이 증가한다. 이러한 실업은 경제 전반의 수요 감소로 인해 기업들이 생산을 줄이고, 이에 따라 노동 수요가 감소하여 발생하는 것이다. 순환적 실업의 주요 특징은 경제 상황의 변화에 따른 실업률의 변동이다. 예를 들어, 글로벌 금융 위기나 전지구적 문제 같은 대규모 경제적 충격이 발생할 경우, 경제 활동이 급격히 위축되면서 많은 기업이 폐업을 하거나 생산을 축소하게 되고, 이로 인해 대규모 실업이 발생할 수 있다. 순환적 실업은 경제 전반의 상황 악화로 인해 발생하는 것이므로 이는 비자발적 실업에 해당하며, 경제 정책을 통해 어느 정도 조절이 가능한 실업 유형이다. 정부나 중앙은행은 통화 정책의 완화나 재정 정책의 확장같은 경기 부양책을 통해 경제에 자금을 공급하고 소비와 투자를 촉진하여 경제 활동을 활성화시키고, 이를 통해 순환적 실업을 감소시킬 수 있다.

[문제 3]

〈보기〉는 제시문을 읽고 정리한 것이다. 〈보기〉의 ①~③에 들어갈 적절한 말을 제시문에서 찾아 쓰시오.

─── 〈보기〉 ───

마찰적 실업은 (①) 과정에서 자연스럽게 발생하는 (②)인 실업이며, 경제의 전체 실업률에 큰 영향을 미치지 않는다. 다만, 장기화된 마찰적 실업의 경우 정부는 실업자들이 (③) 기술을 습득할 수 있도록 직업 훈련 및 재교육 프로그램을 제공해야 한다.

①: _____

②: _____

③: _____

[문제 4]

〈보기〉는 제시문의 요약문을 작성하기 위해 정리한 것이다. ㉠~㉤ 중 적절한 것을 찾아 기호를 쓰시오.

─── 〈보기〉 ───

㉠ 계절적 실업은 일시적 실업이자 자발적 실업에 해당한다.
㉡ 예측이 불가능한 계절적 실업은 성수기와 비수기가 존재하는 산업의 경우 더 잘 나타난다.
㉢ 경기가 어려워지면 구직 활동이 더욱 힘들어지고, 원하는 일자리를 얻을 수 있는 기회가 줄어들어 마찰적 실업과 순환적 실업이 증가한다.
㉣ 코로나 19와 같은 팬데믹으로 인해 전 세계 여러 나라에서 경제 활동이 제한되고 봉쇄 조치가 시행되었다. 이에 많은 기업들이 운영을 중단하거나 축소하게 되었고, 대규모의 순환적 실업이 발생하였다.

①: _____

②: _____

[문제 5] 다음 글을 읽고 물음에 답하시오.

　　자연주의 윤리학은 자연적인 요소들을 기반으로 우리가 올바른 행동을 하는 방법을 결정한다. 경험적으로 관찰할 수 있는 자연 속에서 발견되는 패턴과 규칙을 통해 어떻게 행동해야 하는지에 대한 지침을 얻을 수 있다고 믿는 것이다. 이에 반해, 영국의 윤리학자 G.E. 무어는 '열린 질문 논증'을 통해 규범적인 속성을 자연적인 속성으로 정의하는 것은 자연주의적 오류를 범하는 것이라고 주장하였다. 그는 사실과 가치 사이에는 간극이 존재하므로 어떤 것이 사실로서 존재하는 지와 그것이 좋은지 또는 옳은지 판단하는 것은 별개의 문제라고 보았다. 무어는 자연적인 속성만으로는 규범적인 속성을 설명할 수 없다고 주장하며, 규범적인 속성은 독립적이고 별도로 존재하기에, 자연적인 현상이나 사실로부터 우리가 어떻게 행동해야 하는지를 결정할 수 없다고 말한다. 즉, 윤리적 판단은 개인의 직관에 의해 내려지므로 논리적인 추론이나 절대적인 경험으로 설명할 수 없다는 것이다.

　　'무어의 직관주의'에 따르면, '좋음'은 단순히 얻기를 바라는 것으로 설명할 수 없다고 말한다. '좋음'은 얻기를 바라는 것에 대한 독립적인 속성이며, 어떠한 대상을 얻기를 바라는 이유는 우리가 이미 그것이 좋은 것이라고 판단했기 때문이라고 설명한다. 즉, 우리가 '좋음'을 얻기를 바라는 것은, 그 '좋음'에 대한 우리의 평가나 판단에서 비롯된다는 것이다. 예를 들어, 우리가 깨끗한 공기를 바라는 것은 단순히 우리가 깨끗한 공기 자체를 바라기 때문이 아니라, 깨끗한 공기가 우리 건강에 좋다고 믿기 때문에 깨끗한 공기가 좋다고 판단하고 나서 그것을 얻기를 바라게 되는 것이다. 즉, '좋음'에 대한 우리의 '판단'이 깨끗한 공기를 얻기를 바라게 되는 원인이 되는 것이다. 또 다른 예로는 우리가 '친구의 행복'을 바라는 것을 들 수 있다. 우리가 친구의 행복을 바라는 것은 친구의 행복이 나의 윤리적 가치관에 부합하고, 그것이 좋은 것이라고 판단하기 때문이다. 결국, '좋음'을 얻기를 바라는 것이 아니라 우리의 직관에 따른 판단이나 평가에 근거하여 무엇인가를 얻기를 바란다는 것이다.

　　영국의 논리실증주의 철학자 A.J. 에이어는 무어의 열린 질문 논증을 일부 인정하면서도, 그가 자연주의 윤리학자와 같이 윤리적인 판단을 통해 참과 거짓을 구별해 낸다는 점을 지적하였다. 에이어는 두 가지 검증 원리를 제시하며 윤리적 판단을 평가한다. 그 원리는 첫째, '그 진술은 정의에 의해 참인가'이고, 둘째, '그 진술은 원칙적으로 검증 가능한가'이다. 두 검증을 통과한 모든 진술은 유의미한 진술로 간주된다. 그러나 에이어는 검증 원리가 무의미한 진술을 구별하기 위한 도구로써 사용되지만, 대상이나 사안에 대한 개인의 주관적 판단이 드러나는 가치 명제의 경우는 검증이 불가능하므로 어떤 윤리적 판단에 대해 상반되는 직관이 존재할 경우, 객관적 기준을 제시하는 것은 불가하다고 보았다. 에이어의 윤리적 판단은 사실상 그 사람의 감정을 반영해 표현하는 것에 불과하며, 어떠한 진리나 객관적인 기준을 제시하지 않는다. 따라서 진리로써의 타당성을 갖추지 않는다.

〈보기〉는 제시문을 읽고 요약한 내용이다. 〈보기〉의 ①, ②에 들어갈 적절한 말을 제시문에서 찾아 쓰시오.

	무어	에이어
공통점	모두 윤리학에 대한 본질적인 질문을 다루며, 윤리적 판단의 기초에 대해 논의함.	
차이점	'열린 질문 논증'을 통해 규범적인 속성을 자연적인 속성으로 정의하는 것의 타당성을 검증하며, 윤리적 판단은 (①)에 의해 이루어진다고 봄.	검증 원리를 통해 윤리적 판단을 평가하며, 윤리적 판단은 주관적 (②)에 의해 결정된다고 봄.

〈보기〉

①: _____

②: _____

[문제 6] 다음 글을 읽고 물음에 답하시오.

차설. 왕희의 아들 석연이 길일을 당하매 노복과 가마를 갖추어 장미동에 나아가니, 이때 야색이 삼경이라. 노복이 들어가 소저를 납치하고자 하더니, 이때 소저가 등촉을 밝히고 예기(禮記)를 보더니, 외당에서 사람들이 떠드는 소리가 들리거늘, 소저가 마음에 놀라 시비 난향을 불러 왈,

"외당에서 사람 소리가 요란하니, 네 가만히 나가 그 동정을 보라."

난향이 나아가 보고 급히 돌아와 고 왈,

"왕 승상의 아들이 노복과 가마꾼을 거느려 외당에서 머뭇거리고 있더이다."

소저가 대경 왈,

"저 즈음께 왕희 청혼하였거늘, 내 허락지 아니하고 중매하는 사람을 물리쳤더니 오늘 밤 작당하여 옴이 분명 나를 납치하고자 함이라. 일이 급박하니 장차 어찌하리오?"

하고 죽으려 하거늘, 난향이 고 왈,

"소저는 잠깐 진정하소서. 소저가 만일 목숨을 함부로 여기시면 부모 제사와 낭군의 원수를 누가 갚으리잇고? 바라건대 소저는 소비(小婢)*와 의복을 바꾸어 입고 소비가 소저 모양으로 앉았으면 저 사람들이 반드시 소비를 소저로 알지니, 소저는 급히 남자 옷으로 갈아입으신 후 후원을 넘어 피신하옵소서."

소저가 왈,

"네 말이 당연하나 내 몸이 규중에서 자라 능히 문밖을 알지 못하거늘 어디로 갈 바를 알리오? 차라리 내 방에서 죽으리라."

하고 슬프게 우니, 난향이 다시 고 왈,

"천지는 넓고 광활하며 인명은 하늘에 달려 있으니, 어디 가 몸을 보전치 못하리오? 일이 가장 급하오니 소저는 천금과 같이 귀한 몸을 가볍게 버리지 마옵소서."

하며 급히 도망하기를 재촉하니, 소저가 눈물을 흘리며 슬피 울면서 왈,

"난향아, 만일 네 행색이 탄로 나면 왕희의 손에 네 목숨을 보전치 못하리니, 한가지로 도망함이 어떠하뇨?"

난향이 왈,

"소비 또한 이 마음이 있으되, 왕가 노복이 소저를 찾다가 없으면 근처로 흩어져 기를 쓰고 찾을 것이니, 소저가 어찌 화를 면하려 하시나잇고? 빨리 행하시고 지체하지 마옵소서."

소저가 하릴없이 의복을 벗어 난향을 주고 남자 옷을 입고 후원 문으로 나가 수리(數里)를 행하니라.

차시 난향이 소저의 의복을 입고 서안에 의지하여 앉았더니, 이윽고 왕 공자가 노복과 시녀를 거느려 내정(內庭)에 돌입하여 시녀를 명하여,

"소저 빨리 모셔라."

하니, 시녀가 명을 듣고 들어가 소저를 보고 문안하니, 난향이 들은 체 아니 하거늘, 시녀가 다시 고 왈,

"왕 공자 내림하였사오니, 소저는 백년가약을 맺으소서. 이 또한 하늘이 정한 연분이오니 이런 좋은 때를 잃지 마옵소서."

하고 가마에 오르기를 재촉하거늘, 난향이 속으로 우습고 분한 마음이 들어 꾸짖어 왈,

"내 집이 비록 가난하고 변변치 않으나 조정 중신의 집이거늘, 너희가 외람되이 무단 돌입하여 어찌하고자 하나뇨? 내 어찌 더러운 욕을 보리오?"

하고 비단 수건으로 목을 조르니, 왕가 노복 등이 많은지라 강약이 부동(不同)하니 어찌 당하리오? 하릴없이 가마에 올라 장안으로 향하여 갈 때, 동으로 벽파장 이십 리에 다다르니 동방이 밝는지라. 벽파장 노소인민이 다 구경하며 하는 말이,

"장 한림의 여아 애황 소저와 승상의 자제가 정혼하여 신행(新行)하신다." / 하더라.

난향이 승상의 집에 다다르니, 잔치를 배설하고 대소 빈객이 구름같이 모였더라. 난향이 가마에서 내려 안채의 대청으로 들어가니, 모든 부인이 모여 앉았다가 난향을 보고 칭찬 왈,

"어여쁘다, 장 소저여! 진실로 공자의 짝이로다."

하며 칭찬이 분분할새, 난향이 일어나 외당으로 나아가니 내외 빈객이 크게 놀라는지라. 난향이 승상 앞에 나아가 좌우를 돌아보며 왈,

"나는 장미동 장 한림 댁 소저의 시비 난향이러니 외람이 소저의 이름을 띠고 승상을 잠깐 속였거니와, 왕희는 나라의 녹을 받는 중신으로 명망이 일국에 으뜸이요, 부귀 천하에 제일이라. 네 자식의 혼사를 이룰진대, 매파를 보내어 예의를 갖추어 인연을 맺음이 당연하거늘, 네 무도불의(無道不義)를 행하여 깊은 밤에 노복을 보내어 가만히 사대부가의 내정에 돌입하여 규중처자를 납치함은 무슨 뜻이뇨? 우리 소저는 너의 모욕을 피하여 계시나 결단코 자결하여 원혼이 되었을 것이니 어찌 통분치 않으리오?"

말을 마치고 슬피 통곡하니, 승상이 대경하여 난향을 위로 왈,

"소저는 백옥 같은 몸으로서 천한 난향에게 비(比)하니 어찌 이런 말을 하나뇨?"

하고 시비로 하여금 내당으로 보내고 소저의 진가(眞假)를 분별치 못하여 장준을 청하여 보라 한데, 장준이 들어가 보니 과연 질녀가 아니요 난향이라. 대경하여 바삐 승상께 고하니, 왕희 대로하여 난향을 죽이려 한대, 만좌 빈객이 말려 왈,

"난향은 진실로 충성스러운 시녀이니, 그 죄를 용서하소서."

승상이 크게 부끄러워 장준을 크게 꾸짖고 난향을 보내니라.

각설. 장 소저가 그날 밤에 도망하여 남으로 향하여 정처 없이 가더니, 수일 만에 여람 땅에 이르러 이름을 고쳐 장계운이라 하고 한 집에 가 밥을 빌더니, 이 집은 최 어사 집이라. 어사는 일찍 죽고 부인 희 씨 한 딸을 데리고 집안 살림을 잘 다스려 집의 형편이 넉넉하더라. 부인이 문을 사이에 두고 장 소저의 거동을 보니, 인물이 비범하고 풍채 준수하거늘, 부인이 소저에게 왈,

"차인의 행색을 보니 본대 걸인이 아니라."

하고, 시비로 하여금 서헌으로 청하여 앉히고, 부인이 친히 나와 소저를 향하여 문 왈,

"공자는 어디 살며 나이 몇이나 되고, 이름은 무엇이라 하나뇨?"

소저가 대 왈, / "본대 기주 땅에 사는 장계운이라 하옵고 나이는 십육 세로소이다."

부인이 또 문 왈, / "부모는 다 살아 계시며, 무슨 일로 이곳에 이르시나뇨?"

소저가 대 왈, / "일찍 부모를 여의고 의탁할 곳이 없어 여기저기 떠돌아다니나이다."

부인 왈, / "공자의 모양을 보니 걸인으로 다니기는 불쌍하니, 공자는 아직 내 집에 있음이 어떠하뇨?"

소저가 사례 왈,

"부인이 소생의 가족 없는 외로움을 생각하사 존문에 두고자 하시니, 하해 같은 은혜를 어찌 다 갚으리잇고?"

부인이 희열하여 노복을 명하여 서당을 깨끗이 닦고 서책을 주며 왈,

"부디 학업을 힘써 공명을 취하라."

소저가 서책을 받아 보니, 성경현전(聖經賢傳)과 손오병서라. 소저가 학업을 공부할새 낮이면 시서 백가를 읽고, 밤이면 손오병서와 육도삼략을 습독하여 창검 쓰는 법을 익히니, 부인이 각별히 사랑하여 친자식같이 여기더라.

세월이 흘러 삼 년이 지나니, 장 소저가 나이 십구 세라. 재주는 능히 풍운조화*를 부리고 용력은 능히 태산을 끼고 북해를 뛸 듯하더라.

– 작자 미상, 「이대봉전」

---

* 소비(小婢): 계집종이 상전을 상대하여 자기를 낮추어 이르던 일인칭 대명사.
* 풍운조화: 바람이나 구름처럼 예측하기 어려운 변화나 상태.

〈보기〉는 제시문에 대한 해설의 일부이다. 〈보기〉의 ㉠, ㉡에 해당하는 문장을 제시문에서 찾아 각각의 첫 어절과 마지막 어절을 순서대로 쓰시오.

〈보기〉

이 작품은 조선 후기에 유행한 창작 군담 소설의 대표적 작품으로, 주인공 이대봉을 주축으로 한 남성 군담 서사와 정혼자 장애황을 주축으로 한 여성 의협 서사가 번갈아 제시되고 있다. 여성의 활동에 제약이 있던 시기였던 만큼 ㉠ 남장을 하라는 난향의 제안을 수용하고 집을 떠난 애황은 이후 정식으로 과거에 급제하여 벼슬길에 진출하였고, 외적이 난을 일으켰을 때 대원수로 출전하여 공을 세운다. 이는 당시 남성 중심의 사회를 비판하고, ㉡ 여성에게도 뛰어난 능력이 있음을 보여 주려 했던 작가의 의식이 반영된 것으로 볼 수 있다.

㉠ 첫 어절: _____, 마지막 어절: _____

㉡ 첫 어절: _____, 마지막 어절: _____

[문제 07]

함수 $f(x) = \log_3 x$의 역함수를 $g(x)$라 하자. 그림과 같이 이 함수 $y = f(x)$의 그래프 위의 점 A와 함수 $y = g(x)$의 그래프 위의 점 B에 대하여 직선 AB와 직선 $y = x$가 수직으로 만난다. 점 B의 y좌표가 27일 때, 삼각형 OAB의 넓이를 구하는 과정을 서술하시오. (단, O는 원점이다.)

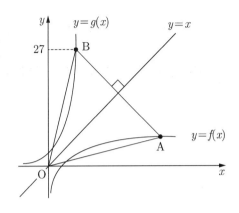

[문제 08]

y절편이 0보다 크고 기울기가 음수인 직선 l이 두 함수 $y = 2^x$, $y = 4^x$의 그래프와 제1사분면에서 만나는 점의 x좌표를 원소로 갖는 집합을 A라 하자. $A = \{2, 3\}$일 때, 직선 l의 y절편을 구하는 과정을 서술하시오.

[문제 09]

그림과 같이 반지름의 길이가 $\sqrt{21}$ 인 원에 내접하고 $\angle BAC = \dfrac{2}{3}\pi$인 삼각형 ABC가 있

다. $\angle BAC$를 이등분하는 직선과 점 A를 포함하지 않는 호 BC가 만나는 점을 D, 선분

AD와 선분 BC가 만나는 점을 E라 하자. $\sin(\angle BDA) = \dfrac{2\sqrt{7}}{7}$ 일 때,

$\dfrac{25}{7}\left(\overline{BE}^2 + \overline{CE}^2\right)$의 값을 구하는 과정을 서술하시오.

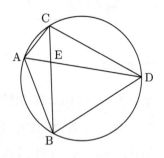

[문제 10]

2 이상의 자연수 n에 대하여 수열 $\{a_n\}$을 $a_1 = 1$, $a_n = \begin{cases} 2a_{\frac{n}{2}} - 1 & (n \text{이 짝수일 때}) \\ 2a_{\frac{n-1}{2}} + 1 & (n \text{이 홀수일 때}) \end{cases}$ 과 같이 정의한다.

$\displaystyle\sum_{k=1}^{30} a_{2^k - 1} = a_1 + a_3 + a_7 + \cdots + a_{2^{30}-1} = 2^m(2^n - 1)$을 만족하는 자연수 m, n에 대하여 $m+n$의 값을 구하는 과정을

서술하시오.

[문제 11]

함수 $f(x)=(x-1)^3(x-5)$에 대하여 함수 $g(x)=\begin{cases}ax^2+bx+c & (\{x|x\text{는 }f(x)\le 0\}) \\ \dfrac{dx+1}{x-1} & (\{x|x\text{는 }f(x)>0\})\end{cases}$ 이 실수 전체의 집합에서 연속

이고 함수 $g(x)$의 최댓값이 19일 때, 다음은 $g(2)$의 값을 구하는 과정이다. 빈칸에 알맞은 문자나 수식을 써넣어 풀이 과정을 완성하시오. (단, a, b, c, d는 상수이다.)

부등식 $f(x)\le 0$을 만족하는 x의 값의 범위는 $\boxed{①}\le x\le\boxed{②}$ 이고,

$f(x)>0$을 만족하는 x의 값의 범위는 $x<\boxed{①}$ 또는 $x>\boxed{②}$ 이다.

따라서 함수 $g(x)$는

$g(x)=\begin{cases}ax^2+bx+c & (\boxed{①}\le x\le\boxed{②}) \\ \dfrac{dx+1}{x-1} & (x<\boxed{①},\ x>\boxed{②})\end{cases}$

함수 $g(x)$가 실수 전체의 집합에서 연속이므로

$\displaystyle\lim_{x\to\boxed{①}-}g(x)=g(\boxed{①})$, $\displaystyle\lim_{x\to\boxed{②}+}g(x)=g(\boxed{②})$

$\displaystyle\lim_{x\to\boxed{①}-}g(x)=\lim_{x\to\boxed{①}-}\dfrac{dx+1}{x-1}=a+b+c$에서 $x\to\boxed{①}-$ 일 때 (분모)$\to 0$이고 극한값이 존재하므로

(분자)$\to 0$이어야 한다.

즉, $\displaystyle\lim_{x\to\boxed{①}-}(dx+1)=\boxed{③}$에서 $d=\boxed{④}$

$x<\boxed{①}$ 또는 $x>\boxed{②}$에서 $g(x)=\dfrac{\boxed{④}x+1}{x-1}=\boxed{⑤}$

따라서 $g(1)=g(5)$이고, $\boxed{①}\le x\le\boxed{②}$에서 $g(x)$는 이차함수이므로 $x=\boxed{⑥}$에 대칭이다.

한편, 닫힌구간 $[1,\ 5]$에서 $g(1)=g(5)=\boxed{⑤}$이므로

$g(x)=a(\boxed{⑦})(\boxed{⑧})+\boxed{⑤}$라 할 수 있다.

이때 함수 $g(x)$의 최댓값이 19이므로 $a=\boxed{⑨}$

따라서

$g(x)=\begin{cases}\boxed{⑨}(\boxed{⑦})(\boxed{⑧})+\boxed{⑤} & (\boxed{①}\le x\le\boxed{②}) \\ \boxed{⑤} & (x<\boxed{①},\ x>\boxed{②})\end{cases}$

이므로 $g(2)=\boxed{⑩}$

[문제 12]

곡선 $y = 2x^3 + ax^2 + 4x$ 위의 점 $O(0, 0)$에서의 접선에 수직이고 점 O를 지나는 직선이 곡선 $y = x^3 + ax^2 + 4x$에 접할 때, a^2의 값을 구하는 과정을 서술하시오.

[문제 13]

수직선 위를 움직이는 두 점 P, Q에 대하여 P의 시각 t $(t \geq 0)$에서의 위치 x_P, x_Q가

$$x_P = \frac{1}{2}t^2 - 2t, \quad x_Q = -t^3 + \frac{9}{2}t^2 + 30t$$

이다. 두 점 P, Q가 서로 같은 방향으로 움직이는 시각 t의 범위가 $\alpha < t < \beta$일 때, $\alpha + \beta$의 값을 구하는 과정을 서술하시오.

[문제 14]

두 다항함수 $f(x)$, $g(x)$가 모든 실수 x에 대하여

$$f'(x) = g'(x) - 6x^3 + 5x, \quad g(x) = \int xf(x)dx$$

를 만족시키고, $g(0) = -1$이다. $f(1) + g(\sqrt{2})$의 값을 구하는 과정을 서술하시오.

[문제 15]

수직선 위를 움직이는 점 P의 시각 t $(t \geq 0)$에서의 속도 $v(t)$가 $t^3 + (a-2)t^2 - 2at$이다. 점 P가 시각 $t = t_1$ $(t_1 > 0)$일 때 움직이는 방향이 바뀌고, 시각 $t = 0$에서 $t = t_1$까지 움직인 거리가 4이다. 이때 양수 a의 값을 구하는 과정을 서술하시오.

교육은 우리 자신의 무지를 점차 발견해 가는 과정이다.

– 윌 듀란트 –

수고하셨습니다

시대에듀와 함께해요!

대학으로 가는
합격 필수 시리즈!

심층 구술면접 대입전략 필독서!

SKY 합격을 위한 구술면접의 공식

▶ 2024~2015학년도 역대
  핵심 기출문제 예시 답안 수록!

▶ 서울대 · 연세대 · 고려대
  출제 유형 예상 문제로 최종 점검!

교대 · 사대 최종 합격 필독서!

교대사대 구술면접

▶ 2024~2020학년도 5년간
  구술면접 기출문제 분석!

▶ 교직 소양, 교육이슈 등
  면접 필수 이론 수록!

2025 대입 구술면접 대비!

대학으로 가는 구술면접 380제

▶ 2024~2020학년도 대학별
  실제 기출 면접 질문 총정리!

▶ 면접 준비를 위한 알짜 Q&A

2025 대입 논술 · 구술면접 대비!

대학으로 가는 논술 · 구술 필수상식

▶ 2024~2020학년도 대학별
  논술 · 구술면접 기출 질문 총정리!

▶ 논술 · 구술면접 상식용어부터
  최신 시사이슈 완벽 분석!

나에게 딱 맞는 한능검 교재를 선택하고 합격하자!

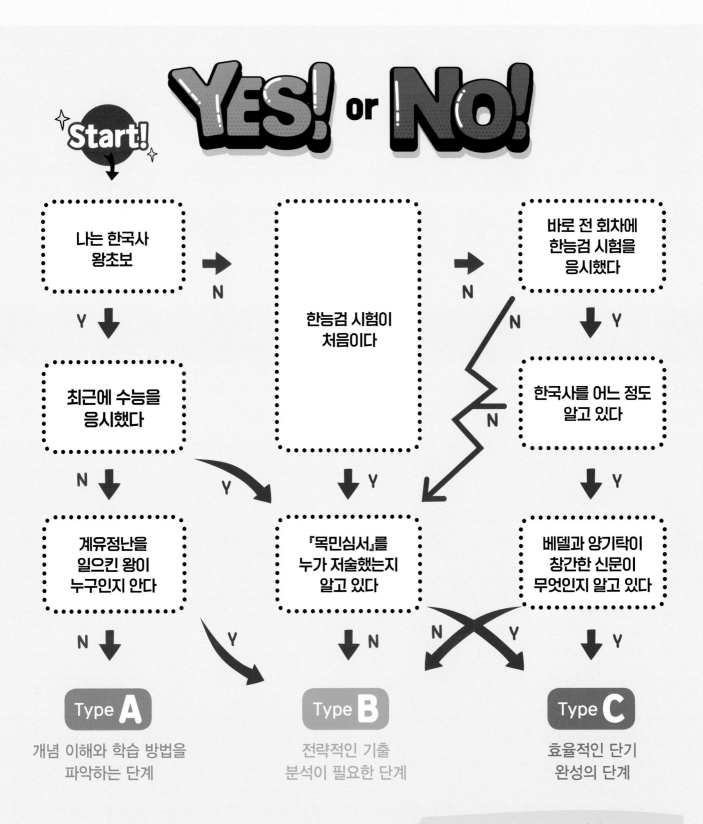

YES! or No!

Start!

나는 한국사
왕초보

한능검 시험이
처음이다

바로 전 회차에
한능검 시험을
응시했다

최근에 수능을
응시했다

한국사를 어느 정도
알고 있다

계유정난을
일으킨 왕이
누구인지 안다

『목민심서』를
누가 저술했는지
알고 있다

베델과 양기탁이
창간한 신문이
무엇인지 알고 있다

Type A

개념 이해와 학습 방법을
파악하는 단계

Type B

전략적인 기출
분석이 필요한 단계

Type C

효율적인 단기
완성의 단계

옆 페이지로 커리큘럼 계획하러 가기

2025 가천대학교 논술고사 완벽 대비

가천대학교

자연 계열(수학 + 국어)

논술고사

실전 모의고사

편저 | 이규정 · 오지연

정답 및 해설

시대에듀

Contents

가천대학교

정답 및 해설

자연 계열

제1회 자연 계열 정답 및 해설

국어

[문제 1]

📖 문항 출제 기준

- **출제 범위**: 국어 (작문, 논설문, 설득하는 글쓰기 전략)

- **출제 의도**
  고등학교 교육과정에서 논리적인 글쓰기 방법을 이해하고, 자신의 글을 효과적으로 전달할 수 있는 능력과 타당한 근거를 선별하여 맥락을 고려해 글을 작성하고, 적절한 결론을 도출할 수 있는 능력을 평가하고자 출제하였다.

- **출제 근거**
  `12화작01-01` 사회적 의사소통 행위로서 화법과 작문의 특성을 이해한다.
  `12화작03-05` 시사적인 현안이나 쟁점에 대해 자신의 관점을 수립하여 비평하는 글을 쓴다.

도서명	쪽수/번
비상(박) 화법과 작문	162~167쪽
2023 4월(고3) 학력평가	43~45번

💡 문제해결의 TIP

제시된 글의 1문단에서 학생은 '먼저~한다.'와 같이 낙엽이 계속 쌓이게 되면 도로 위 보행자들이 미끄러져 안전사고가 일어날 수 있다는 문제점을 드러내어 문제의 심각성과 경각심을 불러일으키는 전략을 활용하였다. 이후 제시되는 문제점들은 각각 비용, 환경 오염과 관련된 것으로 정답이 될 수 없다.
또한, 2문단에서 '도시~있다.'와 같이 낙엽 치우기를 통해 경제적 가치를 창출할 수 있는 구체적인 사례로 도시 낙엽을 퇴비로 가공한 뒤 판매하는 것을 언급하여 설득력을 높였다. '셋째~한다.'와 같이 앞 문장에서도 경제적 가치를 언급하기는 하였으나, 구체적인 사례가 포함되지 않아 정답으로 인정하기 어렵다.

📝 예시 답안

- ①, ② 각각 첫 어절과 마지막 어절을 순서대로 정확하게 쓴 경우만 정답으로 인정함.

답안	배점
①: 먼저, 한다.	5
②: 도시, 있다.	5

| 2~3 |

📖 문항 출제 기준

- **출제 범위**: 독서 (사실적 이해, 사회·문화 분야 글 읽기)

- **출제 의도**
  고등학교 교육과정에서 사회·문화 분야의 글을 읽고 핵심 개념의 정의를 정확하게 이해하는 능력과 글에 드러난 정보를 단서로 대략적 구조나 논지의 흐름을 통합적으로 파악하며 읽을 수 있는 능력을 평가하고자 출제하였다.

- **출제 근거**
  `12독서02-01` 글에 드러난 정보를 바탕으로 중심 내용, 주제, 글의 구조와 전개 방식 등 사실적 내용을 파악하며 읽는다.
  `12독서03-02` 사회·문화 분야의 글을 읽으며 제재에 담긴 사회적 요구와 신념, 사회적 현상의 특성, 역사적 인물과 사건의 사회·문화적 맥락 등을 비판적으로 이해한다.

도서명	쪽수/번
신사고 독서	62~63, 144~145쪽
2025 수능특강 국어영역 독서	241~242쪽

[문제 2]

💡 문제해결의 TIP

제시된 글의 3문단에 의하면, 인격이 부여되어 법률상 권리와 의무의 주체인 '법인'은 기존의 법체계에 존재한다. 하지만 자연인은 아니다. 또한, 생물학적 지능형 로봇 역시 법이 권리의 주체가 될 수 있는 자격을 인정하는 자연적 생활체인 자연인은 아니다. 따라서 ㉠은 적절하지 않다.

4문단에 의하면, AI 로봇은 동일한 명령에 동일한 행위를 반복할 가능성이 있다는 것은 예방적 측면에서 언급된 내용이다. 따라서 ㉡은 적절하지 않다.

3문단에 의하면, 체계 이론은 형식적인 이해에서 벗어나 근본적이며 실질적인 관계 중심으로 대상을 이해하고자 하였다. 따라서 기존의 이론보다 형식적으로 접근한다고 한 ㉢은 적절하지 않다. 체계 이론은 인공 지능 로봇이 사회 체계 속에서 소통하며 사회에 지속적으로 참여한다면 법적인 지위를 부여해야 한다는 입장을 취한다. 또한, 형사 책임을 물을 때에도 행위나 행위 주체에 중점을 두는 것이 아니라 소통 과정이나 방식에 중점을 둔다. 따라서 ㉣은 적절하다.

 예시 답안

답안	배점
– 답안을 정확하게 쓴 경우만 정답으로 인정함. – 항목을 기호가 아닌 문장으로 쓴 경우도 정답으로 인정함.	
㉣	10

[문제 3]

🔦 **문제해결의 TIP**

3문단의 '자연인은 법률상으로 개인을 의미하며, 생물학적인 존재로서 권리와 의무를 가지고 있는 주체를 말한다.'에서 알 수 있듯이 권리와 의무의 주체는 자연인이다.

또한, '체계 이론'은 지능형 로봇이 자연인이 아닐지라도 사회 체계 속에서 소통하며 사회에 지속적으로 참여한다면 법적인 지위를 부여해야 한다고 보았다. 따라서 체계 이론은 자율 주행차가 '스스로 판단하여 물건을 수송하고, 도로 상황을 점검하고, 신호 체계도 스스로 이해하여 주행을 선택'한 것은 인간과 소통하고 사회 속에 참여한 것으로 판단해 범죄로 인정할 것이다.

 예시 답안

답안	배점
– ①, ②를 정확하게 쓴 경우만 정답으로 인정함.	
①: 자연인	5
②: 체계 이론	5

 교과서 속 개념 확인

• 법인: 법률상으로 인격을 부여받은 단체 또는 기업으로, 자본과 책임이 분리되어 법적으로 독립된 존재로 취급됨.

• 자연인: 법률상으로 개인을 가리키며, 생물학적인 존재로서 개인적인 권리와 의무를 가지고 있는 사람을 말함.

📖 **작품 분석**

「지능형 로봇의 범죄 능력과 법적 책임의 소재」

■ 해제
이 글은 인간과 동등한 지능을 갖춘 지능형 로봇이 등장함에 따라 발생할 수 있는 법적 책임과 처벌에 관한 문제를 탐구한다. 지능형 로봇의 행동에 대한 책임은 로봇이 독자적으로 행한 것이어야 한다는 주장과 인공 지능에 법적 지위를 인정하여 책임을 물을 필요가 있다는 주장이 제기된다. 그러나 처벌의 목적과 예방적 효과 측면에서는 인공 지능에 대한 효과적인 처벌이 어려울 수 있음을 지적한다.

■ 주제
인공 지능 AI 로봇의 범죄 능력

[문제 4]

🏛 **문항 출제 기준**

• 출제 범위: 독서 (사실적 이해, 인문·예술 분야 글 읽기)

• 출제 의도
고등학교 교육과정에서 다양한 독서의 태도를 사실적으로 이해하고, 이를 적용하여 개인적 성장을 도모할 수 있는 독서 태도와 능력을 평가하고자 출제하였다.

• 출제 근거
12독서02-01 글에 드러난 정보를 바탕으로 중심 내용, 주제, 글의 구조와 전개 방식 등 사실적 내용을 파악하며 읽는다.
12독서03-01 인문·예술 분야의 글을 읽으며 제재에 담긴 인문학적 세계관, 예술과 삶의 문제를 대하는 인간의 태도, 인간에 대한 성찰 등을 비판적으로 이해한다.

도서명	쪽수/번
미래엔 독서	22~23, 134~135쪽
2025 수능특강 국어영역 독서	45쪽

문제해결의 TIP

〈보기1〉은 손과 뇌와의 상호 작용을 통한 독서법을 소개하고 있다. 제시된 글의 3문단에 의하면, '초서'는 단순히 내용을 베껴쓰는 것이 아니라, 독자가 판단한 결과를 기반으로 선택한 문장과 자신의 견해를 기록하는 것이다. 〈보기1〉에서 손을 사용하였으므로 이와 관련이 있는 독서법은 '초서'이다.

〈보기2〉는 책의 목차를 먼저 살펴본다든지 자신의 취향에 부합하는지 미리보기를 통해서 알아보면 더욱 효과적으로 독서를 할 수 있다고 하였다. 2문단에 의하면, 독서 전 준비 단계인 '입지'에서 미리보기를 통해 자신의 관심사나 선호도를 확인하고, 이전의 경험들을 바탕으로 독서에 대한 마음가짐과 태도를 정립하는 것이 중요하다.'고 하였다. 따라서 〈보기2〉와 관련이 있는 독서 방법은 '입지'이다.

예시 답안

- ①, ②를 정확하게 쓴 경우만 정답으로 인정함.

답안	배점
①: 초서	5
②: 입지	5

교과서 속 개념 확인

인문·예술 분야 글의 특성
(1) 개념: 인류의 사상, 지혜와 아름다움, 창조 등을 탐구하는 내용의 글이다.
(2) 세부 분야: 종교, 언어, 철학, 역사, 문학, 미술, 음악, 연극, 무용, 건축
(3) 방법
　① 글에 담긴 인간과 세계에 대한 관점을 파악하며 읽는다.
　② 배경지식을 적극적으로 활용하며 읽는다.
　③ 구체적인 현실, 작품과 연계하며 읽는다.

작품 분석

「정약용의 독서법」

■ 해제

이 글은 정약용의 독서 방법론에 대해 다루고 있다. 정약용은 독서를 다섯 가지 단계로 나누어 소개하며, 각 단계에서의 중요성과 목적을 강조한다. 첫 번째로는 '입지' 단계로, 독서 전에 자신의 관심사와 선호도를 파악하고, 그 후 '해독'과 '판단' 단계를 거쳐 '초서' 단계로 진입한다. '초서'는 독서한 내용을 체계적으로 정리하고 중요한 부분을 선별하는 과정이다. 마지막으로 '의식' 단계에서는 자신만의 지식과 견해를 창조하는 과정을 설명한다. 이렇게 정약용은 독서를 통해 자신의 지식과 사고력을 향상시키는 것이 중요하다고 강조하였다.

■ 주제
정약용의 독서 방법 소개

[문제 5]

문항 출제 기준

• 출제 범위: 문학 (현대 소설, 소재의 상징적 의미, 문학과 공동체 문화 발전)

• 출제 의도
고등학교 교육과정에서 문학 작품 중 소설에 나타난 소재의 상징적 의미를 이해하여 소설에 나타난 폭력의 양상에 대한 심층적 이해를 할 수 있는 능력을 평가하고자 출제하였다.

• 출제 근거
12문학01-01 문학이 인간과 세계에 대한 이해를 돕고, 삶의 의미를 깨닫게 하며, 정서적·미적으로 삶을 고양함을 이해한다.
12문학04-02 문학 활동을 생활화하여 인간다운 삶을 가꾸고 공동체의 문화 발전에 기여하는 태도를 지닌다.

도서명	쪽수/번
지학사 문학	28~38쪽
천재(정) 문학	53~64쪽
2025 수능특강 국어영역 독서	195~197쪽

우리나라는 1970~80년대 산업화를 통해 풍요로운 환경을 만들었으나, 모든 국민들의 삶의 질이 향상된 것이 아니었다. 이 작품을 통해 작가는 당시 한국 사회의 심각한 계층 갈등과 불평등 문제를 고발하고 있다. 「비 오는 날이면 가리봉동에 가야 한다」에서 '맨션아파트'는 부유층의 상징이자 가리봉동 주민들과의 계층 차이를 드러내는 소재이다. 또한, '두터운 벽'은 부유층과 빈민층 간의 단절과 소통의 부재를 상징적으로 보여 준다.

📝 **예시 답안**

- ①, ②를 정확하게 쓴 경우만 정답으로 인정함.
- ②는 '벽', '두터운 벽' 둘 다 정답으로 인정함.

답안	배점
①: 맨션아파트	5
②: (두터운) 벽	5

 교과서 속 개념 확인

광복 이후 현대 소설의 종류
(1) 과거 식민지적 삶의 청산
　　예 채만식, 「민족의 죄인」
(2) 순수 문학 지향
　　예 염상섭, 「두 파산」
(3) 전쟁의 상처와 분단의 아픔
　　예 윤흥길, 「장마」 / 오상원, 「유예」
(4) 산업화, 도시화에서 드러나는 인간 소외 문제
　　예 이청준, 「병신과 머저리」
(5) 산업화와 노동자의 삶
　　예 황석영, 「삼포 가는 길」 / 조세희, 「난쟁이가 쏘아 올린 작은 공」
(6) 역사 소설을 통해 본 민족사의 재인식
　　예 박경리, 「토지」 / 조정래, 「태백산맥」

📖 **작품 분석**

양귀자, 「비 오는 날이면 가리봉동에 가야 한다」

■ 해제
이 작품은 총 11편으로 이루어진 『원미동 사람들』 연작의 여섯 번째 작품으로 1980년대의 경제 성장과 풍요 속에서 소외된 사람들의 아픔을 그리고, 어려운 상황에서도 서로에 대한 존중이 중요함을 말하고 있다. 광복절 휴일에 일어난 가족의 이야기를 통해 중산층과 서민들의 오만과 불신을 비판한다. 소도시에 마련한 연립 주택에서 집수리 공사로 인해 어려움을 겪으면서 타인을 믿지 못하는데, 정직하고 성실한 하층민 노동자를 만나면서 자신들의 삶을 돌아보게 된다.

■ 주제
도시 중산층의 소시민성과 배려와 존중

■ 줄거리
은혜네 가족은 서울에서 전세살이를 하다가 연립 주택을 사서 부천으로 이사하지만 경제적인 어려움에 시달리며, 집수리로 인해 더욱 힘든 상황에 처한다. 광복절 휴일에 발생한 하수관 문제로 인해 임 씨와 그의 젊은 인부들을 고용하는데, 은혜네 부부는 임 씨가 일은 대충하고 돈은 부풀려 많이 받을 것이라고 의심한다. 하지만 임 씨가 어렵게 살아왔지만 성실하고 정직하며 책임감 있는 사람이라는 것을 알게 된다. 그리고 '그'는 편견에 사로 잡혀 남을 의심하고 낮추어 보았던 자신을 돌아보고 반성한다.

[문제 6]

문항 출제 기준

- **출제 범위**: 문학 (현대 시, 소재의 상징적 의미)

- **출제 의도**
고등학교 교육과정에서 한국 문학 작품을 특정 시대에 대한 이해를 바탕으로 분석하고, 작품 속에 담긴 역사적 맥락을 파악하여 시어의 상징적 의미를 분석할 수 있는 능력을 평가하고자 출제하였다.

- **출제 근거**
  12문학02-02 작품을 작가, 사회·문화적 배경, 상호 텍스트성 등 다양한 맥락에서 이해하고 감상한다.
  12문학03-04 한국 문학 작품에 반영된 시대 상황을 이해하고 문학과 역사의 상호 영향 관계를 탐구한다.

도서명	쪽수/번
천재(정) 문학	53~64쪽
2015 고3(9월) 모의평가	31~33번
2025 수능특강 국어영역 문학	94쪽

문제해결의 TIP

제시문 (가)는 그 무엇과도 연결되지 않은 고결함을 추구한다. 이 시에서 세속과도 연결되지 않은 초월한 상태를 의미하는 것은 '윗절 중'과 '조찰히 늙은 사나이'이다. '윗절 중'은 승패에 초연하여 '여섯 판에 여섯 번 지고'도 '웃고 올라'가고 있다. 이러한 무욕의 태도는 세속적인 것과 거리가 멀다.

제시문 (나)는 고고한 경지에 대한 화자의 생각을 담고 있다. 북한산의 고고함은 '그 높이'로 표현되고 있다. 하지만 이 고고함은 '장밋빛 햇살'과 같은 여린 햇살에도 변질된다고 하였다. 따라서 화자는 '그 높이'를 회복하기 위해서는 '겨울날 이른 아침'까지 기다려야 한다고 말한다.

예시 답안

- ①~③을 정확하게 쓴 경우만 정답으로 인정함.
- ①~③을 기호가 아닌 구절로 쓴 경우도 정답으로 인정함.

답안	배점
①: ⓒ	3
②: ⓓ	3
③: ⓑ	4

작품 분석

(가) 정지용, 「장수산 1」

■ 해제
이 작품은 장수산의 겨울 풍경을 통해 절대적인 고요와 탈속적인 경지를 표현하고 있다. 화자는 깊은 산속에서 아무 움직임도 없고 소리도 들리지 않는 겨울밤을 묘사하며, 누군가의 접촉도 없는, 세속을 초월한 태도를 감탄한다. 차가운 겨울 장수산의 모습을 통해 시련을 견뎌내는 결연한 의지를 나타낸다. 또한, 시대적 배경인 일제 강점기의 고통을 인내하고자 하는 시인의 마음을 확인할 수 있다.

■ 주제
장수산의 절대 고요와 탈속적 경지에 대한 지향

■ 구성
- 벌목정정이랬거니~돌아옴 직도 하이: 깊은 장수산의 조용함
- 다람쥐도~걸음이랸다?: 눈 내린 겨울, 장수산의 밤
- 윗절 중이~줍는다?: 세속을 초월한 정신 지향
- 시름은~흔들리우노니: 노괴 속의 화자 내면
- 오오~한밤내—: 겨울 장수산을 보내며 인내하는 굳은 의지

(나) 김종길, 「고고」

■ 해제
이 작품은 북한산 산봉우리에 살짝 덮인 눈을 보며, 겨울날의 이른 아침과 같은 산의 모습을 지향하는 화자의 의지가 담겨 있다. 겨울 북한산의 모습은 고고한 경지를 상징적으로 보여 준다. 북한산은 그 높은 봉우리에만 미세하게 눈이 덮일 때에만 고결함이 드러나는데, 햇빛이 닿으면 쉽게 변질된다. 따라서 작가는 겨울 하루 중에서도 이른 아침으로 아무것도 닿지 않은 고결한 상태를 기다린다.

■ 주제
겨울 이른 아침산과 같은 고고한 삶의 경지

■ 구성
1연: 겨울 북한산의 고고한 높이 회복에 대한 기다림
2연: 밤사이 산봉우리에 눈이 쌓임
3연: 수묵화 같은 겨울 북한산의 아침
4연: 고결함에 아직 다다르지 못한 높이
5연: 햇살에도 변질되는 높이
6연: 고고한 모습의 높은 겨울 북한산

수학

[문제 07]

문제해결의 TIP

본 문항은 수학 Ⅰ 과목의 지수함수와 로그함수 단원에서 거듭제곱근과 지수법칙에 관한 문항이다. 따라서 실수 a의 거듭제곱근이 a의 값에 따라 어떤 값을 가지는지 이해하고 문제를 해결할 수 있는지를 평가하고 있다.

예시 답안

실수 a의 n제곱근은 방정식 $x^n = a$의 근임을 이용하자.
8의 세제곱근은 방정식 $x^3 = 8$의 근이다.
이 방정식을 풀면
$x^3 - 8 = 0$에서
$(x-2)(x^2 + 2x + 4) = 0$
이때 이차방정식 $x^2 + 2x + 4 = 0$의 판별식을 D라 하면
$D = 2^2 - 4 \times 4 = -12 < 0$
이므로 이 이차방정식은 서로 다른 두 허근을 갖는다.
따라서 $\alpha = 2$이고, β, γ는 이차방정식
$x^2 + 2x + 4 = 0$의 근이다.
이차방정식의 근과 계수의 관계에 의하여
$\beta + \gamma = -2$, $\beta\gamma = 4$
이므로
$\beta^3 + \gamma^3 = (\beta + \gamma)^3 - 3\beta\gamma(\beta + \gamma)$
$= (-2)^3 - 3 \times 4 \times (-2) = 16$
$\therefore \dfrac{\beta^3 + \gamma^3}{\alpha} = \dfrac{16}{2} = 8$

교과서 속 개념 확인

$\sqrt[n]{a}$ (n제곱근 a)
실수 a의 n제곱근 중 실수인 것은 기호 $\sqrt[n]{a}$를 이용하여 다음과 같이 나타낸다.

	$a > 0$	$a = 0$	$a < 0$
n이 홀수	$\sqrt[n]{a} > 0$	$\sqrt[n]{0} = 0$	$\sqrt[n]{a} < 0$
n이 짝수	$\sqrt[n]{a} > 0$, $-\sqrt[n]{a} < 0$	$\sqrt[n]{0} = 0$	없다.

[문제 08]

문제해결의 TIP

본 문항은 수학 Ⅰ 과목의 삼각함수 단원에서 삼각함수의 뜻과 삼각함수의 성질에 관한 문항이다. 따라서 원과 접선의 성질, 피타고라스 정리를 이용하여 주어진 삼각형의 넓이에서 삼각형의 변의 길이를 구한 후, 삼각함수의 뜻과 성질을 적용하여 삼각함수의 값을 구해 문제를 해결할 수 있는지 평가하고 있다.

예시 답안

직선 l과 원이 점 P에서 접하므로 선분 OP와 직선 l은 수직을 이룬다. 즉, 삼각형 AOP는 넓이가 24인 직각삼각형이므로
$\dfrac{1}{2} \times \overline{\text{OP}} \times \overline{\text{AP}} = \dfrac{1}{2} \times 6 \times \overline{\text{AP}} = 24$
에서
$\overline{\text{AP}} = 8$
피타고라스 정리에 의해
$\overline{\text{OA}} = \sqrt{\overline{\text{OP}}^2 + \overline{\text{AP}}^2} = \sqrt{6^2 + 8^2} = 10$

따라서 점 A의 좌표는 $(0, 10)$이다.

$\angle AOP = \alpha$라 하면

$$\sin \alpha = \frac{4}{5}, \ \cos \alpha = \frac{3}{5}$$

다음 그림과 같이 직선 l과 x축의 교점을 B라 하면 직각삼각형 AOP와 직각삼각형 ABO는 서로 닮음이므로

$$\angle ABO = \angle AOP = \alpha$$

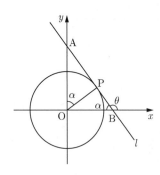

이때 $\theta = \pi - \alpha$이므로

$$\sin \theta = \sin(\pi - \alpha) = \sin \alpha = \frac{4}{5}$$

$$\cos \theta = \cos(\pi - \alpha) = -\cos \alpha = -\frac{3}{5}$$

$$\therefore \ \sin \theta + \cos \theta = \frac{4}{5} + \left(-\frac{3}{5}\right) = \frac{1}{5}$$

 교과서 속 개념 확인

삼각함수의 성질

(1) $2n\pi + \theta$의 삼각함수 (단, n은 정수)
  ① $\sin(2n\pi + \theta) = \sin \theta$　② $\cos(2n\pi + \theta) = \cos \theta$
  ③ $\tan(2n\pi + \theta) = \tan \theta$

(2) $-\theta$의 삼각함수
  ① $\sin(-\theta) = -\sin \theta$　② $\cos(-\theta) = \cos \theta$
  ③ $\tan(-\theta) = -\tan \theta$

(3) $\pi + \theta$의 삼각함수
  ① $\sin(\pi + \theta) = -\sin \theta$　② $\cos(\pi + \theta) = -\cos \theta$
  ③ $\tan(\pi + \theta) = \tan \theta$

(4) $\frac{\pi}{2} + \theta$의 삼각함수
  ① $\sin\left(\frac{\pi}{2} + \theta\right) = \cos \theta$　② $\cos\left(\frac{\pi}{2} + \theta\right) = -\sin \theta$

[문제 09]

문항 출제 기준

- 출제 범위: 수학 Ⅰ (삼각함수의 뜻)

- 출제 의도
  삼각함수의 뜻을 이해하고 이를 활용할 수 있는지 평가한다.

- 출제 근거
  12수학Ⅰ02-02 삼각함수의 뜻을 알고, 사인함수, 코사인함수, 탄젠트함수의 그래프를 그릴 수 있다.

도서명	쪽수/번
2025 수능특강 수학영역 수학 Ⅰ	39쪽 예제 2번

문제해결의 TIP

본 문항은 수학 Ⅰ 과목의 삼각함수 단원에서 삼각함수의 뜻에 관한 문항이다. 따라서 조건을 만족시키는 두 점 P, Q의 좌표를 구한 후, 삼각함수의 정의를 이용하여 $\sin \alpha$, $\cos \beta$의 값을 구해 문제를 해결할 수 있는지를 평가하고 있다.

예시 답안

$m > 0$이므로 $y = |mx| = \begin{cases} -mx & (x < 0) \\ mx & (x > 0) \end{cases}$

원 $x^2 + y^2 = 10$과 직선 $y = |mx|$가 만나는 점의 x좌표는

$$x^2 + |mx|^2 = 10, \ x^2 + m^2 x^2 = 10$$

$$x^2 = \frac{10}{1 + m^2} \ \text{이므로}$$

$$P\left(\frac{\sqrt{10}}{\sqrt{1 + m^2}}, \ \frac{m\sqrt{10}}{\sqrt{1 + m^2}}\right),$$

$$Q\left(-\frac{\sqrt{10}}{\sqrt{1 + m^2}}, \ \frac{m\sqrt{10}}{\sqrt{1 + m^2}}\right)$$

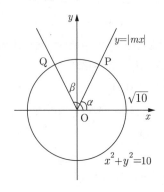

$\overline{\text{OP}} = \overline{\text{OQ}} = \sqrt{10}$ 이므로

$$\sin\alpha = \frac{\dfrac{m\sqrt{10}}{\sqrt{1+m^2}}}{\sqrt{10}} = \frac{m}{\sqrt{1+m^2}}$$

$$\cos\beta = \frac{-\dfrac{\sqrt{10}}{\sqrt{1+m^2}}}{\sqrt{10}} = -\frac{1}{\sqrt{1+m^2}}$$

이때 $\sin\alpha \times \cos\beta = -\dfrac{3}{10}$ 이고

$$\sin\alpha \times \cos\beta = \frac{m}{\sqrt{1+m^2}} \times \left(-\frac{1}{\sqrt{1+m^2}}\right) = -\frac{m}{1+m^2}$$

이므로

$-\dfrac{m}{1+m^2} = -\dfrac{3}{10}$ 에서

$3m^2 - 10m + 3 = 0$, $(3m-1)(m-3) = 0$

$\therefore m = \dfrac{1}{3}$ 또는 $m = 3$

따라서 구하는 서로 다른 m의 값의 합은

$\dfrac{1}{3} + 3 = \dfrac{10}{3}$

📝 다른 풀이

$m > 0$ 이므로 $y = |mx| = \begin{cases} -mx & (x < 0) \\ mx & (x > 0) \end{cases}$

$\text{P}(a,\ ma)$, $\text{Q}(-a,\ ma)$ $(a > 0)$ 이라 하면

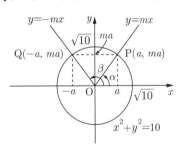

$\overline{\text{OP}} = \sqrt{a^2 + (ma)^2} = a\sqrt{1+m^2}$

$\overline{\text{OQ}} = \sqrt{(-a)^2 + (ma)^2} = a\sqrt{1+m^2}$

이므로

$$\sin\alpha = \frac{ma}{a\sqrt{1+m^2}} = \frac{m}{\sqrt{1+m^2}}$$

$$\cos\beta = \frac{-a}{a\sqrt{1+m^2}} = -\frac{1}{\sqrt{1+m^2}}$$

이때

$$\sin\alpha \times \cos\beta = \frac{m}{\sqrt{1+m^2}} \times \left(-\frac{1}{\sqrt{1+m^2}}\right) = -\frac{m}{1+m^2}$$

이므로 $-\dfrac{m}{1+m^2} = -\dfrac{3}{10}$ 에서

$3m^2 - 10m + 3 = 0$

따라서 구하는 서로 다른 m의 값의 합은 이차방정식의 근과 계수의 관계에 의해

$\dfrac{10}{3}$

📖 교과서 속 개념 확인

삼각함수의 정의

좌표평면에서 중심이 원점 O이고 반지름의 길이가 r $(r > 0)$인 원 위의 한 점을 $\text{P}(x,\ y)$, x축의 양의 방향을 시초선으로 하였을 때 동경 OP가 나타내는 각의 크기를 θ라 할 때, θ에 대한 삼각함수를 다음과 같이 정의한다.

$$\sin\theta = \frac{y}{r},\quad \cos\theta = \frac{x}{r},\quad \tan\theta = \frac{y}{x}\ (x \neq 0)$$

이때 $\sin\theta$, $\cos\theta$, $\tan\theta$를 각각 사인함수, 코사인함수, 탄젠트함수라 하고, 이 함수들을 θ에 대한 삼각함수라고 한다.

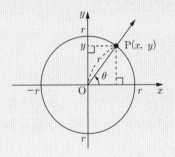

[문제 10]

📋 문항 출제 기준

- **출제 범위**: 수학 Ⅰ (여러 가지 수열의 합)

- **출제 의도**
  수열의 일반항을 소거되는 꼴로 변형하여 수열의 합을 구할 수 있는지 평가한다.

- **출제 근거**
  `12수학Ⅰ 03-05` 여러 가지 수열의 첫째항부터 제n항까지의 합을 구할 수 있다.

도서명	쪽수/번
2025 수능완성 수학영역 수학 Ⅰ	33쪽 27번

본 문항은 수학 Ⅰ 과목의 수열 단원에서 여러 가지 수열의 합에 관한 문항이다. 따라서 등차수열의 일반항을 구한 후, 분모의 유리화를 이용하여 여러 가지 수열의 일반항을 소거되는 꼴로 변형하여 수열의 합을 구해 문제를 해결할 수 있는지를 평가하고 있다.

📝 **예시 답안**

등차수열 $\{a_n\}$의 첫째항이 2이고 공차가 3이므로 일반항 a_n을 구하면

$a_n = 2 + 3(n-1) = 3n - 1$

$\displaystyle\sum_{k=1}^{n} \frac{1}{\sqrt{a_{k+1}} + \sqrt{a_k}}$

$\displaystyle = \sum_{k=1}^{n} \frac{1}{\sqrt{3k+2} + \sqrt{3k-1}}$

$\displaystyle = \sum_{k=1}^{n} \frac{\sqrt{3k+2} - \sqrt{3k-1}}{(\sqrt{3k+2} + \sqrt{3k-1})(\sqrt{3k+2} - \sqrt{3k-1})}$

$\displaystyle = \sum_{k=1}^{n} \frac{\sqrt{3k+2} - \sqrt{3k-1}}{3}$

$\displaystyle = \frac{1}{3} \sum_{k=1}^{n} (\sqrt{3k+2} - \sqrt{3k-1})$

$\displaystyle = \frac{1}{3}\{(\sqrt{5} - \sqrt{2}) + (\sqrt{8} - \sqrt{5})$

$\displaystyle \qquad\qquad\qquad + \cdots + (\sqrt{3n+2} - \sqrt{3n-1})\}$

$\displaystyle = \frac{1}{3}(\sqrt{3n+2} - \sqrt{2})$

따라서 $\dfrac{1}{3}(\sqrt{3n+2} - \sqrt{2}) = \dfrac{4\sqrt{2}}{3}$ 에서

$\sqrt{3n+2} - \sqrt{2} = 4\sqrt{2}$ 이므로

$\sqrt{3n+2} = 5\sqrt{2}$, $3n+2 = 50$

$\therefore n = 16$

교과서 속 개념 확인

여러 가지 수열의 합

(1) 일반항이 분수 꼴이고 분모가 서로 다른 두 일차식의 곱이면 다음과 같이 변형하여 문제를 해결한다.

① $\displaystyle\sum_{k=1}^{n} \frac{1}{k(k+a)} = \frac{1}{a} \sum_{k=1}^{n} \left(\frac{1}{k} - \frac{1}{k+a}\right)$ (단, $a \neq 0$)

② $\displaystyle\sum_{k=1}^{n} \frac{1}{(k+a)(k+b)} = \frac{1}{b-a} \sum_{k=1}^{n} \left(\frac{1}{k+a} - \frac{1}{k+b}\right)$

(2) 일반항의 분모가 근호가 있는 두 식의 합이면 다음과 같이 변형하여 문제를 해결한다.

① $\displaystyle\sum_{k=1}^{n} \frac{1}{\sqrt{k+a} + \sqrt{k}} = \frac{1}{a} \sum_{k=1}^{n} (\sqrt{k+a} - \sqrt{k})$

(단, $a \neq 0$)

② $\displaystyle\sum_{k=1}^{n} \frac{1}{\sqrt{k+a} + \sqrt{k+b}} = \frac{1}{a-b} \sum_{k=1}^{n} (\sqrt{k+a} - \sqrt{k+b})$

[문제 11]

✏️ **문항 출제 기준**

• 출제 범위: 수학 Ⅱ (함수의 극한에 대한 성질)

• 출제 의도
함수의 극한에 대한 성질을 이해하고 이를 활용할 수 있는지 평가한다.

• 출제 근거
12수학Ⅱ 01-02 함수의 극한에 대한 성질을 이해하고, 함수의 극한값을 구할 수 있다.

도서명	쪽수/번
2025 수능특강 수학영역 수학Ⅱ	7번 유제 3번

🔧 **문제해결의 TIP**

본 문항은 수학 Ⅱ 과목의 함수의 극한과 연속 단원에서 함수의 극한에 대한 성질에 관한 문항이다. 따라서 함수의 극한에 대한 성질을 이해하고, 주어진 조건을 파악하여 함수의 극한값을 구해 문제를 해결할 수 있는지를 평가하고 있다.

$\lim\limits_{x \to 3} \dfrac{f(x-3)+3}{x+2}=2$에서

$x-3=t$로 놓으면 $x=t+3$이고, $x \to 3$일 때 $t \to 0$이므로

$\lim\limits_{x \to 3} \dfrac{f(x-3)+3}{x+2}=\lim\limits_{t \to 0} \dfrac{f(t)+3}{t+5}=2$

$\dfrac{f(t)+3}{t+5}=h_1(t)$라 하면 $f(t)=h_1(t)(t+5)-3$이고

$\lim\limits_{t \to 0} h_1(t)=2$이므로

$\lim\limits_{t \to 0} f(t) = \lim\limits_{t \to 0} \{h_1(t)(t+5)-3\}$

$\qquad = \lim\limits_{t \to 0} h_1(t) \times \lim\limits_{t \to 0}(t+5)-3$

$\qquad = 2 \times 5 - 3 = 7$

$\lim\limits_{x \to 0} \dfrac{g(x+3)+4}{f(x)-2}=3$에서 $\dfrac{g(x+3)+4}{f(x)-2}=h_2(x)$라 하면

$g(x+3)=h_2(x)\{f(x)-2\}-4$이고

$\lim\limits_{x \to 0} h_2(x)=3$이므로

$\lim\limits_{x \to 0} g(x+3) = \lim\limits_{x \to 0} \left[h_2(x)\{f(x)-2\}-4 \right]$

$\qquad = \lim\limits_{x \to 0} h_2(x) \times \lim\limits_{x \to 0}\{f(x)-2\}-4$

$\qquad = 3 \times (7-2)-4 = 11$

따라서 $x-2=s$라 하면 $x+1=s+3$이고,

$x \to 2$일 때 $s \to 0$이므로

$\lim\limits_{x \to 2} f(x-2)g(x+1) = \lim\limits_{s \to 0} f(s) \times \lim\limits_{s \to 0} g(s+3)$

$\qquad\qquad = 7 \times 11 = 77$

📖 교과서 속 개념 확인

함수의 극한에 대한 성질

두 함수 $f(x)$, $g(x)$에 대하여 $\lim\limits_{x \to a} f(x)=\alpha$, $\lim\limits_{x \to a} g(x)=\beta$

$(\alpha, \beta$는 실수)일 때

(1) $\lim\limits_{x \to a} cf(x)=c \lim\limits_{x \to a} f(x)=c\alpha$ (단, c는 상수)

(2) $\lim\limits_{x \to a} \{f(x)+g(x)\}=\lim\limits_{x \to a} f(x)+\lim\limits_{x \to a} g(x)=\alpha+\beta$

(3) $\lim\limits_{x \to a} \{f(x)-g(x)\}=\lim\limits_{x \to a} f(x)-\lim\limits_{x \to a} g(x)=\alpha-\beta$

(4) $\lim\limits_{x \to a} f(x)g(x)=\lim\limits_{x \to a} f(x) \times \lim\limits_{x \to a} g(x)=\alpha\beta$

(5) $\lim\limits_{x \to a} \dfrac{f(x)}{g(x)}=\dfrac{\lim\limits_{x \to a} f(x)}{\lim\limits_{x \to a} g(x)}=\dfrac{\alpha}{\beta}$ (단, $\beta \neq 0$)

[문제 12]

📝 문항 출제 기준

- **출제 범위**: 수학 Ⅱ (평균변화율, 미분계수)

- **출제 의도**

  미분계수의 정의를 이해하고 이를 활용할 수 있는지 평가한다.

- **출제 근거**

  12수학Ⅱ 02-01 미분계수의 뜻을 알고, 그 값을 구할 수 있다.

도서명	쪽수/번
2025 수능특강 수학영역 수학 Ⅱ	31쪽 유제 2번

💡 문제해결의 TIP

본 문항은 수학 Ⅱ 과목의 미분 단원에서 평균변화율과 미분계수에 관한 문항이다. 평균변화율과 미분계수의 기하적 의미를 이해하고 이를 이용하여 미분계수를 구해 문제를 해결할 수 있는지를 평가하고 있다.

📝 예시 답안

함수 $f(x)$에 대하여 x의 값이 2에서 7까지 변할 때의 함수 $f(x)$의 평균변화율은

$\dfrac{f(7)-f(2)}{7-2}=\dfrac{9-(-1)}{5}=2$

이므로

$p=2$

곡선 $y=f(x)$ 위의 점 $(3, f(3))$에서의 접선의 기울기는 함수 $y=f(x)$의 $x=3$에서의 미분계수 $f'(3)$의 값과 같으므로 주어진 조건에 의하여

$f'(3)=\lim\limits_{h \to 0} \dfrac{f(3+h)-f(3)}{h}=q$

$q=p=2$이므로 $f'(3)=2$

한편, $t=-h$로 놓으면 $h \to 0$일 때 $t \to 0$이므로

$\lim\limits_{h \to 0} \dfrac{f(3-h)-f(3)}{-h}=\lim\limits_{t \to 0} \dfrac{f(3+t)-f(3)}{t}=f'(3)=2$

$\therefore \lim\limits_{h \to 0} \dfrac{f(3+h)-f(3-h)}{h}$

$= \lim\limits_{h \to 0} \dfrac{f(3+h)-f(3)-\{f(3-h)-f(3)\}}{h}$

$= \lim\limits_{h \to 0} \dfrac{f(3+h)-f(3)}{h} - \lim\limits_{h \to 0} \dfrac{f(3-h)-f(3)}{h}$

$= \lim\limits_{h \to 0} \dfrac{f(3+h)-f(3)}{h} + \lim\limits_{h \to 0} \dfrac{f(3-h)-f(3)}{-h}$

$= f'(3)+f'(3)=2f'(3)=4$

교과서 속 개념 확인

평균변화율의 기하적 의미
함수 $y = f(x)$에서 x의 값이 a에서 b까지 변할 때의 함수 $y = f(x)$의 평균변화율은 곡선 $y = f(x)$ 위의 두 점 $P(a, f(a))$, $Q(b, f(b))$를 지나는 직선의 기울기와 같다.

미분계수의 기하적 의미
함수 $y = f(x)$의 $x = a$에서의 미분계수 $f'(a)$는 곡선 $y = f(x)$ 위의 점 $P(a, f(a))$에서의 접선의 기울기와 같다.

[문제 13]

 문항 출제 기준

• 출제 범위: 수학 Ⅱ (곡선 위의 점에서의 접선의 방정식)

• 출제 의도
 접선의 방정식을 이해하고 이를 활용할 수 있는지 평가한다.

• 출제 근거

12수학Ⅱ 02-06 접선의 방정식을 구할 수 있다.	
도서명	쪽수/번
2025 수능특강 수학영역 수학 Ⅱ	45쪽 유제 2번

💡 **문제해결의 TIP**

본 문항은 수학 Ⅱ 과목의 미분 단원에서 접선의 방정식에 관한 문항이다. 따라서 곡선 위의 점에서의 접선과 그 곡선은 만난다는 것을 이해한 후 $f(2)$의 값을 구하고, 곱의 미분법을 이용하여 곡선 $y = g(x)$ 위의 점에서의 접선의 방정식을 구해 문제를 해결할 수 있는지를 평가하고 있다.

📝 **예시 답안**

곡선 $y = f(x)$ 위의 점 $(2, f(2))$에서의 접선의 방정식이 $y = 3x + 4$이고, 직선 $y = 3x + 4$가 점 $(2, f(2))$를 지나므로
$f(2) = 3 \times 2 + 4 = 10$
또, 곡선 $y = f(x)$ 위의 점 $(2, f(2))$에서의 접선의 기울기는 $f'(2)$이므로
$f'(2) = 3$
$g(x) = xf(x)$에서 $g(2) = 2f(2) = 20$
$g'(x) = f(x) + xf'(x)$이므로
$g'(2) = f(2) + 2f'(2) = 10 + 6 = 16$

따라서 곡선 $y = g(x)$ 위의 점 $(2, 20)$에서의 접선의 방정식은
$y - 20 = g'(2)(x - 2)$이므로
$y - 20 = 16(x - 2)$
$\therefore y = 16x - 12$

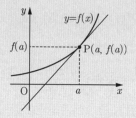 **교과서 속 개념 확인**

곡선 위의 점에서의 접선의 방정식
함수 $f(x)$가 $x = a$에서 미분가능할 때, 곡선 $y = f(x)$ 위의 점 $P(a, f(a))$에서의 접선의 기울기는 함수 $f(x)$의 $x = a$에서의 미분계수 $f'(a)$와 같다.

따라서 곡선 $y = f(x)$ 위의 점 $P(a, f(a))$에서의 접선의 방정식은
$$y - f(a) = f'(a)(x - a)$$

[문제 14]

📝 **문항 출제 기준**

• 출제 범위: 수학 Ⅱ (함수의 최댓값과 최솟값)

• 출제 의도
 도함수를 활용하여 함수의 최댓값과 최솟값을 구할 수 있다.

• 출제 근거

12수학Ⅱ 02-09 함수의 그래프의 개형을 그릴 수 있다.	
도서명	쪽수/번
2025 수능특강 수학영역 수학 Ⅱ	59쪽 유제 2번

💡 **문제해결의 TIP**

본 문항은 수학 Ⅱ 과목의 미분 단원에서 함수의 최댓값과 최솟값에 관한 문항이다. 따라서 본 문항은 함수의 증가와 감소, 극값을 이용하여 함수의 그래프의 개형을 그린 후, 함수가 닫힌구간에서 연속일 때 최댓값과 최솟값을 갖는다는 것을 통해 문제를 해결할 수 있는지를 평가하고 있다.

📝 **예시 답안**

$f(x) = 2x^3 + 3x^2 + ax + b$에서

$f'(x) = 6x^2 + 6x + a$

조건 (가)에서 $f'(1) = 0$이므로

$f'(1) = 6 + 6 + a = 0$

$\therefore \ a = -12$

한편, $f'(x) = 6x^2 + 6x - 12 = 0$에서

$6(x+2)(x-1) = 0$

$\therefore \ x = -2$ 또는 $x = 1$

닫힌구간 $[-2,\ 2]$에서 함수 $f(x)$의 증가와 감소를 표로 나타내면 다음과 같다.

x	-2	$\cdots$	1	$\cdots$	2
$f'(x)$		$-$	0	$+$	
$f(x)$	극대	$\searrow$	극소	$\nearrow$	

이때 $f(x) = 2x^3 + 3x^2 - 12x + b$이므로

$f(-2) = -16 + 12 + 24 + b = b + 20$

$f(1) = 2 + 3 - 12 + b = b - 7$

$f(2) = 16 + 12 - 24 + b = b + 4$

즉, 닫힌구간 $[-2,\ 2]$에서 함수 $f(x)$의 최댓값은 $b+20$이다.

조건 (나)에서 $b + 20 = 30$이므로

$b = 10$

$\therefore \ b - a = 10 - (-12) = 22$

 교과서 속 개념 확인

함수의 최댓값과 최솟값
함수 $f(x)$가 닫힌구간 $[a,\ b]$에서 연속이면 최대·최소 정리에 의하여 함수 $f(x)$는 이 구간에서 반드시 최댓값과 최솟값을 갖는다. 이때 닫힌구간 $[a,\ b]$에서 함수 $f(x)$의 극값, $f(a)$, $f(b)$ 중에서 가장 큰 값이 최댓값이고, 가장 작은 값이 최솟값이다.

[문제 15]

문항 출제 기준

- **출제 범위**: 수학 Ⅱ (정적분으로 나타내어진 함수)

- **출제 의도**
  정적분으로 나타내어진 함수를 이용하여 함수 또는 함숫값을 구할 수 있는지 평가한다.

- **출제 근거**
  12수학Ⅱ03-04 다항함수의 정적분을 구할 수 있다.

도서명	쪽수/번
2025 수능완성 수학영역 수학 Ⅱ	64쪽 11번

문제해결의 TIP

본 문항은 수학 Ⅱ 과목의 적분 단원에서 정적분으로 나타내어진 함수에 관한 문항이다. 따라서 $\int_a^x f(t)dt$꼴은 x에 대한 함수이므로 x에 대하여 미분할 수 있음을 이해하고, $x = a$일 때 적분값은 0이라는 것을 이용하여 문제를 해결할 수 있는지를 평가하고 있다.

 예시 답안

$(x+1)f(x) = 3x^3 - 9x + \int_2^x f(t)dt$ ······ ㉠

㉠의 양변에 $x = 2$를 대입하면

$3f(2) = 24 - 18 + 0$에서 $3f(2) = 6$

$\therefore \ f(2) = 2$

㉠의 양변을 x에 대하여 미분하면

$f(x) + (x+1)f'(x) = 9x^2 - 9 + f(x)$

$(x+1)f'(x) = 9(x^2 - 1)$

$\qquad\qquad = 9(x-1)(x+1)$

이때 $f(x)$는 다항함수이므로

$f'(x) = 9(x-1)$

$f(x) = \int f'(x)dx = \int (9x - 9)dx$

$\qquad = \dfrac{9}{2}x^2 - 9x + C$ (C는 적분상수) ······ ㉡

㉡의 양변에 $x = 2$를 대입하면

$f(2) = 18 - 18 + C = 2$에서 $C = 2$

따라서 $f(x) = \dfrac{9}{2}x^2 - 9x + 2$이므로

$f(-2) = 18 + 18 + 2 = 38$

교과서 속 개념 확인

정적분으로 나타내어진 함수
함수 $f(x)$에 대하여 함수 $g(x)$가 $g(x) = \int_a^x f(t)dt$ (a는 상수)

로 주어질 때
(ⅰ) 양변에 $x = a$를 대입하면 $g(a) = 0$
(ⅱ) 양변을 x에 대하여 미분하면 $g'(x) = f(x)$
임을 이용하여 문제를 해결한다.

제2회 자연 계열 정답 및 해설

국어

[문제 1]

📝 문항 출제 기준

- **출제 범위**: 국어 (화법, 회의, 사회적 의사소통 행위)

- **출제 의도**
  고등학교 교육과정에서 회의를 통해 자신의 의견을 말하고, 상대방의 의견을 경청하는 능력과 화법 활동을 통해 타인과 의견을 교류하며, 해결 방안을 찾아갈 수 있는 능력을 평가하고자 출제하였다.

- **출제 근거**
  12화작01-01 사회적 의사소통 행위로서 화법과 작문의 특성을 이해한다.

도서명	쪽수/번
지학사 화법과 작문	90~91쪽
2022(4월) 고3 학력평가	38~42번

💡 문제해결의 TIP

제시된 글은 학습플래너의 필요성과 보완 방향에 대한 회의 내용이다. 3명의 학생이 학습플래너에 대한 다양한 의견을 제시하면서 학습플래너 사용의 활성화 방안을 모색하고 있다.

회의 초반에 학습플래너 사용률이 저조한 원인을 묻는 학생 1의 질문에 학생 2는 '설문~많더라.'와 같이 설문 조사 결과를 언급하며 학생들이 필요성 자체를 느끼지 못하거나, 필요성은 인식하고 있더라도 그 사용 방법을 몰라서 사용하지 않는 학생들이 있다고 설명하고 있다.

또한, 학생 3이 학습플래너의 사용률을 높이는 홍보 활동의 방법으로 경험담을 소개하는 방식을 제안하자, 이에 대해 학생 2는 '경험담을~같네.'와 같이 경험담을 소개하면 자연스럽게 작성법과 필요성을 알릴 수 있을 것이라는 효과를 언급하며 제안한 내용에 동의하고 있다.

📝 예시 답안

- ㉠, ㉡ 각각 첫 어절과 마지막 어절을 순서대로 정확하게 쓴 경우만 정답으로 인정함.

답안	배점
㉠: 설문, 많더라.	5
㉡: 경험담을, 같네.	5

| 2~3 |

📝 문항 출제 기준

- **출제 범위**: 독서 (추론적 이해, 사회·문화 분야 글 읽기)

- **출제 의도**
  고등학교 교육과정에서 사회·문화 분야의 글을 읽고 핵심 개념의 정의를 정확하게 이해할 수 있는 능력과 사례에 적절하게 적용할 수 있는 능력을 평가하고자 출제하였다.

- **출제 근거**
  12독서02-01 글에 드러난 정보를 바탕으로 중심 내용, 주제, 글의 구조와 전개 방식 등 사실적 내용을 파악하며 읽는다.
  12독서03-02 사회·문화 분야의 글을 읽으며 제재에 담긴 사회적 요구와 신념, 사회적 현상의 특성, 역사적 인물과 사건의 사회·문화적 맥락 등을 비판적으로 이해한다.

도서명	쪽수/번
신사고 독서	62~63, 144~145쪽
2025 수능특강 국어영역 독서	159~160쪽

[문제 2]

💡 문제해결의 TIP

제시된 글의 1문단에 의하면, '다수의 기업이 질적인 면에서 같은 제품이나 서비스를 제공'하고, '하나의 상품은 오직 하나의 가격으로만 시장에서 거래'되는 시장은 '완전 경쟁 시장'이다. 따라서 ①은 '독점 시장'이 아닌 '완전 경쟁 시장'으로 수정하는 것이 적절하다.

5문단에 의하면, 독점적 경쟁 시장의 개별 기업은 비가격 경쟁을 통해 독점적 지위를 유지하려 한다. 이 과정에서 폭넓은 선택권이 보장되는 것은 '소비자'이다. 따라서 ②는 '기업'이 아닌 '소비자'로 수정하는 것이 적절하다.

 예시 답안

- ①, ②를 정확하게 쓴 경우만 정답으로 인정함.

답안	배점
①: 완전 경쟁 시장	5
②: 소비자	5

[문제 3]

💡 **문제해결의 TIP**

〈보기1〉은 한국의 커피 시장이 수요를 초과하는 공급으로 인해 출혈 경쟁이 가중되고 있음을 시사하는 기사의 일부이다. 〈보기2〉에서는 독점적 경쟁 시장의 대표 산업인 커피 산업에서 살아남기 위해서 '대체 관계'에서 벗어나 개별 기업만의 특색이 반영된 '차별화' 전략이 필요함을 강조하고 있다.

 예시 답안

- ①, ②를 정확하게 쓴 경우만 정답으로 인정함.
- ①, ②의 각 항목을 기호가 아닌 단어로 쓴 경우도 정답으로 인정함.

답안	배점
①: ㉡	5
②: ㉢	5

 교과서 속 개념 확인

사회·문화 분야 글의 특성
(1) 개념: 사회와 그 속에 나타나는 다양한 현상을 탐구하는 내용의 글이다.
(2) 세부 분야: 교육, 인류, 법, 경제, 정치, 언론, 문화, 사회, 지리, 심리
(3) 방법
　① 주장의 논리성, 타당성을 비판하며 읽는다.
　② 글에 반영된 사회적 요구와 신념을 파악하며 읽는다.
　③ 사회·문화적 맥락을 함께 이해하며 읽는다.

📖 **작품 분석**

「독점적 경쟁 시장 모형」

■ 해제
이 글은 '완전 경쟁 시장', '독점 시장', '독점적 경쟁 시장'의 특성을 간략하게 소개하고, 독점적 경쟁 시장 모형에서 이루어지는 상품 차별화를 통한 비가격 경쟁 과정에 대해 설명하고 있다. 독점적 경쟁 시장에서 개별 기업은 유사하지만 품질이나 서비스를 차별화한 상품을 공급한다. 독점적 경쟁 시장은 진입이 자유롭기 때문에 기존 기업이 초과 이윤을 지속적으로 낸다면 다른 기업이 새롭게 시장에 진입하고, 이로 인해 평균 수입이 점차 감소하며 신규 기업의 진입과 퇴출이 멈추는 장기 균형 상태에 이르게 된다. 장기 균형으로 인해 독점적 경쟁 시장의 기업들은 단기적으로만 초과 이윤을 얻을 수 있으므로 가격 경쟁이 아닌 비가격 경쟁을 통해 독점적인 지위를 유지하려 한다.

■ 주제
독점적 경쟁 시장 모형에서의 기업의 전략과 시장의 다양성 추구

| 4~5 |

📏 **문항 출제 기준**

• 출제 범위: 문학 (현대 시, 한국 문학의 특질, 감정 이입)

• 출제 의도
고등학교 교육과정에서 망부석 설화에 대한 이해를 바탕으로 떠난 임을 기다리는 화자의 감정을 이해하고, 나아가 한국 문학 작품의 한의 정서를 분석할 수 있는 능력을 평가하고자 출제하였다.

• 출제 근거
　10국05-02 갈래의 특성에 따른 형상화 방법을 중심으로 작품을 감상한다.
　12문학03-02 대표적인 문학 작품을 통해 한국 문학의 전통과 특질을 파악하고 감상한다.

도서명	쪽수/번
미래엔 문학	227쪽
2025 수능특강 국어영역 문학	82쪽

[문제 4]

 문제해결의 TIP

이 작품에서 떠나간 임과 화자 사이의 그 엄청난 단절의 거리는 4연의 '하늘과 땅 사이'로 표상되어 있다. 이를 통해 화자가 느끼는 상실감을 공간감으로 표현하고 있는 것이다. 또한, '하늘과 땅 사이가 너무 넓구나'에 나타난 좌절적 인식은 이상과 현실, 자아와 세계 사이의 거리감을 표현한 것으로도 볼 수 있다.

 예시 답안

- ①, ②를 정확하게 쓴 경우만 정답으로 인정함.
- ①, ②의 작성 순서가 바뀌어도 정답으로 인정함.

답안	배점
①: 하늘	5
②: 땅	5

[문제 5]

문제해결의 TIP

〈보기1〉에 의하면, 감정 이입은 자연의 풍경이나 예술 작품에 화자의 감정이나 정신을 불어넣거나, 대상으로부터 느낌을 직접 받아들여 대상과 자신이 서로 통한다고 느끼는 문학적 개념이다. ㉮ '사슴이의 무리도 슬피 운다.'는 사슴이 실제로 슬피 운다는 사실을 언급하려는 것이 아니라 화자의 정서를 사슴에 이입하여 표현한 것이다. 〈보기2〉의 〈제7수〉에는 달빛을 받으며 낚시를 즐기는 화자의 모습이 나타나 있다. '나와 고기와 뉘야 더욱 즐기는고'는 '즐긴다'라는 감정을 화자와 물고기가 공유하고 있는 것과 같은 표현을 통해 즐겁고 흥에 찬 화자의 정서를 나타내었다.

김소월의 「먼 후일」에는 반어법이 쓰였다. 화자가 당장은 당신을 잊지 못하고 먼 후일에야 잊겠다고 표현함으로써 잊지 못하는 마음을 강조하고 있다.

박두진의 「해」에는 반복법이 쓰였다. 같거나 비슷한 말, 어구 등을 되풀이 하여 흥을 돋우고 의미를 부각하고 있다.

한용운의 「님의 침묵」에는 역설법이 쓰였다. '님'이 떠났는데, '님'을 보내지 않았다는 것은 논리적으로 말이 되지 않는다.

 예시 답안

- ①, ②를 정확하게 쓴 경우만 정답으로 인정함.

답안	배점
ⓐ: ㉠	5
ⓑ: ㉡	5

 교과서 속 개념 확인

객관적 상관물과 감정 이입

(1) 객관적 상관물: 시에서 화자의 정서나 사상을 표현하기 위해 찾아낸 사물, 정황, 사건 등을 이르는 말이다. 시인이 자신의 감정을 간접적으로 제시하기 위해 사용하는 구체적인 사물이나 상황을 나타낸다.

(2) 감정 이입: 타인이나 자연물 또는 예술 작품 등에 자신의 감정을 이입시켜 동일시하는 방법이다. 서정적 자아의 정서를 효과적으로 표현하기 위해 활용된다.

(3) 관계: 감정 이입은 객관적 상관물의 실현 방법 중 하나로, 객관적 상관물에 포함된다.

반어법과 역설법

(1) 반어법: 본래의 뜻과 상반되는 표현을 함으로써 그 의미를 강조하는 수사법이다.

　예 나 보기가 역겨워 가실 때에는 죽어도 아니 눈물 흘리오리다.

　　→ 표면적으로는 님이 떠나면 슬퍼하지 않겠다고 표현하고 있지만, 이는 님이 떠나면 매우 슬플 것이라는 화자의 속마음을 반대로 표현한 것이다.

(2) 역설법: 표면적으로는 이치에 안 맞는 듯하나, 실은 그 속에 절실한 뜻이 담긴 수사법이다.

　예 이것은 소리 없는 아우성

　　→ 아우성이라는 것은 여럿이 함께 소리를 지르는 것이기 때문에 '소리가 없는 아우성'은 논리적으로 맞지 않다. 그러나 아우성을 소리가 없다고 표현함으로써 시인은 깃발의 몸부림을 강조하고 있다.

(3) 차이점: 반어법은 진술 자체에는 모순이 없지만 언어 표현이 나타내는 표면적 의미와 실제로 전달하려는 숨은 참뜻이 상반된다. 반면, 역설법은 진술 자체에 모순이 나타나 있다.

작품 분석

김소월, 「초혼(招魂)」

■ 해제

이 작품은 점층과 반복을 통해 한의 정서를 강조하고 있다. 감정 이입을 통해 임을 상실한 슬픔을 확산하며, 시어의 반복을 통해 임을 잃은 상실감을 극대화하고 있다. 감정을 차분하게 정제하기보다는 격정적인 표현과 어조로 시를 전개하며, 망부석 설화와 더불어 전통적인 율격(3음보)을 바탕으로 하여 한의 정서를 전달하고 있다. 작품이 창작된 시대적 배경을 고려하면 '초혼'은 개인의 감정을 넘어 일제 강점기에 나라를 잃은 상실감을 간접적으로 표현한 것으로도 볼 수 있다.

■ 주제

임을 잃은 슬픔과 사별한 임에 대한 그리움

■ 구성

1연: 임의 이름을 부르는 슬픔
2연: 사랑을 고백하지 못했던 후회
3연: 임을 떠나보내고 삶의 의미를 상실함
4연: 임이 간 곳에 닿을 수 없다는 절망감
5연: 극대화된 슬픔의 정서가 임의 소생을 강렬하게 원하는 상황으로 표출

[문제 6]

문항 출제 기준

- 출제 범위: 독서 (사실적 이해, 인문·예술 분야 글 읽기)

- 출제 의도
고등학교 교육과정에서 인문·예술 분야의 글을 읽고 중심 내용을 순차적인 흐름에 따라 이해하고, 맥락을 분석하여 생략된 내용을 유추할 수 있는 능력을 파악하고자 출제하였다.

- 출제 근거
  12독서02-01 글에 드러난 정보를 바탕으로 중심 내용, 주제, 글의 구조와 전개 방식 등 사실적 내용을 파악하며 읽는다.
  12독서03-01 인문·예술 분야의 글을 읽으며 제재에 담긴 인문학적 세계관, 예술과 삶의 문제를 대하는 인간의 태도, 인간에 대한 성찰 등을 비판적으로 이해한다.

도서명	쪽수/번
미래엔 독서	22~23, 134~135쪽
2025 수능특강 국어영역 독서	13~14쪽

문제해결의 TIP

'이행성'은 개인 선호의 특성 중 하나로, 어떤 관계 R이 이행적이라는 것은 a R b이고 b R c이면 a R c가 성립한다는 뜻이다. 하지만 철수, 영희, 민수의 관계는 '이행성'이 성립하지 않는다. 따라서 철수가 영희를 좋아하고 영희가 민수를 좋아한다고 해서 철수가 민수를 좋아한다고 단정 지을 수 없다.

예시 답안

답안	배점
이행성	10

– 답안을 정확하게 쓴 경우만 정답으로 인정함.

교과서 속 개념 확인

사실적 독해의 방법
(1) 개념: 글에 드러난 내용을 그대로 이해하며 읽는 방법이다.
(2) 방법
　① 단어, 문장, 문단 등의 의미를 파악하고, 글의 세부 정보를 확인한다.
　② 글에 제시된 정보 사이의 의미 관계를 확인한다.
　③ 글의 중심 내용을 파악한다.
　④ 글의 구조와 내용 전개 방식을 파악한다.

작품 분석

「의사 결정과 애로의 불가능성 정리」

■ 해제

이 글은 애로의 불가능성 정리를 통해 사회 구성원 모두를 만족시키는 이상적인 의사 결정을 내리기 어렵다는 것을 보여 준다. 경제학자 애로는 합리적인 의사 결정을 위해 선호 영역의 무제한성, 파레토 원리, 완비성과 이행성, 무관한 대안으로부터의 독립성, 비독재성이라는 다섯 가지 기준을 제시한다. 그러나 이 다섯 가지 기준을 모두 만족시키는 완벽한 의사 결정 방식은 존재하지 않는다. 따라서 제시문은 의사 결정 과정에서는 합리성과 민주성을 추구하되, 선택되지 않은 의견도 존중해야 함을 강조하고 있다.

■ 주제

애로의 합리적인 의사 결정 방법

수학

[문제 07]

📖 문항 출제 기준

- **출제 범위**: 수학 Ⅰ (지수함수와 로그함수의 그래프)

- **출제 의도**
  지수함수와 로그함수의 그래프를 이해하고 이를 활용할 수 있는지 평가한다.

- **출제 근거**
  12수학Ⅰ 01-07 지수함수와 로그함수의 그래프를 그릴 수 있고, 그 성질을 이해한다.

도서명	쪽수/번
2025 수능특강 수학영역 수학 Ⅰ	33쪽 Level2 5번

💡 문제해결의 TIP

본 문항은 수학 Ⅰ 과목의 지수함수와 로그함수 단원에서 지수함수와 로그함수의 그래프와 성질에 관한 문항이다. 따라서 지수함수의 그래프에서 밑의 범위에 따른 그래프의 개형과 지수함수의 그래프의 평행이동을 이용하여 이를 통해 문제를 해결할 수 있는지를 평가하고 있다.

📝 예시 답안

함수 $g(x) = a^{-x-1} = \left(\dfrac{1}{a}\right)^{x+1}$ 이고, 함수 $y = g(x)$의 그래프는 함수 $y = \left(\dfrac{1}{a}\right)^x$의 그래프를 x축 방향으로 -1만큼 평행이동한 것이다.

a의 값의 범위에 따라 두 함수 $y = f(x)$, $y = g(x)$의 그래프를 그리면 다음과 같다.

(ⅰ) $a > 1$일 때

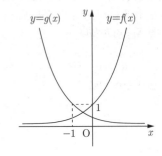

(ⅱ) $0 < a < 1$일 때

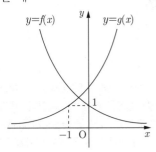

조건 (가)에서 두 함수 $y = f(x)$, $y = g(x)$의 그래프의 교점의 y좌표가 1보다 크므로 $0 < a < 1$이다.

조건 (나)에서 함수 $f(x)$는 $x = -2$에서 최댓값 9를 가지므로

$a^{-2} = 9$

$\therefore a = \dfrac{1}{3}$

따라서 $g(x) = \left(\dfrac{1}{3}\right)^{-x-1}$ 이므로

$g(2) = \left(\dfrac{1}{3}\right)^{-2-1} = 3^3 = 27$

📖 교과서 속 개념 확인

지수함수의 최댓값과 최솟값

$m < n$일 때, 정의역이 $\{x \,|\, m \leq x \leq n\}$인 함수 $y = a^x \, (a > 0,$ $a \neq 1)$의 최댓값과 최솟값은 다음과 같다.

(1) $a > 1$일 때

$x = m$에서 최솟값은 a^m,

$x = n$에서 최댓값은 a^n을 갖는다.

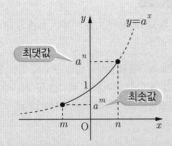

(2) $0 < a < 1$일 때

$x = m$에서 최댓값은 a^m,

$x = n$에서 최솟값은 a^n을 갖는다.

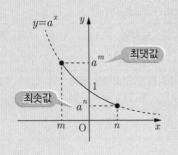

[문제 08]

문항 출제 기준

- **출제 범위**: 수학 Ⅰ (삼각함수의 그래프와 그 성질)

- **출제 의도**
  삼각함수의 그래프를 이해하고 이를 활용할 수 있는지 평가한다.

- **출제 근거**
  12수학Ⅰ 02-02 삼각함수의 뜻을 알고, 사인함수, 코사인함수, 탄젠트함수의 그래프를 그릴 수 있다.

도서명	쪽수/번
2025 수능완성 수학영역 수학 Ⅰ	19쪽 10번

문제해결의 TIP

본 문항은 수학 Ⅰ 과목의 삼각함수 단원에서 삼각함수의 그래프와 성질에 관한 문항이다. 따라서 사인함수의 그래프의 개형과 주기, 최댓값, 최솟값을 이용하여 미지수의 값을 구해 문제를 해결할 수 있는지를 평가하고 있다.

예시 답안

함수 $f(x) = 4\sin \dfrac{1}{2}(x+a)\pi + 2$ 의 주기는

$\dfrac{2\pi}{\dfrac{\pi}{2}} = 4$ 이므로 $f(0) = f(c) = 0$ 에서

$c = 4$

$f(0) = 0$ 이므로 $f(0) = 4\sin\dfrac{a}{2}\pi + 2 = 0$ 에서

$\sin\dfrac{a}{2}\pi = -\dfrac{1}{2}$, $\dfrac{a}{2}\pi = n\pi - \dfrac{\pi}{6}(-1)^n$ (n은 정수)

즉, $a = 2n - \dfrac{1}{3}(-1)^n$ 이고, $0 < a < 4$ 이므로

$a = \dfrac{7}{3}$ 또는 $a = \dfrac{11}{3}$

$f\left(-\dfrac{1}{3}\right) = 2$ 이므로

(ⅰ) $a = \dfrac{7}{3}$ 인 경우

$f\left(-\dfrac{1}{3}\right) = 4\sin\dfrac{\pi}{2}\left(-\dfrac{1}{3} + \dfrac{7}{3}\right) + 2 = 4\sin\pi + 2 = 2$

이므로 조건을 만족시킨다.

(ⅱ) $a = \dfrac{11}{3}$ 인 경우

$f\left(-\dfrac{1}{3}\right) = 4\sin\dfrac{\pi}{2}\left(-\dfrac{1}{3} + \dfrac{11}{3}\right) + 2$

$= 4\sin\dfrac{5}{3}\pi + 2 = -2\sqrt{3} + 2$

이므로 조건을 만족시키지 않는다.

(ⅰ), (ⅱ)로부터 $a = \dfrac{7}{3}$

한편, $f(b) = 2$ 이므로

$f(b) = 4\sin\dfrac{\pi}{2}\left(b + \dfrac{7}{3}\right) + 2 = 2$

$\alpha = \dfrac{\pi}{2}\left(b + \dfrac{7}{3}\right)$ 이라 하면 $0 < b < 3$ 이므로

$\dfrac{7}{6}\pi < \alpha < \dfrac{8}{3}\pi$

방정식 $\sin\alpha = 0$ 에서 $\alpha = 2\pi$ 이므로

$\dfrac{1}{2}\left(b + \dfrac{7}{3}\right) = 2$

$\therefore b = \dfrac{5}{3}$

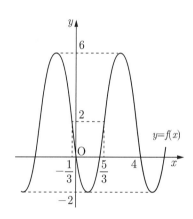

$\therefore a + b + c = \dfrac{7}{3} + \dfrac{5}{3} + 4 = 8$

교과서 속 개념 확인

삼각함수의 그래프의 주기
0이 아닌 두 상수 a, b에 대하여 세 함수

$y = a\sin bx$, $y = a\cos bx$, $y = a\tan bx$의 주기는 각각 $\dfrac{2\pi}{|b|}$, $\dfrac{2\pi}{|b|}$, $\dfrac{\pi}{|b|}$이다.

[문제 09]

문항 출제 기준

- **출제 범위:** 수학 Ⅰ (사인법칙과 코사인법칙)

- **출제 의도**
  사인법칙을 이해하고 이를 활용할 수 있는지 평가한다.

- **출제 근거**
  12수학Ⅰ02-03 사인법칙과 코사인법칙을 이해하고, 이를 활용할 수 있다.

도서명	쪽수/번
2025 수능특강 수학영역 수학 Ⅰ	65쪽 Level2 6번

문제해결의 TIP

본 문항은 수학 Ⅰ 과목의 삼각함수 단원에서 사인법칙과 코사인법칙에 관한 문항이다. 따라서 조건의 외접원의 넓이와 사인법칙을 이용하여 변의 길이의 비를 구한 후, 주어진 삼각형 DBE가 이등변삼각형임을 이해하고 코사인법칙을 적용하여 문제를 해결할 수 있는지를 평가하고 있다.

예시 답안

두 양수 a, b에 대하여 $\overline{AB}=2a$, $\overline{BC}=5b$라 하면

$\overline{BD}=a$, $\overline{BE}=3b$

조건 (가)에 의하여

$\overline{DE}=\overline{BE}=3b$ …… ㉠

두 삼각형 ABC, DBE의 외접원의 반지름의 길이를 각각 R_1, R_2라 하면 조건 (나)에서

$R_1{}^2\pi : R_2{}^2\pi = 147 : 36$

$\therefore R_1{}^2 : R_2{}^2 = 147 : 36$ …… ㉡

두 삼각형 ABC, DBE에서 사인법칙에 의하여

$$\frac{\overline{AC}}{\sin(\angle ABC)}=2R_1, \quad \frac{\overline{DE}}{\sin(\angle ABC)}=2R_2$$

이므로 ㉡에서

$$R_1{}^2 : R_2{}^2 = \left(\frac{\overline{AC}}{2\sin(\angle ABC)}\right)^2 : \left(\frac{\overline{DE}}{2\sin(\angle ABC)}\right)^2$$

$147 : 36 = \overline{AC}^2 : \overline{DE}^2$

$\therefore \overline{AC} : \overline{DE} = 7\sqrt{3} : 6$

㉠에서 $\overline{DE}=3b$이므로

$$\overline{AC}=\frac{7\sqrt{3}}{6}\overline{DE}=\frac{7\sqrt{3}}{2}b$$

삼각형 DBE는 $\overline{DE}=\overline{BE}$인 이등변삼각형이므로 점 E에서 $\overline{BD}$에 내린 수선의 발을 H라 하면 점 H는 $\overline{BD}$를 수직이등분하므로

$$\cos(\angle ABC)=\cos(\angle HBE)=\frac{\frac{a}{2}}{3b}=\frac{a}{6b} \quad \cdots\cdots ㉢$$

삼각형 ABC에서

$$\cos(\angle ABC)=\frac{4a^2+25b^2-\frac{147}{4}b^2}{2\times 2a\times 5b}=\frac{4a^2-\frac{47}{4}b^2}{20ab}$$

㉢에서 $\dfrac{a}{6b}=\dfrac{4a^2-\frac{47}{4}b^2}{20ab}$이므로

$$20a^2=24a^2-\frac{141}{2}b^2$$

$$4a^2=\frac{141}{2}b^2, \quad b^2=\frac{8}{141}a^2$$

따라서

$$\overline{BE}^2=9b^2=\frac{24}{47}a^2=\frac{24}{47}\overline{BD}^2$$

이므로 $p=47$, $q=24$

$\therefore p+q=71$

교과서 속 개념 확인

사인법칙
삼각형 ABC의 외접원의 반지름의 길이를 R라 하면

$$\sin A=\frac{a}{2R},$$
$$\sin B=\frac{b}{2R},$$
$$\sin C=\frac{c}{2R}$$

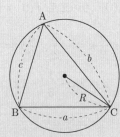

코사인법칙
삼각형 ABC에서

$$\cos A=\frac{b^2+c^2-a^2}{2bc},$$
$$\cos B=\frac{c^2+a^2-b^2}{2ca},$$
$$\cos C=\frac{a^2+b^2-c^2}{2ab}$$

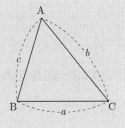

[문제 10]

문항 출제 기준

- 출제 범위: 수학 Ⅰ (수학적 귀납법)

- 출제 의도
수학적 귀납법을 이해하고 이를 활용할 수 있는지 평가한다.

- 출제 근거
12수학Ⅰ 03-08 수학적 귀납법을 이용하여 명제를 증명할 수 있다.

도서명	쪽수/번
2025 수능특강 수학영역 수학 Ⅰ	96쪽 예제 6번

문제해결의 TIP

본 문항은 수학 Ⅰ 과목의 수열 단원에서 수학적 귀납법에 관한 문항이다. 따라서 자연수 n에 대하여 명제 $p(n)$이 모든 자연수에 대해 성립함을 보일 때, $n=1$일 때 성립하고 $n=m$일 때 성립함을 가정하여 $n=m+1$일 때 성립함을 보인다. 이를 이용하여 빈칸에 알맞은 문자나 수식을 써넣어 증명할 수 있는지를 평가하고 있다.

예시 답안

(ⅰ) $n=1$일 때

(좌변)$=1\times2^{1-1+1}=2$, (우변)$=2^3-2\times3=2$

이므로 (∗)이 성립한다.

(ⅱ) $n=m$일 때, (∗)이 성립한다고 가정하면

$$\sum_{k=1}^{m}k\times2^{m-k+1}=2^{m+2}-2(m+2)$$

이므로

$$\sum_{k=1}^{m+1}k\times2^{(m+1)-k+1}$$

$$=\sum_{k=1}^{m}k\times2^{(m+1)-k+1}+2(m+1)$$

$$=2\times\sum_{k=1}^{m}k\times2^{m-k+1}+2(m+1)$$

$$=2\times\{2^{m+2}-2(m+2)\}+2(m+1)$$

$$=2^{m+3}-4m-8+2m+2$$

$$=2^{m+3}-2(m+3)$$

즉, $n=m+1$일 때도 (∗)이 성립한다.

(ⅰ), (ⅱ)에 의하여 모든 자연수 n에 대하여 (∗)이 성립한다.

[문제 11]

문항 출제 기준

- 출제 범위: 수학 Ⅱ (연속함수의 성질)

- 출제 의도
연속함수의 성질을 이해하고 이를 활용할 수 있는지 평가힌다.

- 출제 근거
12수학Ⅱ 01-04 연속함수의 성질을 이해하고, 이를 활용할 수 있다.

도서명	쪽수/번
2025 수능특강 수학영역 수학 Ⅱ	26쪽 Level2 2번

문제해결의 TIP

본 문항은 수학 Ⅱ 과목의 함수의 극한과 연속 단원에서 함수의 연속에 관한 문항이다. 따라서 두 함수의 합과 차로 표현된 새로운 함수를 함수의 연속성의 정의와 조건을 이용하여 나타낸 후 함숫값을 구해 문제를 해결할 수 있는지를 평가하고 있다.

예시 답안

$g(x)=f(x)+f(-x)$라 하자.

$\lim\limits_{x\to0+}f(-x)=\lim\limits_{t\to0-}f(t)=2$이므로

$$\lim\limits_{x\to0+}g(x)=\lim\limits_{x\to0+}\{f(x)+f(-x)\}$$

$$=\lim\limits_{x\to0+}f(x)+\lim\limits_{x\to0+}f(-x)$$

$$=\lim\limits_{x\to0+}f(x)+\lim\limits_{t\to0-}f(t)=4+2=6$$

$\lim\limits_{x\to0-}f(-x)=\lim\limits_{x\to0+}f(t)=4$이므로

$$\lim\limits_{x\to0-}g(x)=\lim\limits_{x\to0-}\{f(x)+f(-x)\}$$

$$=\lim\limits_{x\to0-}f(x)+\lim\limits_{x\to0-}f(-x)$$

$$=\lim\limits_{x\to0-}f(x)+\lim\limits_{t\to0+}f(t)=2+4=6$$

조건 (가)에서 함수 $g(x)=f(x)+f(-x)$가 $x=0$에서 연속이므로 $\lim\limits_{x\to0+}g(x)=\lim\limits_{x\to0-}g(x)=g(0)$이고,

$g(0)=f(0)+f(0)=2f(0)$이므로

$6=2f(0)$

$\therefore f(0)=3$ ······ ㉠

한편, $h(x) = f(x+2)\{f(x)-1\}$이라 하자.

$\displaystyle\lim_{x \to -2+} f(x+2) = \lim_{u \to 0+} f(u) = 4$이므로

$\displaystyle\lim_{x \to -2+} h(x) = \lim_{x \to -2+} [f(x+2)\{f(x)-1\}]$

$\qquad = \displaystyle\lim_{x \to -2+} f(x+2) \times \lim_{x \to -2+} \{f(x)-1\}$

$\qquad = \displaystyle\lim_{u \to 0+} f(u) \times \lim_{x \to -2+} \{f(x)-1\}$

$\qquad = 4 \times (2-1) = 4$

$\displaystyle\lim_{x \to -2-} f(x+2) = \lim_{u \to 0-} f(u) = 2$이므로

$\displaystyle\lim_{x \to -2-} h(x) = \lim_{x \to -2-} [f(x+2)\{f(x)-1\}]$

$\qquad = \displaystyle\lim_{x \to -2-} f(x+2) \times \lim_{x \to -2-} \{f(x)-1\}$

$\qquad = \displaystyle\lim_{u \to 0-} f(u) \times \lim_{x \to -2-} \{f(x)-1\}$

$\qquad = 2 \times (3-1) = 4$

조건 (나)에서 함수 $h(x) = f(x+2)\{f(x)-1\}$이 $x = -2$에서 연속이므로

$\displaystyle\lim_{x \to -2+} h(x) = \lim_{x \to -2-} h(x) = h(-2)$이고

$h(-2) = f(0)\{f(-2)-1\}$이므로 ㉠을 대입하여 풀면

$4 = 3 \times \{f(-2)-1\}$

$\therefore f(-2) = \dfrac{7}{3}$ ...... ㉡

따라서 ㉠, ㉡에서

$f(-2) + f(0) = \dfrac{7}{3} + 3 = \dfrac{16}{3}$

 교과서 속 개념 확인

함수의 연속
함수 $f(x)$가 실수 a에 대하여 다음 세 조건을 만족시킬 때, 함수 $f(x)$는 $x = a$에서 연속이라고 한다.
(ⅰ) 함수 $f(x)$가 $x = a$에서 정의되어 있다.
(ⅱ) 극한값 $\displaystyle\lim_{x \to a} f(x)$가 존재한다.
(ⅲ) $\displaystyle\lim_{x \to a} f(x) = f(a)$

[문제 12]

문항 출제 기준

- **출제 범위**: 수학 Ⅱ (함수의 극한의 활용)

- **출제 의도**
조건을 활용하여 좌표평면에 표현된 도형에 관한 극한 문제를 해결할 수 있는지 평가한다.

- **출제 근거**
  `12수학Ⅱ 01-02` 함수의 극한에 대한 성질을 이해하고, 함수의 극한값을 구할 수 있다.

도서명	쪽수/번
2025 수능완성 수학영역 수학 Ⅱ	43쪽 15번

문제해결의 TIP

본 문항은 수학 Ⅱ 과목의 함수의 극한과 연속 단원에서 함수의 극한의 활용에 관한 문항이다. 따라서 주어진 직선과 곡선의 교점의 좌표를 t로 나타낸 뒤, 선분의 길이를 t에 대한 식으로 나타내고 그 극한값을 구해 문제를 해결할 수 있는지를 평가하고 있다.

예시 답안

$x^2 = 3x$에서 $x(x-3) = 0$이므로

$x = 0$ 또는 $x = 3$

즉, 직선 $y = 3x$와 곡선 $y = x^2$이 만나는 점 중 원점이 아닌 점 A의 좌표는

$A(3, 9)$

또, 직선 $x = t$가 직선 $y = 3x$, 곡선 $y = x^2$과 만나는 두 점 P, Q의 좌표를 각각 구하면

$P(t, 3t)$, $Q(t, t^2)$

이때

$\overline{AQ} = \sqrt{(t-3)^2 + (t^2-9)^2}$

$\qquad = \sqrt{(t-3)^2 + (t-3)^2(t+3)^2}$

$\qquad = |t-3|\sqrt{1+(t+3)^2}$

$\qquad = (3-t)\sqrt{1+(t+3)^2}$ $(\because 0 < t < 3)$

이고

$\overline{PQ} = 3t - t^2 = t(3-t)$

$\therefore \displaystyle\lim_{t \to 3-} \frac{\overline{AQ}}{\overline{PQ}} = \lim_{t \to 3-} \frac{(3-t)\sqrt{1+(t+3)^2}}{t(3-t)}$

$\qquad\qquad = \displaystyle\lim_{t \to 3-} \frac{\sqrt{1+(t+3)^2}}{t} = \frac{\sqrt{37}}{3}$

[문제 13]

문항 출제 기준

- **출제 범위**: 수학 Ⅱ (도함수의 활용–방정식에의 활용, 속도와 가속도)

- **출제 의도**
  속도와 가속도의 정의를 이해하고 이를 활용할 수 있는지 평가한다.

- **출제 근거**
  `12수학Ⅱ 02-10` 방정식과 부등식에 대한 문제를 해결할 수 있다.
  `12수학Ⅱ 02-11` 속도와 가속도에 대한 문제를 해결할 수 있다.

도서명	쪽수/번
2025 수능특강 수학영역 수학 Ⅱ	69쪽 Level2 6번

문제해결의 TIP

본 문항은 수학 Ⅱ 과목의 미분 단원에서 도함수의 활용에 관한 문항이다. 따라서 거리에 대한 식이 주어질 때, 미분을 이용하여 속도를 t에 대한 식으로 나타낸 후, 함수의 극대와 극소를 이용하여 운동 방향이 두 번 바뀔 조건을 만족하는 m의 값의 범위를 구해 문제를 해결할 수 있는지를 평가하고 있다.

예시 답안

점 P의 시각 t에서의 속도를 $v(t)$라 하면

$$v(t) = \frac{d}{dt}x(t) = 2t^3 - 6t + 7 - 2m$$

점 P가 출발한 후 운동 방향이 두 번 바뀌려면 t에 대한 방정식 $2t^3 - 6t + 7 - 2m = 0$이 $t > 0$에서 서로 다른 두 실근을 가져야 한다.

$2t^3 - 6t + 7 - 2m = 0$, 즉 $2t^3 - 6t + 7 = 2m$에서

$f(t) = 2t^3 - 6t + 7$이라 하면

$f'(t) = 6t^2 - 6 = 6(t+1)(t-1)$

$f'(t) = 0$에서 $t = -1$ 또는 $t = 1$

$t > 0$에서 함수 $f(t)$의 증가와 감소를 표로 나타내면 다음과 같다

t	(0)	$\cdots$	1	$\cdots$
$f'(t)$		$-$	0	$+$
$f(t)$	7	$\searrow$	3	$\nearrow$

$t > 0$에서 함수 $f(t)$는 $t = 1$에서 극솟값 3을 가지므로 함수 $y = f(t)$의 그래프는 다음 그림과 같다.

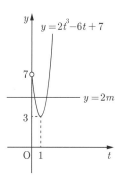

$t > 0$에서 방정식 $2t^3 - 6t + 7 = 2m$이 서로 다른 두 실근을 가지려면 $t > 0$에서 함수 $y = f(t)$의 그래프와 직선 $y = 2m$이 서로 다른 두 점에서 만나야 하므로 $3 < 2m < 7$,

즉 $\dfrac{3}{2} < m < \dfrac{7}{2}$이어야 한다.

따라서 구하는 정수 m의 값은 2, 3이므로

$a = 2$, $b = 2 + 3 = 5$

$\therefore ab = 10$

교과서 속 개념 확인

속도와 가속도

(1) 수직선 위를 움직이는 점의 속도: 수직선 위를 움직이는 점 P의 시각 t에서의 위치가 $x = f(t)$일 때, 점 P의 시각 t에서의 속도 v는

$$v = \frac{dx}{dt} = f'(t)$$

(2) 수직선 위를 움직이는 점의 가속도: 수직선 위를 움직이는 점 P의 시각 t에서의 속도가 v일 때, 점 P의 시각 t에서의 가속도 a는

$$a = \frac{dv}{dt}$$

[문제 14]

- 출제 범위: 수학 Ⅱ (부정적분의 정의와 성질)

- 출제 의도
  부정적분의 정의와 성질을 이해하고 이를 활용할 수 있는지 평가한다.

- 출제 근거
  12수학Ⅱ 03-01 함수의 실수배, 합, 차의 부정적분을 알고, 다항함수의 부정적분을 구할 수 있다.

도서명	쪽수/번
2025 수능특강 수학영역 수학 Ⅱ	83쪽 Level2 6번

💡 문제해결의 TIP

본 문항은 수학 Ⅱ 과목의 적분 단원에서 부정적분에 관한 문항이다. 따라서 곱의 미분법과 부정적분의 정의와 성질을 이용하여 함수식을 구해 문제를 해결할 수 있는지를 평가하고 있다.

📝 예시 답안

$\{xf(x)\}' = f(x) + xf'(x)$ 이고,

조건 (나)에서 $\{xf(x)\}' = 4x^3 + 3x^2 - 2x + 2$ 이므로

$xf(x) = \int (4x^3 + 3x^2 - 2x + 2)dx$

$= x^4 + x^3 - x^2 + 2x + C_1$ (C_1은 적분상수)

위 등식의 양변에 $x = 0$을 대입하면

$C_1 = 0$

즉, $xf(x) = x^4 + x^3 - x^2 + 2x$ 이고,

함수 $f(x)$는 다항함수이므로

$f(x) = x^3 + x^2 - x + 2$

$f'(x) = 3x^2 + 2x - 1$

조건 (다)의 $f'(x) + g'(x) = 4x + 1$ 에서

$3x^2 + 2x - 1 + g'(x) = 4x + 1$

$g'(x) = -3x^2 + 2x + 2$

이때

$g(x) = \int (-3x^2 + 2x + 2)dx$

$= -x^3 + x^2 + 2x + C_2$ (C_2는 적분상수)

이고, 조건 (가)에서 $g(0) = f(0) = 2$ 이므로

$C_2 = 2$

따라서 $g(x) = -x^3 + x^2 + 2x + 2$ 이므로

$g(3) = -27 + 9 + 6 + 2 = -10$

📝 다른 풀이

조건 (나)에서 다항함수 $f(x)$는 삼차함수이므로

$f(x) = ax^3 + bx^2 + cx + d$ (a, b, c, d는 상수)

로 놓을 수 있다.

이때 $f'(x) = 3ax^2 + 2bx + c$ 이므로

$f(x) + xf'(x) = 4ax^3 + 3bx^2 + 2cx + d$ 이고 조건 (나)에 의해

$4ax^3 + 3bx^2 + 2cx + d = 4x^3 + 3x^2 - 2x + 2$ 이므로 계수비교법에 의해

$a = 1$, $b = 1$, $c = -1$, $d = 2$

$\therefore f(x) = x^3 + x^2 - x + 2$

📖 교과서 속 개념 확인

부정적분의 정의

(1) 함수 $F(x)$의 도함수 $f(x)$, 즉 $F'(x) = f(x)$일 때 $F(x)$를 $f(x)$의 부정적분이라 하고, 함수 $f(x)$의 부정적분을 구하는 것을 $f(x)$를 적분한다고 한다.

(2) 함수 $f(x)$의 한 부정적분을 $F(x)$라 하면 함수 $f(x)$의 모든 부정적분은

$F(x) + C$ (C는 상수)

로 나타낼 수 있고, 이것을 기호로 $\int f(x)dx$와 같이 나타낸다. 즉,

$$\int f(x)dx = F(x) + C$$

이다. 이때 상수 C를 적분상수라고 한다.

[문제 15]

📋 문항 출제 기준

- 출제 범위: 수학 Ⅱ (정적분의 활용-곡선과 직선 사이의 넓이)

- 출제 의도
  정적분을 이용하여 두 곡선 사이의 넓이를 구할 수 있는지 평가한다.

- 출제 근거
  12수학Ⅱ 03-05 곡선으로 둘러싸인 도형의 넓이를 구할 수 있다.

도서명	쪽수/번
2025 수능특강 수학영역 수학 Ⅱ	98쪽 Level2 4번

본 문항은 수학 Ⅱ 과목의 적분 단원에서 정적분의 활용에 관한 문항이다. 따라서 정적분을 이용하여 곡선과 직선으로 둘러싸인 부분의 넓이를 구해 문제를 해결할 수 있는지를 평가하고 있다.

예시 답안

곡선 $y=-2x^2+4x+a$와 직선 $y=a$가 만나는 점의 x좌표를 구하면

$-2x^2+4x+a=a$에서 $-2x(x-2)=0$

$\therefore x=0$ 또는 $x=2$

따라서 곡선 $y=-2x^2+3x+a$와 직선 $y=a$로 둘러싸인 부분의 넓이 A는

$$A=\int_0^2 \{(-2x^2+4x+a)-a\}dx$$

$$=\left[-\frac{2}{3}x^3+2x^2\right]_0^2$$

$$=-\frac{16}{3}+8=\frac{8}{3}$$

한편, 곡선 $y=-2x^2+4x+a$와 x축이 만나는 두 점의 x좌표를 각각 α, β $(\alpha<\beta)$라 하자.

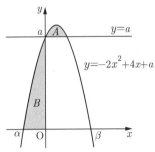

α는 이차방정식 $-2x^2+4x+a=0$의 한 실근이므로

$-2\alpha^2+4\alpha+a=0$

$\therefore a=2\alpha^2-4\alpha$ ······ ㉠

이때 곡선 $y=-2x^2+4x+a$ $(x\le 0)$와 x축 및 y축으로 둘러싸인 부분의 넓이 B는

$$B=\int_\alpha^0 (-2x^2+4x+a)dx$$

$$=\left[-\frac{2}{3}x^3+2x^2+ax\right]_\alpha^0$$

$$=0-\left(-\frac{2}{3}\alpha^3+2\alpha^2+a\alpha\right)$$

$$=\frac{2}{3}\alpha^3-2\alpha^2-a\alpha$$

$B=7A$이므로 $\frac{2}{3}\alpha^3-2\alpha^2-a\alpha=7\times\frac{8}{3}$에서

$$\frac{2}{3}\alpha^3-2\alpha^2-(2\alpha^2-4\alpha)\alpha=\frac{56}{3} \quad (\because ㉠)$$

$$-\frac{4}{3}\alpha^3+2\alpha^2=\frac{56}{3}, \quad 2\alpha^3-3\alpha^2+28=0$$

$$(\alpha+2)(2\alpha^2-7\alpha+14)=0$$

이차방정식 $2\alpha^2-7\alpha+14=0$의 판별식을 D라 할 때

$$D=(-7)^2-4\times 2\times 14=-63<0$$

이므로 서로 다른 두 허근을 갖는다.

따라서 $\alpha=-2$이므로 ㉠에 대입하여 풀면

$a=16$

교과서 속 개념 확인

곡선과 x축 사이의 넓이

함수 $f(x)$가 닫힌구간 $[a, b]$에서 연속일 때, 곡선 $y=f(x)$와 x축 및 두 직선 $x=a$, $x=b$로 둘러싸인 부분의 넓이 S는

$$S=\int_a^b |f(x)|dx$$

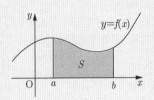

제3회 자연 계열 정답 및 해설

국어

[문제 1]

📖 문항 출제 기준

- **출제 범위**: 국어 (작문, 비평문, 매체 자료 활용)

- **출제 의도**
  고등학교 교육과정에서 문제 상황을 정확하게 이해하고, 다각도로 문제 원인을 분석한 뒤 적절한 매체 자료를 활용하여 해결 방안을 이끌어 낼 수 있는 능력을 평가하고자 출제하였다.

- **출제 근거**
  `12화작03-05` 시사적인 현안이나 쟁점에 대해 자신의 관점을 수립하여 비평하는 글을 쓴다.
  `12언매03-01` 매체의 특성에 따라 정보가 구성되고 유통되는 방식을 알고 이를 의사소통에 활용한다.

도서명	쪽수/번
지학사 화법과 작문	181~189쪽
2023(6월) 고3 모의평가	43~45번

💡 문제해결의 TIP

〈보기〉의 (가)와 (나)를 분석해 보면 최근 감염병 유행에 따른 일상의 변화로 인해 무기력이나 우울과 불안 등의 부정적 감정을 겪는 청소년이 늘고 있으나, 학생들이 자아 정체성을 확립해 가는 중요한 시기임에도 제대로 된 상담을 받지 못하고 있는 현실임을 추론할 수 있다. 이에 대해 제시된 글의 1문단 '그러므로~한다.'에서 청소년을 위한 감정 관리 프로그램을 확대 실시해야 한다는 것이 해결 방안으로 제시되었다.

📝 예시 답안

답안	배점
– 첫 어절과 마지막 어절을 순서대로 정확하게 쓴 경우만 정답으로 인정함.	
'그러므로', '한다.' 둘 다 씀	10
'그러므로', '한다.' 가운데 1개만 씀	5

| 2~3 |

📖 문항 출제 기준

- **출제 범위**: 독서 (추론적 이해, 과학·기술 분야 글 읽기)

- **출제 의도**
  고등학교 교육과정에서 과학·기술 분야의 글 구조와 전개 방식을 이해하고, 세부 내용을 파악하는 능력과 실제 사례에 적용하여 그 결과를 유추해 낼 수 있는 추론적 독해 능력을 평가하고자 출제하였다.

- **출제 근거**
  `12독서02-02` 글에 드러나지 않은 정보를 예측하여 필자의 의도나 글의 목적, 숨겨진 주제, 생략된 내용을 추론하며 읽는다.
  `12독서03-03` 과학·기술 분야의 글을 읽으며 제재에 담긴 지식과 정보의 객관성, 논거의 입증 과정과 타당성, 과학적 원리의 응용과 한계 등을 비판적으로 이해한다.

도서명	쪽수/번
2025 수능특강 국어영역 독서	259쪽

[문제 2]

💡 문제해결의 TIP

〈보기〉는 심화 학습을 진행하는 선생님의 설명이다.
제시된 글의 1문단에 의하면, 특정 시대의 과학자들이 그 시기에 공유하고 있는 가치관이나 신념들을 통해 제기된 문제점과 한계를 해결해 나가는 것을 '정상 과학'이라고 한다. 지구가 평평하다는 것은 과거에 통용되었던 과학 이론이므로 정상 과학으로 볼 수 있다.
정상 과학으로 예외를 설명하거나 증명할 수 없게 되면 '과학 혁명'이 일어나 '패러다임'이 전환된다.

📝 예시 답안

답안	배점
– ①~③을 정확하게 쓴 경우만 정답으로 인정함.	
①: 정상 과학	3
②: 과학 혁명	4
③: 패러다임	3

[문제 3]

제시된 글의 2문단에서 과학의 변화는 혁명이라는 주장을 통해 쿤은 과학이 '귀납적'이라는 기존의 관점을 뒤집었다는 사실을 확인하였다. 따라서 ①은 '연역적'이 아닌 '귀납적'으로 수정하는 것이 적절하다.

또한, '천동설'을 주장하는 학자들은 달을 행성으로 보았으나 '지동설'을 주장하는 학자들은 달을 위성으로 보았다. 따라서 ②는 '지동설'이 아닌 '천동설'로 수정하는 것이 적절하다.

예시 답안

- ①, ②를 정확하게 쓴 경우만 정답으로 인정함.

답안	배점
①: 귀납적	5
②: 천동설	5

교과서 속 개념 확인

- **귀납적인 추론**: 특정한 사례나 관찰을 통해 일반적인 법칙이나 패턴을 추론하는 논리적 방법
- **연역적 추론**: 일반적으로 일반적인 원리나 법칙을 가지고 특정한 상황에 적용하여 결론을 이끌어 내는 논리적 방법
- **위성**: 다른 천체 주변을 공전하며 이와 함께 회전하는 천체를 의미함. **예** 목성의 '가니메데', 토성의 '타이탄'
- **행성**: 태양과 같은 별 주위를 공전하며, 자신의 중력으로 인해 주위에 다른 천체들을 끌어당기는 천체. 태양계의 몇몇 천체들이 이에 해당함. **예** 목성, 화성 등등

작품 분석

「쿤의 과학 혁명」

■ 해제
이 글은 쿤이 주장한 과학 혁명의 과정을 설명하고, 패러다임 변화에 따른 과학 연구 방법의 변화와 통약 불가능성에 대해 설명하고 있다. 새로운 패러다임이 등장하면 과학자들은 동일한 대상에 대해 새로운 관점을 가지게 되는데, 이때 사용하는 용어의 의미도 달라진다. 쿤은 이를 통약 불가능성으로 설명한다. 통약 불가능성에 따르면 서로 다른 패러다임은 비교가 불가능하며, 어떤 패러다임이 더 합리적인지를 평가하는 것 역시 불가능하다.

■ 주제
과학 혁명의 과정과 통약 불가능성

[문제 4]

문항 출제 기준

- **출제 범위**: 독서 (사실적 이해, 사회·문화 분야 글 읽기)

- **출제 의도**
고등학교 교육과정에서 사회·문화 분야의 글을 읽고 핵심 개념의 정의를 정확하게 이해하는 능력과 글에 드러난 정보를 단서로 대략적 구조나 논지의 흐름을 통합적으로 파악하며 읽는 능력을 평가하고자 출제하였다.

- **출제 근거**
  12독서02-01 글에 드러난 정보를 바탕으로 중심 내용, 주제, 글의 구조와 전개 방식 등 사실적 내용을 파악하며 읽는다.
  12독서03-02 사회·문화 분야의 글을 읽으며 제재에 담긴 사회적 요구와 신념, 사회적 현상의 특성, 역사적 인물과 사건의 사회·문화적 맥락 등을 비판적으로 이해한다.

도서명	쪽수/번
신사고 독서	62~63, 144~145쪽
2025 수능특강 국어영역 독서	47-48쪽

🖐 문제해결의 TIP

제시된 글의 4문단에 의하면, 콜먼은 사회적 공동체를 형성해야 영향력을 확대할 수 있다고 보았으며 사회적 자본과 호혜성이 불평등을 해소하는 역할을 한다고 보았다. 따라서 ㉠은 적절하다.

1문단에 의하면, 사회학자 제임스 콜먼은 인간의 행위를 분석할 때는 경제학적 요소와 사회학적 요소를 함께 고려해야 함을 강조하였지만, 어떤 관점이 더 합리적인지에 대해 언급하지는 않았다. 따라서 ㉡은 적절하지 않다.

2문단에 의하면, 자원은 가시적인 물질, 물리적인 도구나 환경, 비가시적인 배경과 보유하고 있는 지식과 기술까지 포함한다. 즉, 물질적인 것과 비물질적인 것은 모두 자원에 포함되는 개념이다. 따라서 ㉢은 적절하지 않다.

3문단에 의하면, 콜먼은 경제학의 관점과 사회학적 기준을 접목하여 인간의 행위나 현상을 설명하였다. 행위자들의 행위에 의해 자원이 배분되는 과정에서 불평등이 발생하는데, 이는 국가의 적극적 개입 없이 해결할 수 없다고 하였다. 따라서 ㉣은 적절하다.

📝 예시 답안

- ①, ②를 정확하게 쓴 경우만 정답으로 인정함.
- ①, ②의 각 항목을 기호가 아닌 문장으로 쓴 경우도 정답으로 인정함.
- ①, ②의 작성 순서가 바뀌어도 정답으로 인정함.

답안	배점
①: ㉡	
②: ㉢	

📖 작품 분석

「콜먼의 합리적 선택 이론」

■ 해제
이 글은 경제학적 요소와 사회학적 요소의 긴밀성에 대해 설명하고 있다. 사회학자 제임스 콜먼은 합리적 선택 이론을 통해 합리적 선택의 행위자는 자신의 효용을 극대화하고자 하는데, 이는 행위자가 가지고 있는 자원에 의해 좌우된다고 말한다. 자원의 배분 상태로 인해 행위자들의 행위가 발전되고, 이로 인해 여러 가지 사회적 문제가 발생할 것이라고 예측한다. 불평등 문제를 해결하기 위해서는 적극적인 국가의 개입이 필요하며, 공동체의 규범이나 사회 연결망 등 사회적 자본이 작동해야 한다고 강조한다.

■ 주제
콜먼의 합리적 선택 이론

[문제 5]

📖 문항 출제 기준

• **출제 범위:** 독서 (사실적 이해, 인문·예술 분야의 글 읽기)

• **출제 의도**
고등학교 교육과정에서 인문·예술 분야의 글을 사실적으로 이해하고 제시문을 분석 할 수 있는 능력을 평가하고자 출제하였다.

• **출제 근거**
`12독서02-01` 글에 드러난 정보를 바탕으로 중심 내용, 주제, 글의 구조와 전개 방식 등 사실적 내용을 파악하며 읽는다.
`12독서03-01` 인문·예술 분야의 글을 읽으며 제재에 담긴 인문학적 세계관, 예술과 삶의 문제를 대하는 인간의 태도, 인간에 대한 성찰 등을 비판적으로 이해한다.

도서명	쪽수/번
미래엔 독서	22~23, 134~135쪽
2025 수능특강 국어영역 독서	27쪽

🖐 문제해결의 TIP

제시된 글의 3문단에 의하면, '완전성'은 사물이 자신의 본성에 따라 갖추어야 하는 것을 다 갖추고 '선'을 추구하는 상태이다. '비례성'은 사물의 본성이 사물의 모습과 조화로운 상태가 되는 것을 말한다.

자신의 본성을 뚜렷하게 가지는 것은 '진'의 상태를 의미한다.

📝 예시 답안

- ①~③을 정확하게 쓴 경우만 정답으로 인정함.

답안	배점
①: 완전성	3
②: 비례성	3
③: 진	4

📖 작품 분석

「토마스 아퀴나스의 미학」

■ 해제
이 글은 중세 스콜라 철학의 대표적인 학자 토마스 아퀴나스의 미학에 제시된 '미'의 본질과 그 의미를 설명하고 있다. 예술 작품의 아름다움은 작품을 만든 인간의 아름다움에서 비롯되었고, 인간은 신이 만든 창조물이므로 결국 '미'는 신이 반영된 대상으로 실재한다. 그는 사물의 '미'는 신의 창조물로, 질료와 형상의 복합물로 이루어져 있으며, 이를 통해 순수 형상인 신의 존재를 인식할 수 있다고 보았다. 또한, 아름다움은 완전성, 비례성, 명료성의 기준을 충족해야 하며, 인간은 이러한 아름다움을 추구하고자 하는 본능을 가지고 있다고 주장하였다. 최종적으로 미를 통해 진과 선의 선험적 정의에 다다를 수 있다고 보았다.

■ 주제
토마스 아퀴나스가 인식한 미의 본질과 의미

[문제 6]

🔻 문항 출제 기준

• **출제 범위**: 문학 (현대 시, 시어의 상징적 의미, 문학과 사회 · 문화적 배경)

• **출제 의도**
고등학교 교육과정에서 문학 작품 중 시에 나타난 소재의 상징적 의미를 이해하고, 작품의 시대 배경을 고려하여 작품을 심층적으로 이해할 수 있는 능력을 평가하고자 출제하였다.

• **출제 근거**
　12문학02-02　 작품을 작가, 사회 · 문화적 배경, 상호 텍스트성 등 다양한 맥락에서 이해하고 감상한다.

도서명	쪽수/번
신사고 문학	272쪽
2025 수능특강 국어영역 문학	42~43쪽

🔷 문제해결의 TIP

제시문에서 화자는 자유라는 이상을 버릴 수 없으면서도 부당함에 저항하지 못하고, 일상적인 삶 속에서 소시민이 되어 버리고만 자신에 대한 분노를 잘 표현하고 있다.
7연에서는 보잘것없는 자연물인 '모래', '바람', '먼지', '풀'을 호명한 뒤, '나는 얼마큼 적으냐'라고 자조적 독백을 반복하여 자기 반성적 태도를 드러내고 있다.

📖 예시 답안

– 첫 어절과 마지막 어절을 순서대로 정확하게 쓴 경우만 정답으로 인정함.

답안	배점
모래야, 적으냐	10

📖 작품 분석

김수영, 「어느 날 고궁을 나오면서」

■ 해제
이 작품은 고궁 구경이라는 일상적인 삶에서 시작한다. 욕설과 비속어, 사실적인 묘사 등 다양한 대조적인 상황 설정을 통해 중요하고 본질적인 문제(언론의 자유, 월남 파병)에서 늘 비켜서 있는 화자의 모습을 보여 주고 있다. 화자는 '땅 주인'이나 '구청 직원' 또는 '동회 직원' 등 소위 가진 자, 힘 있는 자에게는 반항하지 못하면서, 자신보다 약자인 사람인 '이발장이'나 '야경꾼'으로 대표된 가지지 못한 자에게는 흥분하며 분개한다. 화자는 자신을 돌아보고, 자조적 물음을 통해 반성적 태도를 보이고 있다.

■ 주제:
사회적 부조리에 저항하지 못하는 소시민 의식에 대한 부끄러움

■ 구성
1연: 본질적인 문제가 아닌 사소한 일에 분개하는 화자
2연: 부정한 권력에 저항하지 않는 소시민적인 삶에 대한 반성
3연: 오래전부터 옹졸한 삶이 체화된 자신의 모습
4연: 사소한 일에만 예민하게 반응하는 삶에 대한 반성
5연: 늘 비켜서 있는 비겁함에 대한 반성
6연: 힘없는 자들에게만 저항하는 현재의 삶의 모습
7연: 보잘 것 없는 자신에 대한 자조적인 반성

수학

[문제 07]

📝 문항 출제 기준

- **출제 범위**: 수학 Ⅰ (내분점의 좌표, 로그의 밑의 변환)

- **출제 의도**
  좌표평면에서의 내분점과 로그의 밑의 변환을 이해하고 이를 활용할 수 있는지 평가한다.

- **출제 근거**
  [12수학Ⅰ 01-04] 로그의 뜻을 알고, 그 성질을 이해한다.

도서명	쪽수/번
2025 수능특강 수학영역 수학 Ⅰ	17쪽 Level2 5번

💡 문제해결의 TIP

본 문항은 수학 과목의 도형의 방정식 단원에서 평면좌표에서의 내분점과 수학 Ⅰ 과목의 지수함수와 로그함수의 단원에서 로그의 밑의 변환을 연계하여 출제한 문항이다. 따라서 좌표평면에서 내분점의 좌표를 구한 후, 로그의 성질을 이용하여 문제를 해결할 수 있는지를 평가하고 있다.

📄 예시 답안

두 점 $A(6\log_2 a,\ b)$, $B(\log_2 a,\ 6b)$에 대하여 선분 AB를 $3:2$로 내분하는 점의 좌표는

$$\left(\frac{3\times\log_2 a+2\times 6\log_2 a}{3+2},\ \frac{3\times 6b+2\times b}{3+2}\right)$$

$$\therefore (3\log_2 a,\ 4b)$$

이때 점 $(3\log_2 a,\ 4b)$가 직선 $y=2x$ 위에 있으므로

$4b=2\times 3\log_2 a$에서

$$b=\frac{3}{2}\log_2 a$$

$$\therefore b\log_a 16 = \frac{3}{2}\log_2 a \times \log_a 16$$

$$= \frac{3}{2}\times\frac{\log a}{\log 2}\times\frac{\log 2^4}{\log a}$$

$$= \frac{3}{2}\times\frac{\log a}{\log 2}\times\frac{4\log 2}{\log a}$$

$$= 6$$

📖 교과서 속 개념 확인

로그의 밑의 변환
$a>0$, $a\neq 1$, $b>0$, $c>0$, $c\neq 1$일 때

$$\log_a b = \frac{\log_c b}{\log_c a}$$

[문제 08]

📝 문항 출제 기준

- **출제 범위**: 수학 Ⅰ (삼각함수의 그래프, 삼각함수의 성질)

- **출제 의도**
  삼각함수의 그래프를 이해하고 이를 활용할 수 있는지 평가한다.

- **출제 근거**
  [12수학Ⅰ 02-02] 삼각함수의 뜻을 알고, 사인함수, 코사인함수, 탄젠트함수의 그래프를 그릴 수 있다.

도서명	쪽수/번
2025 수능특강 수학영역 수학 Ⅰ	49쪽 Level2 7번

💡 문제해결의 TIP

본 문항은 수학 Ⅰ 과목의 삼각함수 단원에서 사인함수의 그래프와 삼각함수의 성질에 관한 문항이다. 따라서 삼각함수의 성질을 이용하여 코사인함수를 사인함수로 나타낸 후, 사인함수의 그래프의 성질을 이용해 문제를 해결할 수 있는지를 평가하고 있다.

📄 예시 답안

$$a\cos\left(\frac{\pi}{3}-ax\right)=a\cos\left\{\frac{\pi}{2}-\left(ax+\frac{\pi}{6}\right)\right\}$$

$$=a\sin\left(ax+\frac{\pi}{6}\right)$$

이므로

$$f(x)=2a\sin\left(ax+\frac{\pi}{6}\right)+a\cos\left(\frac{\pi}{3}-ax\right)+b$$

$$=2a\sin\left(ax+\frac{\pi}{6}\right)+a\sin\left(ax+\frac{\pi}{6}\right)+b$$

$$=3a\sin\left(ax+\frac{\pi}{6}\right)+b$$

함수 $f(x)$의 주기가 3π이므로 $\frac{2\pi}{a}=3\pi$에서

$$a=\frac{2}{3}\quad\cdots\cdots\ \bigcirc$$

또, 함수 $f(x)$의 범위는 $-3a+b \le f(x) \le 3a+b$이고 함수 $f(x)$의 최솟값이 2이므로

$-3a+b=2$ ...... ㉡

㉡에 ㉠을 대입하여 풀면 $b=4$

따라서 $f(x)=2\sin\left(\dfrac{2}{3}x+\dfrac{\pi}{6}\right)+4$이므로

$$f\left(\dfrac{\pi}{4}\right)=2\sin\left(\dfrac{\pi}{6}+\dfrac{\pi}{6}\right)+4=2\times\dfrac{\sqrt{3}}{2}+4=4+\sqrt{3}$$

[문제 09]

문항 출제 기준

• **출제 범위:** 수학 Ⅰ (삼각함수의 최댓값과 최솟값)

• **출제 의도**
삼각함수 또는 삼각함수가 포함된 함수의 최댓값과 최솟값을 구할 수 있는지 평가한다.

• **출제 근거**
`12수학 Ⅰ 02-02` 삼각함수의 뜻을 알고, 사인함수, 코사인함수, 탄젠트함수의 그래프를 그릴 수 있다.

도서명	쪽수/번
2025 수능완성 수학영역 수학 Ⅰ	20쪽 13번

문제해결의 TIP

본 문항은 수학 Ⅰ 과목의 삼각함수 단원에서 삼각함수의 최댓값과 최솟값에 관한 문항이다. 따라서 여러 가지 각에 대한 삼각함수의 성질, 삼각함수 사이의 관계 또는 삼각함수의 그래프의 성질을 이용하여 삼각함수가 포함된 함수의 최댓값과 최솟값을 구해 문제를 해결할 수 있는지를 평가하고 있다.

예시 답안

$$y=\cos\left(\dfrac{3}{2}\pi+x\right)\cos\left(\dfrac{\pi}{2}-x\right)+2\cos x-3$$

$$=\sin x \times \sin x+2\cos x-3$$

$$=\sin^2 x+2\cos x-3$$

$$=-\cos^2 x+1+2\cos x-3$$

$$=-\cos^2 x+2\cos x-2$$

$$=-(\cos x-1)^2-1$$

$0 \le x < 2\pi$에서 $-1 \le \cos x \le 1$이므로

함수 $y=-(\cos x-1)^2-1$은 $\cos x=-1$일 때 최솟값 -5, $\cos x=1$일 때 최댓값 -1을 갖는다.

따라서 $M=-1$, $m=-5$이므로

$$M-m=-1-(-5)=4$$

[문제 10]

문항 출제 기준

• **출제 범위:** 수학 Ⅰ (등차수열의 일반항)

• **출제 의도**
등차수열의 일반항을 이해하고 이를 활용할 수 있는지 평가한다.

• **출제 근거**
`12수학 Ⅰ 03-02` 등차수열의 뜻을 알고, 일반항, 첫째항부터 제n항까지의 합을 구할 수 있다.

도서명	쪽수/번
2025 수능특강 수학영역 수학 Ⅰ	71쪽 유제 2번

문제해결의 TIP

본 문항은 수학 Ⅰ 과목의 수열 단원에서 등차수열의 뜻과 일반항에 관한 문항이다. 따라서 등차수열과 등차수열의 일반항을 이해하고 공차를 구한 후, 이를 이용하여 문제를 해결할 수 있는지를 평가하고 있다.

예시 답안

등차수열 $\{a_n\}$의 첫째항을 a, 공차를 d라 할 때, 수열 $\{a_n\}$의 모든 항이 정수이므로 a와 d는 모두 정수이다.

조건 (가)에서 $a_n < a_{n+1}$이므로

$d > 0$

조건 (나)의 $a_4 \times a_5 = a_3^2+5$에서

$(a+3d)(a+4d)=(a+2d)^2+5$이므로

$a^2+7ad+12d^2=a^2+4ad+4d^2+5$

$3ad+8d^2=5$

$d(3a+8d)=5$

이때 d는 자연수이므로

$d=1$ 또는 $d=5$

$d=1$인 경우, $3a+8=5$에서 $a=-1$이므로

$a_{10}=a+9d=-1+9=8$

$d=5$인 경우, $5\times(3a+40)=5$에서 $a=-13$이므로

$a_{10}=a+9d=-13+45=32$

따라서 a_{10}이 될 수 있는 모든 값의 합은

$8+32=40$

교과서 속 개념 확인

등차수열

(1) 등차수열의 뜻: 첫째항부터 차례로 일정한 수를 더해 만들어지는 수열을 등차수열이라 하고, 더하는 일정한 수를 공차라고 한다.

(2) 등차수열의 일반항: 첫째항이 a, 공차가 d인 등차수열 $\{a_n\}$의 일반항 a_n은

$$a_n = a + (n-1)d \ (n=1, \ 2, \ 3, \ \cdots)$$

(3) 등차수열의 합

① 첫째항이 a, 제n항이 l인 등차수열 $\{a_n\}$의 첫째항부터 제 n항까지의 합 S_n은

$$S_n = \frac{n(a+l)}{2}$$

② 첫째항이 a, 공차가 d인 등차수열 $\{a_n\}$의 첫째항부터 제n항 까지의 합 S_n은

$$S_n = \frac{n\{2a+(n-1)d\}}{2}$$

[문제 11]

문항 출제 기준

- 출제 범위: 수학 Ⅱ (연속함수의 성질)

- 출제 의도
  연속함수의 성질을 이해하고 이를 활용할 수 있는지 평가한다.

- 출제 근거
  12수학Ⅱ 01-04 연속함수의 성질을 이해하고, 이를 활용할 수 있다.

도서명	쪽수/번
2025 수능완성 수학 Ⅱ	45쪽 21번

문제해결의 TIP

본 문항은 수학 Ⅱ 과목의 함수의 극한과 연속 단원에서 함수의 연속에 관한 문항이다. 따라서 연속인 함수와 불연속인 함수의 곱으로 이루어진 함수가 연속이 되기 위한 조건을 이용하여 문제를 해결할 수 있는지를 평가하고 있다.

예시 답안

$$\lim_{x \to 1-} f(x)g(x) = \lim_{x \to 1+} f(x)g(x) = f(1)g(1)$$

$$1 \times g(1) = 0 \times g(1) = 1 \times g(1)$$

$$\therefore g(1) = 0 \ \cdots\cdots \ \bigcirc$$

또한, 함수 $h(x)$가 $x=3$에서 연속이어야 하므로

$$\lim_{x \to 3-} h(x) = \lim_{x \to 3+} h(x) = h(3)$$

$$\lim_{x \to 3-} f(x)g(x) = \lim_{x \to 3+} f(x)g(x) = f(3)g(3)$$

$$2 \times g(3) = 0 \times g(3) = 2 \times g(3)$$

$$\therefore g(3) = 0 \ \cdots\cdots \ \bigcirc$$

$\bigcirc$, $\bigcirc$에 의해

$$g(x) = a(x-1)(x-3) \ (단, \ a는 \ 0이 \ 아닌 \ 상수)$$

으로 놓을 수 있다.

이때 $h(1) + h(4) = -12$이므로

$$1 \times g(1) - 1 \times g(4) = -12에서$$

$$-3a = -12$$

$$\therefore \ a = 4$$

따라서

$$g(x) = 4(x-1)(x-3) = 4x^2 - 16x + 12$$

$$= 4(x-2)^2 - 4$$

이므로 함수 $g(x)$는 $x=2$에서 최솟값 -4를 갖는다.

즉, $k=2$, $m=-4$이므로

$$k + m = 2 - 4 = -2$$

[문제 12]

문항 출제 기준

- 출제 범위: 수학 Ⅱ (새롭게 정의된 함수의 연속)

- 출제 의도
  도함수를 이해하고 이를 활용하여 새로운 형태로 정의된 함수의 연속성에 관한 문제를 해결할 수 있는지 평가한다.

- 출제 근거
  12수학Ⅱ 01-03 함수의 연속의 뜻을 안다.
  12수학Ⅱ 02-06 접선의 방정식을 구할 수 있다.

도서명	쪽수/번
2025 수능특강 수학영역 수학 Ⅱ	68쪽 Level2 3번

문제해결의 TIP

본 문항은 수학 Ⅱ 과목의 함수의 극한과 연속 단원에서 함수의 연속의 성질과 미분 단원에서 접선의 방정식을 연계하여 출제한 문항이다. 따라서 도함수를 활용하여 접선의 기울기를 구해 그래프와 직선이 만나는 점의 개수의 함수를 정의한다. 이 함수와 삼차함수의 합성으로 이루어진 새로운 형태로 정의된 함수의 연속성을 이용하여 문제를 해결할 수 있는지를 평가하고 있다.

함수 $f(x) = \begin{cases} -x^2 + 2x & (x < 3) \\ x^2 - 4x & (x \geq 3) \end{cases}$ 에서

$x < 3$일 때, $f'(x) = -2x + 2$이므로 $f'(0) = 2$

즉, 직선 $y = tx$가 $x = 0$에서 함수 $f(x)$의 그래프에 접할 때

직선의 기울기는 2이므로 $t = 2$

또, 직선 $y = tx$가 점 $(3, -3)$을 지날 때의 t의 값은

$-3 = 3t$에서 $t = -1$이다.

함수 $y = f(x)$의 그래프와 직선 $y = tx$를 그림으로 나타내면 다음과 같다.

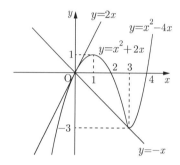

따라서 $g(t)$는 다음과 같다.

$$g(t) = \begin{cases} 1 & (t < -1) \\ 2 & (t = -1, \ t = 2) \\ 3 & (-1 < t < 2, \ t > 2) \end{cases}$$

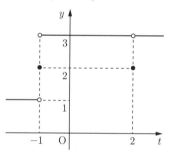

$h(g(x))$에서 $g(x) = t$라 하면, $h(t)$는 $g(x)$의 치역을 정의역으로 하는 삼차함수이고, $h(t)$가 실수 전체의 집합에서 연속이므로 $t = 1$, 2, 3에서 연속이어야 한다.

따라서 임의의 상수 k에 대하여

$h(t) = (x - 1)(x - 2)(x - 3) + k$이므로

$h(6) - h(4) = (5 \times 4 \times 3 + k) - (3 \times 2 \times 1 + k) = 54$

[문제 13]

- **출제 범위**: 수학 Ⅱ (도함수의 활용–부등식에의 활용)

- **출제 의도**
  도함수를 이해하고 이를 활용하여 부등식을 해결할 수 있는지 평가한다.

- **출제 근거**

  12수학Ⅱ 02-10 방정식과 부등식에 대한 문제를 해결할 수 있다.

도서명	쪽수/번
2025 수능특강 수학영역 수학 Ⅱ	68쪽 Level2 4번

본 문항은 수학 Ⅱ 과목의 미분 단원에서 부등식에의 활용에 관한 문항이다. 따라서 주어진 부등식에서 사인함수를 t로 치환하여 t의 범위와 t에 대한 함수식을 구한 후, 부등식이 항상 성립할 조건을 이용하여 문제를 해결할 수 있는지를 평가하고 있다.

부등식 $20\sin^2 x \leq f(2\sin x)$에서

$2\sin x = t$라 하면 $-2 \leq t \leq 2$

$f(t) \geq 5t^2$에서 $t^4 - 2t^3 + k \geq 5t^2$

$t^4 - 2t^3 - 5t^2 + k \geq 0$

$g(t) = t^4 - 2t^3 - 5t^2 + k$라 하면

$g'(t) = 4t^3 - 6t^2 - 10t = 2t(2t - 5)(t + 1)$

$g'(t) = 0$에서

$t = -1$ 또는 $t = 0$ 또는 $t = \dfrac{5}{2}$

$-2 \leq t \leq 2$에서 함수 $g(t)$의 증가와 감소를 표로 나타내면 다음과 같다.

t	-2	$\cdots$	-1	$\cdots$	0	$\cdots$	2
$g'(t)$	$-$	$-$	0	$+$	0	$-$	$-$
$g(t)$	$12+k$	$\searrow$	$-2+k$	$\nearrow$	k	$\searrow$	$-20+k$

$-2 \leq t \leq 2$에서 함수 $g(t)$는 $t = 2$에서 최솟값 $-20 + k$를 가지므로 $-20 + k \geq 0$이어야 한다.

$\therefore k \geq 20$

따라서 구하는 실수 k의 최솟값은 20이다.

교과서 속 개념 확인

도함수의 활용-부등식에의 활용
(1) 어떤 구간에서 함수 $f(x)$가 최솟값을 가질 때, 이 구간에서 부등식 $f(x) \geq 0$이 성립함을 보이려면 이 구간에서 함수 $f(x)$의 최솟값이 0보다 크거나 같음을 보이면 된다.
(2) 두 함수 $f(x)$와 $g(x)$에 대하여 어떤 구간에서 부등식 $f(x) \geq g(x)$가 성립함을 보이려면 그 구간에서 $f(x) - g(x) \geq 0$임을 보이면 된다.

[문제 14]

문항 출제 기준

- 출제 범위: 수학 Ⅱ (정적분의 성질)

- 출제 의도
  함수의 평행이동과 정적분의 성질을 이해하고 이를 활용할 수 있는지 평가한다.

- 출제 근거
  12수학Ⅱ 03-04 다항함수의 정적분을 구할 수 있다.

도서명	쪽수/번
2025 수능특강 수학영역 수학 Ⅱ	82쪽 Level2 4번

문제해결의 TIP

본 문항은 수학 Ⅱ 과목의 적분 단원에서 정적분의 성질에 관한 문항이다. 따라서 함수의 평행이동과 그래프의 위치 관계를 파악하여 정적분으로 나타낸 후, 다항함수를 정적분하여 문제를 해결할 수 있는지를 평가하고 있다.

예시 답안

조건 (가)에서

$$\int_{-3}^{0} f(x)dx = \int_{0}^{3} \{f(x) - 3\}dx,$$

$$\int_{3}^{6} f(x)dx = \int_{0}^{3} \{f(x) + 3\}dx,$$

$$\int_{6}^{9} f(x)dx = \int_{0}^{3} \{f(x) + 6\}dx$$

조건 (나)에서 $\int_{0}^{3} f(x)dx = -\dfrac{4}{5}$이므로

$$\int_{-3}^{9} f(x)dx$$

$$= \int_{-3}^{0} f(x)dx + \int_{0}^{3} f(x)dx + \int_{3}^{6} f(x)dx + \int_{6}^{9} f(x)dx$$

$$= \int_{0}^{3} \{f(x) - 3\}dx + \int_{0}^{3} f(x)dx$$

$$\quad + \int_{0}^{3} \{f(x) + 3\}dx + \int_{0}^{3} \{f(x) + 6\}dx$$

$$= \int_{0}^{3} \{4f(x) + 6\}dx$$

$$= 4\int_{0}^{3} f(x)dx + \int_{0}^{3} 6dx$$

$$= 4 \times \left(-\dfrac{4}{5}\right) + \Big[6x\Big]_{0}^{3}$$

$$= -\dfrac{16}{5} + 18 = \dfrac{64}{5}$$

따라서 $p = 5$, $q = 64$이므로
$p + q = 5 + 64 = 69$

 교과서 속 개념 확인

정적분의 성질
(1) 두 함수 $f(x)$, $g(x)$가 닫힌구간 $[a, b]$에서 연속일 때

① $\displaystyle\int_{a}^{b} kf(x)dx = k\int_{a}^{b} f(x)dx$ (단, k는 상수)

② $\displaystyle\int_{a}^{b} \{f(x) + g(x)\}dx = \int_{a}^{b} f(x)dx + \int_{a}^{b} g(x)dx$

③ $\displaystyle\int_{a}^{b} \{f(x) - g(x)\}dx = \int_{a}^{b} f(x)dx - \int_{a}^{b} g(x)dx$

(2) 함수 $f(x)$가 임의의 세 실수 a, b, c를 포함하는 구간에서 연속일 때

$$\int_{a}^{c} f(x)dx = \int_{a}^{b} f(x)dx + \int_{b}^{c} f(x)dx$$

[문제 15]

문항 출제 기준

- 출제 범위: 수학 Ⅱ (정적분의 활용─속도와 거리)
- 출제 의도
  수직선 위를 움직이는 점의 시각 t에서의 위치와 속도, 거리를 이해하고 이를 활용할 수 있는지 평가한다.
- 출제 근거
  12수학Ⅱ 03-06 속도와 거리에 대한 문제를 해결할 수 있다.

도서명	쪽수/번
2025 수능완성 수학영역 수학 Ⅱ	69쪽 26번

문제해결의 TIP

본 문항은 수학 Ⅱ 과목의 적분 단원에서 속도와 거리에 관한 문항이다. 따라서 속도 $v(t)$의 정적분의 값이 점 P의 위치변화량이고, $|v(t)|$의 정적분의 값이 점 P가 움직인 거리임을 구분하여 이해하고, 이를 통해 문제를 해결할 수 있는지를 평가하고 있다.

예시 답안

점 P의 위치는 시각 $t=0$에서 0이고, 시각 $t=2$에서 2이므로

$$0+\int_0^2 v(t)dt=\int_0^2 (3t^2+2t+p)dt=\left[t^3+t^2+pt\right]_0^2$$
$$=12+2p=2$$

에서 $p=-5$

$\therefore v(t)=3t^2+2t-5$

점 P가 움직이는 방향이 바뀔 때 속도 $v(t)=0$이므로

$3t^2+2t-5=0$에서 $(3t+5)(t-1)=0$

$t>0$이므로 $t=1$

$0<t<1$일 때 $v(t)<0$이고 $t>1$일 때 $v(t)>0$이므로 시각 $t=1$일 때 점 P의 움직이는 방향이 바뀐다.

따라서 시각 $t=0$에서 시각 $t=1$까지 점 P가 움직인 거리는

$$\int_0^1 |v(t)|dt=\int_0^1 |3t^2+2t-5|dt$$
$$=\int_0^1 (-3t^2-2t+5)dt$$
$$=\left[-t^3-t^2+5t\right]_0^1$$
$$=-1-1+5=3$$

교과서 속 개념 확인

속도와 거리

수직선 위를 움직이는 점 P의 시각 t에서의 속도를 $v(t)$라고 하자.

(1) 시각 t에서의 점 P의 위치를 $x=x(t)$라고 하면

$$x(t)=x(a)+\int_a^t v(t)dt$$

(2) 시각 $t=a$에서 $t=b$ $(a\le b)$까지 점 P의 위치변화량은

$$\int_a^b v(t)dt$$

(3) 시각 $t=a$에서 $t=b$ $(a\le b)$까지 점 P가 움직인 거리 s는

$$s=\int_a^b |v(t)|dt$$

제4회 자연 계열 정답 및 해설

국어

[문제 1]

- **출제 범위**: 국어 (화법과 작문, 토의, 작문의 표현과 전달 방법)

- **출제 의도**
  고등학교 교육과정에서 공동체를 위한 현안이나 쟁점에 대한 토의를 통해 문제를 해결할 수 있는 능력과 신문 기고와 같은 작문 활동에 참여하여 공동체에 기여하는 방안을 모색할 수 있는 능력을 평가하고자 출제하였다.

- **출제 근거**
  12화작03-01 가치 있는 정보를 선별하고 조직하여 정보를 전달하는 글을 쓴다.
  12화작04-03 언어 공동체의 담화 및 작문 관습을 이해하고, 건전한 화법과 작문의 문화 발전에 기여하는 태도를 지닌다.

도서명	쪽수/번
지학사 화법과 작문	172~183쪽
2023(3월) 고3 학력평가	43~45번

💡 **문제해결의 TIP**

제시문 (나)는 캠핑장에서의 안전사고의 심각성과 안전한 캠핑을 위한 각 주체들의 주의 사항에 대해 설명하고 있다. 특히, 1문단의 '캠핑장에서의~크다.'에서 캠핑장의 안전사고의 유형 중 물리적 충격으로 인한 사고보다 화재와 일산화 탄소 중독 사고가 위해성이 더 큼을 언급하며 문제의 심각성을 드러내었다.

또한, 글을 마무리하는 4문단의 '캠핑장~있다.'에서는 제시문 (가)에 언급된 캠핑장의 관련 주체인 '이용객, 사업자, 관계 당국'을 모두 연결하며 캠핑장에서의 안전사고의 방지를 위해서는 모든 주체의 노력이 필요함을 역설하였다.

📝 **예시 답안**

- ㉠, ㉡ 각각 첫 어절과 마지막 어절을 순서대로 정확하게 쓴 경우만 정답으로 인정함.

답안	배점
㉠: 캠핑장에서의, 크다.	5
㉡: 캠핑장, 있다.	5

[문제 2]

- **출제 범위**: 독서 (사실적·추론적 이해, 인문·예술 분야의 글 읽기)

- **출제 의도**
  고등학교 교육과정에서 인문·예술 분야의 글을 올바르게 이해할 수 있는 능력과, 제시된 내용을 분석하여 명확한 추론을 통해 사례에 적용하는 능력을 평가하고자 출제하였다.

- **출제 근거**
  12독서02-01 글에 드러난 정보를 바탕으로 중심 내용, 주제, 글의 구조와 전개 방식 등 사실적 내용을 파악하며 읽는다.
  12독서02-02 글에 드러나지 않은 정보를 예측하여 필자의 의도나 글의 목적, 숨겨진 주제, 생략된 내용을 추론하며 읽는다.

도서명	쪽수/번
비상 독서	40, 142쪽
2025 수능완성 국어영역	134쪽

💡 **문제해결의 TIP**

제시된 글의 4문단에 의하면, '대자성'은 비판적 사고와 창의적 사고를 촉진하여, 다양한 관점을 존중하고 논리적으로 표현하는 능력을 향상시킨다.

6문단에 의하면, '균형성'은 폭넓은 독서 경험을 제공해 다양한 문학적 감수성 및 이해력을 발달하게 하고, 특정 주제에 한정되지 않고 다양한 분야의 지식을 습득할 수 있도록 한다.

6문단에 의하면, '계열성'은 체계적이고 연속적인 학습 경험을 제공해 학습 내용을 점진적으로 심화 및 확장하여 학습의 연속성과 통합성을 유지하게 한다.

| 3~4 |

문항 출제 기준

- **출제 범위**: 문학 (현대 시, 시어의 상징적 의미, 상호 텍스트성)

- **출제 의도**
고등학교 교육과정에서 작품을 감상할 때 시어의 상징적 의미를 분석하고 두 작품을 상호 텍스트적으로 감상할 수 있는 능력을 평가하고자 출제하였다.

- **출제 근거**
  10국05-05 주체적인 관점에서 작품을 해석하고 평가하며 문학을 생활화하는 태도를 지닌다.
  12문학02-02 작품을 작가, 사회·문화적 배경, 상호 텍스트성 등 다양한 맥락에서 이해하고 감상한다.

도서명	쪽수/번
2025 수능완성 국어영역	200쪽

[문제 3]

문제해결의 TIP

제시문 (가)에서 화자는 거울 속의 자신과 악수를 하고 싶어 하지만, 3연에서 거울 속의 모습은 좌우가 반대로 비치므로, 오른손잡이인 자신과 '왼손잡이'인 거울 속 자신은 서로 손을 맞댈 수 없다는 것을 인식하게 된다.

제시문 (나)의 화자는 시적 대상인 '오렌지'를 바라보며 그 본질을 파악하고자 하고 있다. 하지만 4연에서 화자는 '오렌지'에 손을 대는 순간 자신이 알고자 하던 '오렌지'의 본질이 훼손된다는 것을 인식하고 있다. 따라서 외부의 영향을 받지 않은 채 본질을 유지하고 있는 것은 아무도 손을 대지 않은 상태로 있는 '여기 있는 이대로의 오렌지'이다.

예시 답안

- ①, ②를 정확하게 쓴 경우만 정답으로 인정함.	
답안	배점
①: 왼손잡이	5
②: 여기 있는 이대로의 오렌지	5

예시 답안

- ①~③을 정확하게 쓴 경우만 정답으로 인정함.
- ①~③의 각 항목을 기호가 아닌 문장으로 쓴 경우도 정답으로 인정함.

답안	배점
①: ㉡	3
②: ㉢	3
③: ㉠	4

교과서 속 개념 확인

추론적 독해의 방법
(1) 개념: 글에 드러나는 내용 이외의 것을 추측하며 읽는 방법이다.
(2) 방법
　① 경험이나 배경지식을 활용하여 생략하거나 함축한 내용을 유추하며 읽는다.
　② 사실적 독해를 바탕으로 글의 의미를 깊이 있게 이해하는 과정이다.
　③ 숨겨져 있는 글쓴이의 의도, 가치관, 관점 등을 파악한다.

작품 분석

「교과서 제재의 선정」

■ 해제
교과서의 글은 메타 텍스트, 서술 텍스트, 자료 텍스트로 나뉜다. 메타 텍스트는 교과서 구성 안내, 서술 텍스트는 학습 내용을 전달, 자료 텍스트는 배운 내용을 적용하는 활동을 제시한다. 국어 교과서 제재 선정 시에는 대자성, 균형성, 계열성을 고려해야 하며, 이를 통해 학생들이 다양한 관점과 주제를 접하고 체계적인 학습을 할 수 있다.

■ 주제
국어 교과서의 특징 및 구성

[문제 4]

제시문 (가)는 행과 연은 구분되었으나 공백 없이 글자를 이어 쓰는 형식을 통해 있는 그대로의 의식과 현대인의 불안 심리, 자아 분열 양상을 효과적으로 표현하고 있다.

제시문 (나)는 오렌지의 본질을 탐구하면서 '나'와 '오렌지'의 관계를 반복적으로 제시하는 구조를 취하고 있다. '내가 보는 오렌지가 나를 보고 있다'는 구절을 반복하여 '나'와 '오렌지'가 서로를 바라보는 관계를 형성하고 있다.

📝 예시 답안

- ①, ②를 정확하게 쓴 경우만 정답으로 인정함.
- ②는 '나를 보고 있다', '오렌지가 나를 보고 있다' 둘 다 정답으로 인정함.

답안	배점
①: 띄어쓰기	5
②: (오렌지가) 나를 보고 있다	5

📖 작품 분석

이상의 「거울」

■ 해제
이 작품은 거울과 거울 속의 자아를 통해 자기 인식과 자아의 분열 그리고 현실과 이상 사이의 간극을 탐구한다. 거울을 통한 자기 반영을 통해 내면의 깊이와 외로움 그리고 자기 자신과의 대화를 시도하는 과정을 보여 준다.

■ 주제
자아 분열을 통한 내면의 갈등

■ 구성
1연: 소리 없는 거울 속 세계에서 느껴지는 현실과의 이질감
2~3연: 거울 속의 자아와 현실의 자아 사이의 소통 부재
4~5연: 자아의 분열과 그로 인한 내면의 갈등
6연: 거울 속의 자아와 현실의 자아 사이의 복잡한 관계

신동집의 「오렌지」

■ 해제
이 작품은 오렌지를 매개체로 사용하여 인간의 욕망과 소유욕, 존재의 본질에 대해 탐구하고 있다. 오렌지에 대한 욕망과 접근 그리고 그로 인해 변화하는 오렌지의 본질을 통해 인간 내면의 갈등과 존재의 의미를 탐색하고 있는 작품이다.

■ 주제
오렌지의 본질을 통해 탐구하는 인간 내면의 갈등과 존재의 의미

■ 구성
1연: 오렌지에 대한 관찰자의 순수한 관찰과 욕망의 시작
2~3연: 오렌지에 대한 소유욕과 개인의 욕망을 표현
4~5연: 오렌지를 소유하려는 행위가 본질에서 멀어지게 함
6연: 본질을 향해 내재된 위험성

| 5~6 |

🎏 문항 출제 기준

• 출제 범위: 독서 (추론적 이해, 과학·기술 분야 글 읽기)

• 출제 의도
고등학교 교육과정에서 과학·기술 분야의 글 구조와 전개 방식을 이해하고, 세부 내용을 파악할 수 있는 능력과 실제 사례에 적용하여 그 결과를 유추할 수 있는 추론적 독해 능력을 평가하고자 출제하였다.

• 출제 근거
12독서02-02 글에 드러나지 않은 정보를 예측하여 필자의 의도나 글의 목적, 숨겨진 주제, 생략된 내용을 추론하며 읽는다.
12독서03-03 과학·기술 분야의 글을 읽으며 제재에 담긴 지식과 정보의 객관성, 논거의 입증 과정과 타당성, 과학적 원리의 응용과 한계 등을 비판적으로 이해한다.

도서명	쪽수/번
2025 수능완성 국어영역	162~163쪽

[문제 5]

제시된 글의 5문단에 의하면, 녹조 현상이 발생하면 물 속의 산소 농도가 '감소'한다. 따라서 ㉠은 적절하지 않다.

녹조 현상은 산소 농도를 감소시키고 독성을 가진 녹조류는 인간의 건강에도 직접적인 위협을 줄 수 있다. 따라서 ㉡은 적절하다.

친환경 비료에 대한 제시문의 언급은 없다. 또한, 친환경 비료라고 하더라도 질소, 인 등의 영양물질을 포함하고 있기 때문에, 이를 과도하게 사용하거나 잘못 관리하면 결국 인근 수역으로 유입되어 문제가 발생할 수 있다. 따라서 ㉢은 적절하지 않다.

2문단과 3문단에 의하면, 높은 기온과 강한 일사량이 녹조류의 성장을 촉진하기 때문 일반적으로 녹조 현상은 여름철에 가장 빈번하고 심각하게 나타난다는 것을 확인할 수 있다. 하지만 다른 계절에도 특정 조건이 맞아떨어지면 녹조 현상이 발생할 수 있다. 따라서 ㉣은 적절하지 않다.

📝 예시 답안

답안	배점
– 답안을 정확하게 쓴 경우만 정답으로 인정함. – 답안을 기호가 아닌 문장으로 쓴 경우도 정답으로 인정함. – 답안의 작성 순서는 상관없음.	
답안	**배점**
㉠, ㉢, ㉣	10

[문제 6]

💡 문제해결의 TIP

제시된 글의 4문단에 의하면, 물의 순환이 약하거나 물이 한 곳에 정체될 때 남조류의 증식이 촉진되기에 댐이나 저수지 같은 곳에서는 녹조 현상이 빈번하게 발생한다. 따라서 '댐 건설'로 인해 물의 순환이 약해졌음을 알 수 있다.

3문단에 의하면, 일사량이 증가하거나 기온이 올라가 '수온'이 상승하면 남조류가 성장하기 좋은 환경이 조성되어 녹조 현상이 확산된다.

2문단에 의하면, 녹조 현상을 유발하는 주요 원인에 과도한 영양물질의 공급이 있는데, 농업 활동에서 사용되는 비료에는 질소, 인과 같은 영양물질이 들어있다. 따라서 비료 사용량의 증가로 인해 수생태계에 '영양물질'이 과도하게 유입되었음을 알 수 있다.

📝 예시 답안

답안	배점
– ①~③을 정확하게 쓴 경우만 정답으로 인정함.	
답안	**배점**
①: 댐 건설	3
②: 수온	3
③: 영양물질	4

📖 교과서 속 개념 확인

과학·기술 분야 글의 특성
(1) 개념: 자연 현상이나 과학적 연구 성과 등의 원리를 객관적으로 탐구하는 내용의 글이다.
(2) 세부 분야: 지구·생명 과학, 천문, 화학, 물리, 컴퓨터, 정보 통신, 우주 항공, 기계·전자 공학
(3) 방법
  ① 용어나 개념을 정확하게 파악하며 읽는다.
  ② 설명의 인과 관계에 유의하며 읽는다.
  ③ 도표, 그림, 사진 등 보조 자료를 글의 내용과 관련지어 읽는다.

📖 작품 분석

「녹조 현상의 이해」

■ 해제
이 글은 녹조 현상에 대해 설명하고 있다. 녹조는 물에 존재하는 미세 조류가 너무 많이 번식하여 발생하는 현상으로, 영양분 유입, 수온 상승, 일사량 증가, 물 순환의 정체 등이 주요 원인이다. 녹조는 수생태계에 심각한 영향을 미치며, 물의 산소 농도를 감소시켜 수생 생물에게 해를 끼친다.

■ 주제
녹조 현상의 발생과 심각한 영향

수학

[문제 07]

문제해결의 TIP

본 문항은 수학 Ⅰ 과목의 지수함수와 로그함수 단원에서 로그의 진수에 미지수가 포함된 방정식에 관한 문항이다. 따라서 로그함수의 밑에 따른 진수의 조건을 이용하여 이차부등식의 범위를 구한 후, 이차함수의 그래프와 직선과의 관계를 이용하여 해의 개수를 구해 문제를 해결할 수 있는지를 평가하고 있다.

예시 답안

$\log\{f(x)+3\}=\log\dfrac{f(x)\{g(x)\}^2+27}{\{f(x)\}^2-3f(x)+9}$ 에서

$f(x)+3=\dfrac{f(x)\{g(x)\}^2+27}{\{f(x)\}^2-3f(x)+9}$

$\{f(x)\}^3+27=f(x)\{g(x)\}^2+27$

$f(x)\{f(x)+g(x)\}\{f(x)-g(x)\}=0$

$f(x)=0$ 또는 $f(x)=-g(x)$ 또는 $f(x)=g(x)$

진수의 조건에 의해

$f(x)+3>0$ ····· ㉠, $\dfrac{f(x)\{g(x)\}^2+27}{\{f(x)\}^2-3f(x)+9}>0$

이때 모든 실수 x에 대하여

$\{f(x)\}^2-3f(x)+9>0$

이므로 $f(x)\{g(x)\}^2+27>0$ ····· ㉡

(ⅰ) $f(x)=0$인 경우
  $f(x)=0$인 실수 x는 부등식 ㉠, ㉡을 만족시키고, 함수 $y=f(x)$의 그래프가 x축과 만나는 점의 개수가 2이므로 $f(x)=0$인 실수 x의 개수는 2이다.

(ⅱ) $f(x)=-g(x)$인 경우
  함수 $y=-g(x)$의 그래프는 함수 $y=g(x)$의 그래프를 x축에 대하여 대칭이동한 그래프이므로 함수 $y=f(x)$의 그래프와 함수 $y=-g(x)$의 그래프가 만나는 점의 개수는 2이다. 즉, $f(x)=-g(x)$인 실수 x의 개수는 2이고, 이 두 실수에 대하여 $f(x)>0$이므로 부등식 ㉠, ㉡을 만족시킨다.

(ⅲ) $f(x)=g(x)$인 경우
  함수 $y=f(x)$의 그래프와 함수 $y=g(x)$의 그래프가 만나는 점의 개수는 2이다.
  즉, $f(3)=g(3)=-1$, $f(9)=g(9)=-3$
  이때 $x=3$은 부등식 ㉠, ㉡을 만족시키고, $x=9$는 부등식 ㉠, ㉡을 만족시키지 않으므로 $f(x)=g(x)$인 실수 x의 개수는 1이다.

그림과 같이 (ⅰ)에서 구한 두 개의 실근과 (ⅱ)에서 구한 두 개의 실근, (ⅲ)에서 구한 한 개의 실근이 모두 다르다.

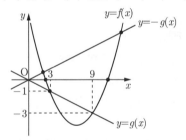

따라서 주어진 방정식의 서로 다른 실근의 개수는
$2+2+1=5$

 교과서 속 개념 확인

로그의 밑 또는 진수에 미지수가 포함된 방정식
$a>0$, $a\neq1$일 때, $\log_a f(x)=\log_a g(x)$이면
$$f(x)=g(x),\ f(x)>0,\ g(x)>0$$

[문제 08]

📋 문항 출제 기준

- **출제 범위**: 수학 Ⅰ (삼각함수의 활용)

- **출제 의도**
  삼각함수 사이의 관계를 이해하고, 이를 활용할 수 있는지 평가한다.

- **출제 근거**
  `12수학 Ⅰ 02-02` 삼각함수의 뜻을 알고, 사인함수, 코사인함수, 탄젠트함수의 그래프를 그릴 수 있다.

도서명	쪽수/번
2025 수능특강 수학영역 수학 Ⅰ	45쪽 유제 9번

🔧 문제해결의 TIP

본 문항은 수학 Ⅰ 과목의 삼각함수 단원에서 삼각함수 사이의 관계와 삼각함수의 방정식에의 활용에 관한 문항이다. 따라서 이 차방정식이 중근을 가질 조건과 삼각함수 사이의 관계를 이용하여 삼각함수를 포함한 방정식으로 나타낸 뒤, 이 방정식을 만족시키는 해를 구해 문제를 해결할 수 있는지를 평가하고 있다.

📝 예시 답안

$f(x) = 5x^2 + \sqrt{2}\sin\theta x + \cos\theta$, $g(x) = \dfrac{1}{5}$ 이라 하자.

x에 대한 이차방정식 $f(x) = g(x)$, 즉

$5x^2 + \sqrt{2}\sin\theta x + \cos\theta - \dfrac{1}{5} = 0$이 중근을 가지므로 이 이차

방정식의 판별식을 D라 하면 $D = 0$이어야 한다.

$\dfrac{D}{4} = (\sqrt{2}\sin\theta)^2 - 5\cos\theta + 1 = 0$에서

$2\sin^2\theta - 5\cos\theta + 1 = 0$

$2(1 - \cos^2\theta) - 5\cos\theta + 1 = 0$

$2\cos^2\theta + 5\cos\theta - 3 = 0$

$(2\cos\theta - 1)(\cos\theta + 3) = 0$

$-1 \leq \cos\theta \leq 1$이므로 $\cos\theta = \dfrac{1}{2}$

따라서 $0 \leq \theta \leq 3\pi$이고 방정식 $\cos\theta = \dfrac{1}{2}$의 해는 코사인함수

$y = \cos\theta$의 그래프와 직선 $y = \dfrac{1}{2}$이 만나는 점의 x좌표이다.

$\therefore \theta = \dfrac{\pi}{3}$ 또는 $\theta = \dfrac{5}{3}\pi$ 또는 $\theta = \dfrac{7}{3}\pi$

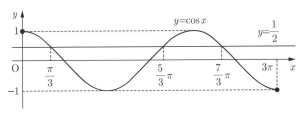

따라서 구하는 모든 실수 θ의 값의 합은

$\dfrac{\pi}{3} + \dfrac{5}{3}\pi + \dfrac{7}{3}\pi = \dfrac{13}{3}\pi$

이므로 $p = 3$, $q = 13$

$\therefore p + q = 3 + 13 = 16$

📖 교과서 속 개념 확인

삼각함수 사이의 관계

(1) $\tan\theta = \dfrac{\sin\theta}{\cos\theta}$

(2) $\sin^2\theta + \cos^2\theta = 1$

[문제 09]

📋 문항 출제 기준

- **출제 범위**: 수학 Ⅰ (사인법칙)

- **출제 의도**
  사인법칙을 이해하고 이를 활용하여 삼각형의 모양을 결정할 수 있는지 평가한다.

- **출제 근거**
  `12수학 Ⅰ 02-03` 사인법칙과 코사인법칙을 이해하고, 이를 활용할 수 있다.

도서명	쪽수/번
2025 수능특강 수학영역 수학 Ⅰ	59쪽 예제 3번

🔧 문제해결의 TIP

본 문항은 수학 Ⅰ 과목의 삼각함수 단원에서 사인법칙에 관한 문항이다. 따라서 사인법칙을 이용하여 삼각형의 세 변의 길이 사이의 관계를 식으로 나타낸 뒤, 직각삼각형의 외심에 대한 성질을 이용하여 문제를 해결할 수 있는지를 평가하고 있다.

예시 답안

삼각형 ABC에서 $\overline{AB}=c$, $\overline{BC}=a$, $\overline{CA}=b$라 하자.

삼각형 ABC의 외접원의 반지름의 길이가 6이므로 사인법칙에 의하여

$$\frac{a}{\sin A}=\frac{b}{\sin B}=\frac{c}{\sin C}=2\times 6=12$$

즉, $\sin A=\dfrac{a}{12}$, $\sin B=\dfrac{b}{12}$, $\sin C=\dfrac{c}{12}$ 이므로

$\sin^2 A+\sin^2 B=\sin^2 C$에서

$$\left(\frac{a}{12}\right)^2+\left(\frac{b}{12}\right)^2=\left(\frac{c}{12}\right)^2$$

$$\therefore c^2=a^2+b^2 \quad\cdots\cdots \text{㉠}$$

$\sin A=\sqrt{3}(\sin C-\sin B)$에서

$$\frac{a}{12}=\sqrt{3}\left(\frac{c}{12}-\frac{b}{12}\right)$$

$$\therefore a=\sqrt{3}(c-b) \quad\cdots\cdots \text{㉡}$$

㉠에서 피타고라스 정리에 의해 삼각형 ABC는 $\angle C=90°$인 직각삼각형이다.

직각삼각형의 빗변은 이 삼각형의 외접원의 지름이므로

$$c=12 \quad\cdots\cdots \text{㉢}$$

㉡, ㉢을 ㉠에 대입하여 풀면

$12^2=3(12-b)^2+b^2$에서

$4b^2-72b+288=0$, $b^2-18b+72=0$

$(b-6)(b-12)=0$

$\therefore b=6$ 또는 $b=12$

이때 ㉡에서 $b<c$이므로

$b=6$

따라서 구하는 선분 AC의 길이는 6이다.

교과서 속 개념 확인

직각삼각형의 외심

$\angle A=90°$인 직각삼각형 ABC의 외접원의 중심은 변 BC의 중점이고, 변 BC는 외접원의 지름이다.

[문제 10]

문항 출제 기준

- 출제 범위: 수학 Ⅰ (수열의 귀납적 정의)

- 출제 의도
이웃한 항 사이의 관계식으로부터 수열 $\{a_n\}$의 특정항의 값을 구할 수 있는지 평가한다.

- 출제 근거
`12수학Ⅰ 03-06` 수열의 귀납적 정의를 이해한다.

도서명	쪽수/번
2025 수능완성 수학영역 수학 Ⅰ	34쪽 28번

문제해결의 TIP

본 문항은 수학 Ⅰ 과목의 수열 단원에서 수열의 귀납적 정의에 관한 문항이다. 따라서 처음 몇 개의 항의 값과 이웃하는 항들 사이의 관계식에서 n 대신에 1, 2, 3, … 을 차례로 대입하여 특정한 항의 값을 구해 문제를 해결할 수 있는지를 평가하고 있다.

예시 답안

모든 자연수 n에 대하여

$$a_{n+1}=\frac{3k}{2a_n+k} \quad\cdots\cdots \text{㉠}$$

이므로

$n=1$일 때, $a_2=\dfrac{3k}{2a_1+k}=\dfrac{3k}{2+k}$

$n=2$일 때, $a_3=\dfrac{3k}{2a_2+k}=\dfrac{3k}{\dfrac{6k}{2+k}+k}=\dfrac{3(k+2)}{k+8}$

이때 $a_3=\dfrac{3}{2}$이므로 $\dfrac{3(k+2)}{k+8}=\dfrac{3}{2}$

$$\therefore k=4$$

따라서 ㉠으로부터

$$a_{n+1}=\frac{12}{2a_n+4}$$

$n=3$일 때, $a_4=\dfrac{12}{2a_3+4}=\dfrac{12}{3+4}=\dfrac{12}{7}$

$n=4$일 때, $a_5=\dfrac{12}{2a_4+4}=\dfrac{12}{\dfrac{24}{7}+4}=\dfrac{84}{52}=\dfrac{21}{13}$

[문제 11]

문항 출제 기준

• 출제 범위: 수학 Ⅱ (미분가능성과 연속성)

• 출제 의도
구간에 따라 다르게 정의된 함수의 미분가능성을 이해하고 이를 활용할 수 있는지 평가한다.

• 출제 근거

12수학Ⅱ 02-03 미분가능성과 연속성의 관계를 이해한다.

도서명	쪽수/번
2025 수능특강 수학영역 수학 Ⅱ	41쪽 Level2 6번

문제해결의 TIP

본 문항은 수학 Ⅱ 과목의 미분 단원에서 미분가능성과 연속성에 관한 문항이다. 따라서 모든 실수 x에 대하여 미분가능하면 모든 실수 x에 대하여 연속임을 이해하고, $x = 1$에서의 미분가능성과 연속성을 이용하여 미지수를 구해 문제를 해결할 수 있는지를 평가하고 있다.

예시 답안

함수 $g(x)$가 $x = 2$에서 미분가능하므로 $x = 2$에서 연속이다.
즉, $\lim\limits_{x \to 2-} g(x) = \lim\limits_{x \to 2+} g(x) = g(2)$이다.

$$\lim_{x \to 2-} g(x) = \lim_{x \to 2-} af(x) = a(2^2 - 1) = 3a$$

$$\lim_{x \to 2+} g(x) = \lim_{x \to 2+} (x^2 + bx - 3)f(x)$$
$$= (4 + 2b - 3) \times (-2 + 3) = 2b + 1$$

$$g(2) = af(2) = a \times (2^2 - 1) = 3a$$

이므로 $2b + 1 = 3a$

$$\therefore 3a - 2b = 1 \quad \cdots\cdots \ \bigcirc$$

함수 $g(x)$가 $x = 2$에서 미분가능하므로

$$\lim_{x \to 2-} \frac{g(x) - g(2)}{x - 2} = \lim_{x \to 2+} \frac{g(x) - g(2)}{x - 2}$$

이다.

$$\lim_{x \to 2-} \frac{g(x) - g(2)}{x - 2} = \lim_{x \to 2-} \frac{af(x) - 3a}{x - 2}$$
$$= \lim_{x \to 2-} \frac{a(x^2 - 4)}{x - 2}$$
$$= \lim_{x \to 2-} a(x + 2) = 4a$$

$$\lim_{x \to 2+} \frac{g(x) - g(2)}{x - 2}$$

$$= \lim_{x \to 2+} \frac{(x^2 + bx - 3)f(x) - 3a}{x - 2}$$

$$= \lim_{x \to 2+} \frac{(x^2 + bx - 3)(-x + 3) - 3a}{x - 2}$$

$$= \lim_{x \to 2+} \frac{-x^3 + 3x^2 - bx^2 + 3bx + 3x - 9 - 3a}{x - 2}$$

$$= \lim_{x \to 2+} \frac{-x^3 + 3x^2 - bx^2 + 3bx + 3x - 9 - 2b - 1}{x - 2}$$

$$= \lim_{x \to 2+} \frac{-x^3 + 3x^2 - bx^2 + 3bx + 3x - 10 - 2b}{x - 2}$$

$$= \lim_{x \to 2+} \frac{(x - 2)\{-x^2 + (1 - b)x + 5 + b\}}{x - 2}$$

$$= \lim_{x \to 2+} \{-x^2 + (1 - b)x + 5 + b\}$$

$$= -4 + 2(1 - b) + 5 + b$$

$$= 3 - b$$

이므로 $3 - b = 4a$

$$\therefore 4a + b = 3 \quad \cdots\cdots \ \bigcirc$$

$\bigcirc$, $\bigcirc$을 연립하여 풀면

$$a = \frac{7}{11}, \ b = \frac{5}{11}$$

따라서 $a + b = \dfrac{12}{11}$이므로

$$p = 11, \ q = 12$$

$$\therefore p + q = 23$$

교과서 속 개념 확인

미분가능과 연속

(1) 미분가능한 함수

함수 $f(x)$가 어떤 열린구간에 속하는 모든 x의 값에서 미분가능하면 함수 $f(x)$는 그 구간에서 미분가능하다고 한다. 또한, 함수 $f(x)$가 정의역에 속하는 모든 x의 값에서 미분가능하면 함수 $f(x)$는 미분가능한 함수라고 한다.

(2) 미분가능과 연속

함수 $f(x)$가 $x = a$에서 미분가능하면 함수 $f(x)$는 $x = a$에서 연속이다.

한편, 함수 $f(x)$가 $x = a$에서 연속이라고 해서 항상 $x = a$에서 미분가능한 것은 아니다.

[문제 12]

📙 문항 출제 기준

- 출제 범위: 수학 Ⅱ (평균값 정리)

- 출제 의도

  평균값 정리를 이해하고 이를 활용할 수 있는지 평가힌다.

- 출제 근거

  12수학Ⅱ 02-07 함수에 대한 평균값 정리를 이해한다.

도서명	쪽수/번
2025 수능특강 수학영역 수학 Ⅱ	47쪽 예제 2번

💡 문제해결의 TIP

본 문항은 수학 Ⅱ 과목의 미분 단원에서 평균값 정리에 관한 문항이다. 따라서 평균값 정리를 이용하여 함숫값의 최댓값과 최솟값을 구해 문제를 해결할 수 있는지를 평가하고 있다

📑 예시 답안

모든 실수 x에 대하여 $f(-x) = -f(x)$이므로 함수 $y = f(x)$는 원점에 대하여 대칭이다. 즉, 함수 $y = f(x)$의 그래프는 원점을 지나므로 $f(0) = 0$이다.

다항함수 $f(x)$는 닫힌구간 $[0, 4]$에서 연속이고 열린구간 $(0, 4)$에서 미분가능하므로 평균값 정리에 의하여

$\dfrac{f(4) - f(0)}{4 - 0} = f'(c)$인 상수 c가 열린구간 $(0, 4)$에 적어도 하나 존재한다.

모든 실수 x에 대하여 $|f'(x)| \le 5$이므로

$|f'(c)| \le 5$

이때 $f'(c) = \dfrac{f(4)}{4}$이므로

$\left| \dfrac{f(4)}{4} \right| \le 5,\ -5 \le \dfrac{f(4)}{4} \le 5$

$\therefore -20 \le f(4) \le 20$

따라서 $f(4)$의 최댓값은 20, 최솟값은 -20이므로

$M = 20,\ m = -20$ $\therefore M - m = 40$

📖 교과서 속 개념 확인

평균값 정리

함수 $f(x)$가 닫힌구간 $[a, b]$에서 연속이고 열린구간 (a, b)에서 미분가능하면 $\dfrac{f(b) - f(a)}{b - a} = f'(c)$인 c가 a와 b 사이에 적어도 하나 존재한다.

[문제 13]

📙 문항 출제 기준

- 출제 범위: 수학 Ⅱ (함수의 증가와 감소)

- 출제 의도

  도함수를 이용하여 증가함수가 되기 위한 조건을 구할 수 있는지 평가한다.

- 출제 근거

  12수학Ⅱ 02-08 함수의 증가와 감소, 극대와 극소를 판정하고 설명할 수 있다.

도서명	쪽수/번
2025 수능특강 수학영역 수학 Ⅱ	49쪽 유제 6번

💡 문제해결의 TIP

본 문항은 수학 Ⅱ 과목의 미분 단원에서 함수의 증가와 감소에 관한 문항이다. 따라서 삼차함수 $f(x)$가 실수 전체의 집합에서 증가할 조건을 이용하여 순서쌍 (a, b)의 개수를 구해 문제를 해결할 수 있는지를 평가하고 있다.

📑 예시 답안

함수 $f(x) = x^3 + ax^2 + bx$의 역함수가 존재하려면 모든 실수 x에 대하여 $f'(x) = 3x^2 + 2ax + b \ge 0$이 성립해야 한다.

이차방정식 $f'(x) = 0$의 판별식을 D라 할 때

$\dfrac{D}{4} = a^2 - 3b \le 0$이어야 하므로

$a^2 \le 3b$ …… ㉠

㉠을 만족시키는 순서쌍 (a, b)의 개수는

$a = 1$일 때, $b = 1, 2, \cdots, 8$의 8개

$a = 2$일 때, $b = 2, 3, \cdots, 8$의 7개

$a = 3$일 때, $b = 3, 4, \cdots, 8$의 6개

$a = 4$일 때, $b = 6, 7, 8$의 3개

$a = 5, 6, 7, 8$일 때, b는 0개

이다. 따라서 구하는 모든 순서쌍의 개수는 24이다.

함수의 증가와 감소

(1) 함수 $f(x)$가 어떤 구간에 속하는 임의의 두 실수 x_1, x_2에 대하여

   ① $x_1 < x_2$일 때 $f(x_1) < f(x_2)$이면 함수 $f(x)$는 그 구간에

     서 증가한다고 한다.

   ② $x_1 < x_2$일 때 $f(x_1) > f(x_2)$이면 함수 $f(x)$는 그 구간에

     서 감소한다고 한다.

(2) 함수 $f(x)$가 어떤 열린구간에서 미분가능할 때, 그 구간에 속하

   는 모든 x에 대하여

   ① $f'(x) > 0$이면 함수 $f(x)$는 그 구간에서 증가한다고 한다.

   ② $f'(x) < 0$이면 함수 $f(x)$는 그 구간에서 감소한다고 한다.

[문제 14]

📝 문항 출제 기준

• **출제 범위:** 수학 Ⅱ (정적분의 활용–정적분과 넓이)

• **출제 의도**

두 곡선으로 둘러싸인 넓이를 정적분을 이용하여 구할 수 있는지 평
가한다.

• **출제 근거**

도서명	쪽수/번
2025 수능완성 수학영역 수학 Ⅱ	144쪽 10번

💡 문제해결의 TIP

본 문항은 수학 Ⅱ 과목의 적분 단원에서 정적분과 넓이에 관한
문항이다. 따라서 곡선과 직선으로 둘러싸인 부분의 넓이가 같아
질 조건을 찾은 후 정적분을 이용하여 넓이를 구해 미지수의 값을
찾아 문제를 해결할 수 있는지를 평가하고 있다.

✏️ 예시 답안

$x^2 - x = mx$에서 $x(x - m - 1) = 0$

$\therefore \ x = 0$ 또는 $x = m + 1$

이때 함수 $y = |x^2 - x|$의 그래프와 직선 $y = mx \,(m > 0)$로
둘러싸인 두 부분의 넓이가 서로 같으므로

$$\int_0^{m+1} (|x^2 - x| - mx)dx = 0$$에서

$$\int_0^{m+1} |x^2 - x|dx = \int_0^{m+1} mx\,dx$$

이때

$$\int_0^{m+1} |x^2 - x|dx$$

$$= \int_0^1 (-x^2 + x)dx + \int_1^{m+1} (x^2 - x)dx$$

$$= \left[-\frac{1}{3}x^3 + \frac{1}{2}x^2 \right]_0^1 + \left[\frac{1}{3}x^3 - \frac{1}{2}x^2 \right]_1^{m+1}$$

$$= \left(-\frac{1}{3} + \frac{1}{2} \right) + \left\{ \frac{1}{3}(m+1)^3 - \frac{1}{2}(m+1)^2 \right\} - \left(\frac{1}{3} - \frac{1}{2} \right)$$

$$= \frac{1}{3}(m+1)^3 - \frac{1}{2}(m+1)^2 + \frac{1}{3}$$

이고

$$\int_0^{m+1} mx\,dx = \left[\frac{1}{2}mx^2 \right]_0^{m+1} = \frac{1}{2}m(m+1)^2$$

이므로

$$\frac{1}{3}(m+1)^3 - \frac{1}{2}(m+1)^2 + \frac{1}{3} = \frac{1}{2}m(m+1)^2$$

에서

$$(m+1)^2 \left(\frac{m+1}{3} - \frac{1}{2} - \frac{m}{2} \right) = -\frac{1}{3}, \ (m+1)^3 = 2$$

따라서 $m + 1 = \sqrt[3]{2}$ 이므로

$$(m+1)^3 = (\sqrt[3]{2})^3 = 2$$

[문제 15]

문항 출제 기준

- **출제 범위**: 수학 Ⅱ (곡선과 직선 사이의 넓이)

- **출제 의도**
  정적분을 이용하여 곡선과 x축에 평행한 직선 사이의 넓이를 구할 수 있는지 평가한다.

- **출제 근거**

  12수학Ⅱ 03-05 곡선으로 둘러싸인 도형의 넓이를 구할 수 있다.

도서명	쪽수/번
2025 수능특강 수학영역 수학 Ⅱ	89쪽 예제 1번

문제해결의 TIP

본 문항은 수학 Ⅱ 과목의 적분 단원에서 곡선과 직선으로 둘러싸인 도형의 넓이에 관한 문항이다. 따라서 함수의 극댓값과 극솟값을 이용해 함수 그래프의 모형을 그린 후, 정적분의 성질을 이용하여 곡선과 직선으로 둘러싸인 부분의 넓이를 식으로 나타내어 문제를 해결할 수 있는지를 평가하고 있다.

예시 답안

조건 (가)에서 삼차함수 $y=f(x)$는 원점에 대하여 대칭이다. 또, 조건 (나)에서 방정식 $|f(x)|=4\sqrt{2}$는 서로 다른 4개의 실근을 가질 때, 최고차항의 계수가 1인 삼차함수 $f(x)$에 대하여 함수 $y=|f(x)|$의 그래프는 다음 그림과 같다.

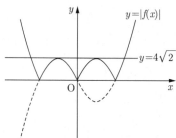

즉, 삼차함수 $f(x)$의 극댓값은 $4\sqrt{2}$, 극솟값은 $-4\sqrt{2}$이다.

$f(x)=x^3-kx$ $(k>0)$라 하면

$f'(x)=3x^2-k$

$f'(x)=0$에서

$x=-\sqrt{\dfrac{k}{3}}$ 또는 $x=\sqrt{\dfrac{k}{3}}$

함수 $f(x)$의 증가와 감소를 표로 나타내면 다음과 같다.

x	$\cdots$	$-\sqrt{\dfrac{k}{3}}$	$\cdots$	$\sqrt{\dfrac{k}{3}}$	$\cdots$
$f'(x)$	$+$	0	$-$	0	$+$
$f(x)$	↗	$4\sqrt{2}$	↘	$-4\sqrt{2}$	↗

삼차함수 $f(x)$는 $x=\sqrt{\dfrac{k}{3}}$에서 극솟값 $-4\sqrt{2}$를 가지므로

$f\left(\sqrt{\dfrac{k}{3}}\right)=\dfrac{k}{3}\sqrt{\dfrac{k}{3}}-k\sqrt{\dfrac{k}{3}}=-\dfrac{2}{3}k\sqrt{\dfrac{k}{3}}=-4\sqrt{2}$에서

$k\sqrt{\dfrac{k}{3}}=6\sqrt{2}$, $\dfrac{k^3}{3}=72$

$\therefore k=6$

$\therefore f(x)=x^3-6x$

곡선 $y=x^3-6x$와 직선 $y=4\sqrt{2}$의 교점의 x좌표를 구하면

$x^3-6x=4\sqrt{2}$에서

$x^3-6x-4\sqrt{2}=0$, $(x+\sqrt{2})^2(x-2\sqrt{2})=0$

$\therefore x=-\sqrt{2}$ 또는 $x=2\sqrt{2}$

따라서 함수 $y=x^3-6x$의 그래프와 직선 $y=4\sqrt{2}$로 둘러싸인 부분의 넓이는 다음 그림의 색칠한 부분의 넓이와 같으므로

$\displaystyle\int_{-\sqrt{2}}^{2\sqrt{2}}\{4\sqrt{2}-(x^3-6x)\}dx$

$=\displaystyle\int_{-\sqrt{2}}^{2\sqrt{2}}(-x^3+6x+4\sqrt{2})dx$

$=\left[-\dfrac{1}{4}x^4+3x^2+4\sqrt{2}x\right]_{-\sqrt{2}}^{2\sqrt{2}}$

$=(-16+24+16)-(-1+6-8)$

$=27$

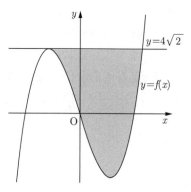

제5회 자연 계열 정답 및 해설

국어

[문제 1]

문항 출제 기준

- **출제 범위**: 국어 (화법, 면담, 인터뷰)

- **출제 의도**
  고등학교 교육과정에서 개인과 개인 차원의 의사소통을 통해 화자와 청자가 의미와 태도 등을 공유하는 과정인 면담, 인터뷰의 특징을 이해하고 정보를 효과적으로 파악할 수 있는 능력을 평가하고자 출제하였다.

- **출제 근거**
  `10국01-01` 개인이나 집단에 따라 듣기와 말하기의 방법이 다양함을 이해하고 듣기·말하기 활동을 한다.
  `12화작02-05` 면접에서의 답변 전략을 이해하고 질문의 의도를 파악하여 효과적으로 답변한다.

도서명	쪽수/번
미래엔 화법과 작문	112~121쪽
2022(고3) 7월 학력평가	38~41번

문제해결의 TIP

제시된 글은 미륵사지 석탑에 관한 문화재 복원을 주된 내용으로 한다. 미륵사지 석탑의 복원 형태에 대한 학생의 질문에 문화재 연구사는 '문화재는~못하였습니다.'와 같이 본래 문화재는 원형의 모습으로 복원하는 것이 일반적이지만, 미륵사지 석탑은 창건 당시의 원형을 알 수 있는 문헌 기록을 찾지 못하였기 때문에 원형 복원이 어려웠다고 답하였다.

또한, 석탑의 복원 기간에 대한 학생의 질문에는 '일제~작업이었죠.'와 같이 미륵사지의 복원에는 20년이 걸렸으나, 그중 3년은 일제 강점기 때 적절한 보수가 이루어지지 않고 콘크리트를 제거하는 시간이었으며, 이로 인해 미륵사지 복원이 더 늦어질 수밖에 없었다고 답하였다.

예시 답안

- ㉠, ㉡ 각각 첫 어절과 마지막 어절을 순서대로 정확하게 쓴 경우만 정답으로 인정함.

답안	배점
㉠: 문화재는, 못하였습니다.	5
㉡: 일제, 작업이었죠.	5

| 2~3 |

문항 출제 기준

- **출제 범위**: 독서 (사실적 이해, 과학·기술 분야 글 읽기)

- **출제 의도**
  고등학교 교육과정에서 과학·기술 분야의 글을 읽으며 혁신적인 기술의 등장 과정과 이론 속에서 사용되는 용어를 이해하고 추론할 수 있는 능력을 평가하고자 출제하였다.

- **출제 근거**
  `12독서02-01` 글에 드러난 정보를 바탕으로 중심 내용, 주제, 글의 구조와 전개 방식 등 사실적 내용을 파악하며 읽는다.
  `12독서03-03` 과학·기술 분야의 글을 읽으며 제재에 담긴 지식과 정보의 객관성, 논거의 입증 과정과 타당성, 과학적 원리의 응용과 한계 등을 비판적으로 이해한다.

도서명	쪽수/번
2025 수능특강 독서	218쪽

[문제 2]

문제해결의 TIP

제시된 글의 3문단에 의하면, 해당 블록에 포함된 실제 거래 데이터를 담고 있는 것은 '본문(Body 또는 Data)'이다. 본문은 블록의 실제 데이터를 포함하고, 블록체인이 사용되는 다양한 응용 분야에 따라 데이터의 형태가 달라질 수 있다. 따라서 ①은 '노드'가 아닌 '본문'으로 수정하는 것이 적절하다.

3문단에 의하면, '블록 해시'는 블록의 전체 내용을 해시화한 값으로 블록의 고유한 식별자로 사용된다. 따라서 ②는 'P2P 네트워크'가 아닌 '블록 해시'로 수정하는 것이 적절하다.

예시 답안

- ①, ②를 정확하게 쓴 경우만 정답으로 인정함.

답안	배점
①: 본문	5
②: 블록 해시	5

[문제 3]

문제해결의 TIP

제시된 글의 1문단에 의하면, 'P2P 방식'은 컴퓨터 네트워크에서 직접적으로 연결된 사용자들 간에 데이터를 주고받을 수 있는 방식으로 각 사용자들이 동등한 지위를 가지고 있으며, 서로 직접 통신을 할 수 있는 방식이다. 또한, 각 노드 간의 작업 부하가 균형 있게 분산되어 시스템 전체의 안정성이 유지된다.

반면, '중앙 집중식 시스템'은 중앙 서버가 모든 데이터를 처리하기에 중앙 서버에 발생하는 위협은 서버 전체를 불안정하게 만들며, P2P 방식에 비해 확장성이 떨어진다.

예시 답안

- ①은 'P2P, P2P 방식, P2P 네트워크'까지 정답으로 인정함.
- ②는 정확하게 쓴 경우만 정답으로 인정함.

답안	배점
①: P2P 방식	5
②: 중앙 집중식 시스템	5

작품 분석

「블록체인과 암호 화폐」

■ 해제
이 글은 블록체인이라는 혁신적인 기술을 소개하고 있다. 블록체인은 분산 데이터 저장 기술로, P2P 네트워크를 기반으로 한다. 각 노드가 동등한 역할을 하며, 작업 부하를 분산시키므로 확장성이 높지만 저장 공간 및 실행 시간의 증가, 분기 문제 등 여러 문제점이 존재한다. 블록체인의 특징은 데이터의 변경 불가능성으로, 거래의 투명성과 신뢰성을 제공하여, 비트코인과 같은 암호 화폐가 발행되기도 하였다. 블록체인 기술은 탈중앙화된 안전한 데이터 관리를 가능케 하지만, 여전히 해결해야 할 과제들이 존재한다.

■ 주제
블록체인 기술의 기본 개념과 문제점

[문제 4]

문항 출제 기준

- 출제 범위: 독서 (사실적 이해, 사회·문화 분야의 글 읽기)

- 출제 의도
고등학교 교육과정에서 사회·문화 분야에 나타난 내용을 사실적으로 이해하고, 문항에서 요구하는 사항을 분석적으로 판단한 후 추론할 수 있는 능력을 평가하고자 출제하였다.

- 출제 근거
12독서02-01 글에 드러난 정보를 바탕으로 중심 내용, 주제, 글의 구조와 전개 방식 등 사실적 내용을 파악하며 읽는다.

도서명	쪽수/번
2025 수능특강 독서	251쪽

문제해결의 TIP

〈보기2〉에서 ⓐ는 민법 제1009조에 따라 정해진 비율로 상속을 받는 법정 상속을 의미한다. 즉, '성문법'에 따라 상속을 받는 부분이다.

ⓑ의 경우는 민법에 '제사 주재자'의 의미에 관한 조항이 없어 관행에 따라 제사 주재자를 정한 것이다. 2문단에 의하면, 관행적으로 인정되고 따르는 법적 원칙이나 규칙은 '관습법'이다.

예시 답안

- ①, ②를 정확하게 쓴 경우에만 정답으로 인정함.
- ①, ②의 각 항목을 기호가 아닌 문장으로 쓴 경우도 정답으로 인정함.

답안	배점
ⓐ: ⓛ	5
ⓑ: ⓒ	5

작품 분석

「민사 법률관계에 적용되는 법 규범」

■ 해제

이 글은 성문법, 관습법, 조리가 민사 법률관계에서 어떻게 다루어지는 지를 설명하였다. 민사 법률관계에서는 합의가 우선되지만 미합의 시 법이 적용된다. 성문법, 관습법과 달리 조리는 법이나 문서에 명시되지 않았지만 사회에서 일반적으로 따르는 규칙으로, 성문법도 관습법도 존재하지 않은 경우 판단의 기준이 되기도 한다. 제사 주재자 결정은 조리에 기반한 특별한 판결로 볼 수 있다. 2023년 판결은 관습적으로 행해지던 성별에 따른 우선순위를 부정하고, 최근친의 연장자를 제사 주재자로 우선하였다.

■ 주제

법률관계에 적용되는 성문법, 관습법, 조리의 관계

[문제 5]

문항 출제 기준

• 출제 범위: 독서 (사실적 이해, 인문·예술 분야 글 읽기)

• 출제 의도

고등학교 교육과정에서 인문·예술 분야의 글에 나타난 철학자의 주장을 사실적으로 이해하고 분석할 수 있는 능력을 평가하고자 출제하였다.

• 출제 근거

12독서02-01 글에 드러난 정보를 바탕으로 중심 내용, 주제, 글의 구조와 전개 방식 등 사실적 내용을 파악하며 읽는다.

12독서03-01 인문·예술 분야의 글을 읽으며 제재에 담긴 인문학적 세계관, 예술과 삶의 문제를 대하는 인간의 태도, 인간에 대한 성찰 등을 비판적으로 이해한다.

도서명	쪽수/번
지학사 독서	52~53, 116~117쪽
2025 수능특강 독서	76-79쪽

문제해결의 TIP

제시된 글의 3문단에 의하면, 과타리는 3가지 이론을 접목하여 '생태 철학'을 구성한다. 환경 생태학은 '자연'의 영역을, 사회 생태학은 '사회'의 영역을 다루며, 정신 생태학은 '인간'의 영역을 중심으로 살펴 본다. 생태 철학은 인간과 자연 사이의 이분법을 극복하고 생태학적인 관점에서 새로운 '주체성'을 탐구하고자 하였다.

예시 답안

- ①~④를 정확하게 쓴 경우만 정답으로 인정함.

답안	배점
①: 자연	3
②: 사회	2
③: 생태 철학	3
④: 주체성	2

작품 분석

「과타리의 생태 철학」

■ 해제
이 글은 환경 관리주의, 사회 생태주의, 근본 생태주의가 각각의 입장에서 제시한 환경 오염을 해결하기 위한 방법을 제시하였다. 과타리는 이러한 세 관점만으로는 환경 오염을 해소할 수 없다고 판단하고, 세 관점을 융합하여 새로운 철학적 개념인 '생태 철학'을 주장한다. 과타리는 새로운 주체성을 형성해야 인간이 자연과 인간의 거대한 유기체적인 흐름 속에서 조화롭게 살아갈 수 있으며, 특정 사회 체제에 매몰되지 않는 독립과 해방의 삶을 영위할 수 있다고 강조한다.

■ 주제
환경 문제 해결을 위한 과타리의 생태 철학

[문제 6]

문항 출제 기준

• 출제 범위: 문학 (고전 시가, 한국 문학의 전통과 특질)

• 출제 의도
고등학교 교육과정에서 작품을 감상할 때 작품에 나타난 주인공들의 심리를 이해하고, 주제와 유기적으로 연결지어 분석할 수 있는 능력을 평가하고자 출제하였다.

• 출제 근거
　10국05-03　문학사의 흐름을 고려하여 대표적인 한국 문학 작품을 감상한다.
　12문학01-01　문학이 인간과 세계에 대한 이해를 돕고, 삶의 의미를 깨닫게 하며, 정서적·미적으로 삶을 고양함을 이해한다.

도서명	쪽수/번
2025 수능특강 문학	68-70쪽

문제해결의 TIP

제시된 글의 27행의 '배 부려 선업하고, 말 부려 장사하기'를 보면, 농업 이외의 상업이 발달하고 있음을 알 수 있다.
또한, 28행의 '전당 잡고 빚 주기와 장판에 체계 놓기'에서 '전당'은 기한 내에 돈을 갚지 못하면 맡긴 물건 따위를 마음대로 처분하여도 좋다는 조건하에 돈을 빌리는 일이고, '체계'는 장에서 비싼 이자로 돈을 꾸어 주고 장날마다 본전의 일부와 이자를 받아들이던 일이므로 이를 통해 당시에 대부업이 이루어졌다는 사실을 알 수 있다.

26행의 '농업이 근본이라'와 41행의 '천만 가지 생각 말고 농업을 전심하소'는 작가의 신념이 담긴 부분으로, 농업이 아닌 다른 업종에 종사하여 농본 사회의 근간을 흔드는 일을 막기 위해 농사에 힘쓸 것을 권고하고 있다.

예시 답안

– ①, ②를 정확하게 쓴 경우만 정답으로 인정함.
– ①, ②의 각 항목을 기호가 아닌 구절로 쓴 경우도 정답으로 인정함.

답안	배점
①: ⓒ	5
②: ⓜ	5

작품 분석

정학유, 「농가월령가」

■ 해제
이 작품은 조선 후기 실학자 정약용의 차남 정학유가 저술한 월령체 장편 가사이다. 실학자인 부친의 뜻을 이어 작품 전체에 농업을 기반으로하는 농촌 공동체를 지키고, 농사를 권유하고 있다. 농가에서 1년 동안 해야 할 일을 월별로 소개하고, 농가의 행사와 풍속을 구체적으로 묘사해 실증적인 관점에서 당시 농촌 생활을 고증하는 소중한 사료로서의 역할을 한다.

■ 구성
1행: 12월의 절기 소개
2~3행: 12월의 풍경과 계절적 해야할 일 제시
4~8행: 옷감을 마련함
9~17행: 다양한 음식과 만드는 방법 소개
18~20행: 마을의 풍속과 의식 묘사
21~26행: 농본주의를 강조
27~41행: 다른 업이 아닌 농업에 전념할 것을 권함
42~44행: 권농

■ 주제
월별(12월)로 농가의 일을 소개하고, 농사를 장려함

수학

[문제 07]

📖 **문항 출제 기준**

- **출제 범위**: 수학Ⅰ (지수와 로그의 정의와 성질)

- **출제 의도**
  지수와 로그의 정의와 성질을 이해하고 이를 활용할 수 있는지 평가한다.

- **출제 근거**
  12수학Ⅰ 01-03 지수법칙을 이해하고, 이를 이용하여 식을 간단히 나타낼 수 있다.
  12수학Ⅰ 01-04 로그의 뜻을 알고, 그 성질을 이해한다.

도서명	쪽수/번
2025 수능특강 수학영역 수학Ⅰ	9쪽 유제 6번

💡 **문제해결의 TIP**

본 문항은 수학Ⅰ 과목의 지수함수와 로그함수 단원에서 지수법칙과 로그의 정의와 성질에 관한 문항이다. 따라서 지수법칙과 로그의 정의를 이용하여 주어진 두 수를 변형한 후, 이 수가 자연수가 되도록 하는 자연수 n의 값을 구해 문제를 해결할 수 있는지를 평가하고 있다.

📝 **예시 답안**

$$\left(\sqrt[3]{9}\right)^{\frac{n}{4}} = \left\{\left(3^2\right)^{\frac{1}{3}}\right\}^{\frac{n}{4}} = 3^{2\times\frac{1}{3}\times\frac{n}{4}} = 3^{\frac{n}{6}}$$

이므로 $\left(\sqrt[3]{9}\right)^{\frac{n}{4}}$ 이 자연수가 되려면 자연수 n은 6의 배수이어야 한다. …… ㉠

$$\frac{360}{n}\log_9\sqrt{3} = \frac{360}{n}\log_{3^2}3^{\frac{1}{2}} = \frac{360}{n}\times\frac{1}{2}\times\frac{1}{2}\times\log_3 3$$
$$= \frac{90}{n}$$

이므로 $\frac{360}{n}\log_9\sqrt{3}$ 이 자연수가 되려면 자연수 n은 90의 약수이어야 한다. …… ㉡

$90 = 6\times(3\times5)$이므로 ㉠, ㉡을 동시에 만족시키는 자연수 n은 6, 6×3, 6×5, $6\times3\times5$, 즉 6, 18, 30, 90이다.
따라서 구하는 자연수 n의 값의 합은
$6+18+30+90 = 144$

[문제 08]

📖 **문항 출제 기준**

- **출제 범위**: 수학Ⅰ (삼각함수의 그래프)

- **출제 의도**
  탄젠트함수의 그래프의 대칭성을 이해하고 이를 활용할 수 있는지 평가한다.

- **출제 근거**
  12수학Ⅰ 02-02 삼각함수의 뜻을 알고, 사인함수, 코사인함수, 탄젠트함수의 그래프를 그릴 수 있다.

도서명	쪽수/번
2025 수능특강 수학영역 수학Ⅰ	51쪽 Level3 1번

💡 **문제해결의 TIP**

본 문항은 수학Ⅰ 과목의 삼각함수 단원에서 탄젠트함수의 그래프에 관한 문항이다. 따라서 탄젠트함수의 대칭성과 주기를 이용하여 주어진 도형과 넓이가 같은 부분을 찾은 후, 직사각형의 넓이에서 미지수 k를 구해 문제를 해결할 수 있는지를 평가하고 있다.

📝 **예시 답안**

다음 그림과 같이 빗금친 부분의 넓이를 순서대로 S_1, S_2, S_3, S_4라 하면 함수 $y = \tan\pi x$의 그래프는 점 $(n,\ 0)$ (n은 정수)에 대하여 대칭이므로
$S_1 = S_3$, $S_2 = S_4$

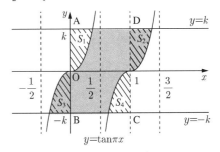

따라서 $y = \tan\pi x$ $\left(-\frac{1}{2} < x < \frac{3}{2}\right)$의 그래프와 두 직선 $y = k$, $y = -k$로 둘러싸인 도형의 넓이는 직사각형 ABCD의 넓이와 같다.

$\overline{AB} = 2k$, $\overline{AD} = 1$일 때 사각형 ABCD의 넓이는 $2k$이므로
$2k = 8$에서
$k = 4$

[문제 09]

- 출제 범위: 수학 Ⅰ (코사인법칙)

- 출제 의도
  코사인법칙을 이해하고 이를 활용할 수 있는지 평가한다.

- 출제 근거
  12수학Ⅰ 02-03 사인법칙과 코사인법칙을 이해하고, 이를 활용할 수 있다.

도서명	쪽수/번
2025 수능특강 수학영역 수학 Ⅰ	57쪽 예제 2번

문제해결의 TIP

본 문항은 수학 Ⅰ 과목의 삼각함수 단원에서 코사인법칙에 관한 문항이다. 따라서 코사인법칙을 이용하여 삼각형의 변의 길이를 구하고, 삼각함수 사이의 관계와 이등변삼각형의 성질을 통해 선분 DE의 길이를 구해 문제를 해결할 수 있는지를 평가하고 있다.

예시 답안

$\angle \mathrm{BAC} = \angle \mathrm{BDA}$ 에서 삼각형 ABD는 이등변삼각형이므로 $\overline{\mathrm{BD}} = 8$ 이다.

이때 코사인법칙에 의하여

$\overline{\mathrm{DB}}^2 = \overline{\mathrm{AB}}^2 + \overline{\mathrm{AD}}^2 - 2 \times \overline{\mathrm{AB}} \times \overline{\mathrm{AD}} \times \cos(\angle \mathrm{BAD})$

$8^2 = 8^2 + \overline{\mathrm{AD}}^2 - 2 \times 8 \times \overline{\mathrm{AD}} \times \dfrac{1}{8}$

$\overline{\mathrm{AD}}^2 - 2\overline{\mathrm{AD}} = 0, \ \overline{\mathrm{AD}}(\overline{\mathrm{AD}} - 2) = 0$

즉, $\overline{\mathrm{AD}} = 2$ 이고, $\overline{\mathrm{CD}} = 8$ 이다.

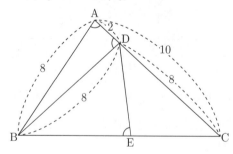

삼각형 CDE의 외접원의 반지름을 R라 하면 사인법칙에 의해

$\dfrac{8}{\sin(\angle \mathrm{CED})} = \dfrac{8}{\sin(\pi - \angle \mathrm{BED})} = \dfrac{8}{\sin(\angle \mathrm{BED})} = 2R$

이때 $\sin(\angle \mathrm{BED}) = \sin(\angle \mathrm{BAC})$ 이고

$\sin^2(\angle \mathrm{BAC}) + \cos^2(\angle \mathrm{BAC}) = 1$ 이므로

$\sin(\angle \mathrm{BAC}) = \sqrt{1 - \left(\dfrac{1}{8}\right)^2} = \dfrac{3\sqrt{7}}{8}$

$\therefore \sin(\angle \mathrm{BED}) = \dfrac{3\sqrt{7}}{8}$

따라서 $2R = \dfrac{8}{\dfrac{3\sqrt{7}}{8}} = \dfrac{16\sqrt{7}}{21}$ 이므로 $R = \dfrac{32\sqrt{7}}{21}$ 에서

$p = 21, \ q = 32, \ r = 7$

$\therefore p + q + r = 60$

[문제 10]

- 출제 범위: 수학 Ⅰ (합의 기호∑)

- 출제 의도
  합의 기호 ∑의 뜻을 이해하고 이를 활용할 수 있는지 평가한다.

- 출제 근거
  12수학Ⅰ 03-04 ∑의 뜻을 알고, 그 성질을 이해하고, 이를 활용할 수 있다.

도서명	쪽수/번
2025 수능특강 수학영역 수학 Ⅰ	100쪽 Level2 3번

문제해결의 TIP

본 문항은 수학 Ⅰ 과목의 수열 단원에서 합의 기호 ∑의 뜻에 관한 문항이다. 따라서 이차함수의 그래프와 직선이 만나는 점의 x좌표에 대한 방정식을 구한 후, 이차방정식의 근과 계수의 관계를 이용하여 n에 대한 식으로 나타낸다. 이 식에 합의 기호 ∑와 로그의 성질을 이용하여 문제를 해결할 수 있는지를 평가하고 있다.

이차함수 $y = x^2 - 3nx - 1$의 그래프와 직선 $y = 2x - 3n$이 만나는 서로 다른 두 점의 x좌표는

이차방정식 $x^2 - 3nx - 1 = 2x - 3n$의 해이다.

따라서 $x^2 - (3n+2)x + 3n - 1 = 0$에서 이차방정식의 근과 계수와의 관계에 의하여

$\alpha_n + \beta_n = 3n + 2$, $\alpha_n \beta_n = 3n - 1$

$$\therefore \sum_{n=1}^{20} \log\left(\frac{1}{\alpha_n} + \frac{1}{\beta_n}\right)$$

$$= \sum_{n=1}^{20} \log \frac{\alpha_n + \beta_n}{\alpha_n \beta_n}$$

$$= \sum_{n=1}^{20} \log \frac{3n+2}{3n-1}$$

$$= \log \frac{5}{2} + \log \frac{8}{5} + \log \frac{11}{8} + \cdots + \log \frac{62}{59}$$

$$= \log\left(\frac{5}{2} \times \frac{8}{5} \times \frac{11}{8} \times \cdots \times \frac{62}{59}\right)$$

$$= \log \frac{62}{2} = \log 31$$

[문제 11]

- **출제 범위**: 수학 Ⅱ (함수의 극한에 대한 성질)

- **출제 의도**
  함수의 극한에 대한 성질을 이해하고 이를 활용할 수 있는지 평가한다.

- **출제 근거**
  12수학Ⅱ 01-02 함수의 극한에 대한 성질을 이해하고, 함수의 극한값을 구할 수 있다.

도서명	쪽수/번
2025 수능완성 수학영역 수학 Ⅱ	41쪽 10번

본 문항은 수학 Ⅱ 과목의 함수의 극한과 연속 단원에서 함수의 극한에 대한 성질에 관한 문항이다. 따라서 함수의 극한에 대한 성질을 이해하고, 주어진 조건을 파악하여 함수의 극한값을 구해 문제를 해결할 수 있는지를 평가하고 있다.

조건 (가)에서 $x \to 1$일 때, (분모) $\to 0$이고 극한값이 존재하므로 (분자) $\to 0$이어야 한다.

즉, $\lim_{x \to 1}\{f(x) - 2\} = 0$에서 $\lim_{x \to 1} f(x) = 2$

조건 (나)에서 $x \neq 1$이고 $f(x) \neq 2$일 때,

$\dfrac{g(x-1)}{x-1} = \dfrac{(x-1)\{f(x)+6\}}{f(x)-2}$ 이므로

$$\lim_{x \to 1} \frac{g(x-1)}{x-1} = \lim_{x \to 1} \frac{f(x)+6}{\dfrac{f(x)-2}{x-1}} = \frac{2+6}{4} = 2$$

$\lim_{x \to 1} \dfrac{g(x-1)}{x-1} = 2$에서 $x \to 1$일 때, (분모) $\to 0$이고 극한값이

존재하므로 (분자) $\to 0$이어야 한다.

즉, $\lim_{x \to 1} g(x-1) = 0$

$$\therefore \lim_{x \to 1} \frac{6(x-1)g(x-1) + f(x)g(x-1)}{2x-2+g(x-1)}$$

$$= \lim_{x \to 1} \frac{6g(x-1) + f(x) \times \dfrac{g(x-1)}{x-1}}{2 + \dfrac{g(x-1)}{x-1}}$$

$$= \frac{6 \times 0 + 2 \times 2}{2 + 2} = 1$$

함수의 극한에 대한 성질

두 함수 $f(x)$, $g(x)$에 대하여 $\lim_{x \to a} f(x) = \alpha$, $\lim_{x \to a} g(x) = \beta$ (α, β는 실수)일 때

(1) $\lim_{x \to a} cf(x) = c \lim_{x \to a} f(x) = c\alpha$ (단, c는 상수)

(2) $\lim_{x \to a}\{f(x) + g(x)\} = \lim_{x \to a} f(x) + \lim_{x \to a} g(x) = \alpha + \beta$

(3) $\lim_{x \to a}\{f(x) - g(x)\} = \lim_{x \to a} f(x) - \lim_{x \to a} g(x) = \alpha - \beta$

(4) $\lim_{x \to a} f(x)g(x) = \lim_{x \to a} f(x) \times \lim_{x \to a} g(x) = \alpha\beta$

(5) $\lim_{x \to a} \dfrac{f(x)}{g(x)} = \dfrac{\lim_{x \to a} f(x)}{\lim_{x \to a} g(x)} = \dfrac{\alpha}{\beta}$ (단, $\beta \neq 0$)

[문제 12]

📖 **문항 출제 기준**

- **출제 범위**: 수학 Ⅱ (도함수의 활용–함수의 극대와 극소)

- **출제 의도**
  도함수를 이용하여 함수의 그래프의 개형을 이해하고 이를 활용하여 실근의 개수를 구할 수 있는지 평가한다.

- **출제 근거**
  [12수학Ⅱ 02-09] 함수의 그래프의 개형을 그릴 수 있다.

도서명	쪽수/번
2025 수능완성 수학영역 수학 Ⅱ	56쪽 26번

💡 **문제해결의 TIP**

본 문항은 수학 Ⅱ 과목의 미분 단원에서 도함수의 방정식에의 활용에 관한 문항이다. 따라서 극댓값과 극솟값을 이용하여 함수의 그래프의 개형을 그린 후, 실근의 개수를 구해 문제를 해결할 수 있는지를 평가하고 있다.

📝 **예시 답안**

$f(x) = \dfrac{1}{3}x^3 + \dfrac{1}{2}\sqrt{a}\,x^2 - \dfrac{a}{8}x + 1$ 에서

$f'(x) = x^2 + \sqrt{a}\,x - \dfrac{a}{8}$

이차방정식 $x^2 + \sqrt{a}\,x - \dfrac{a}{8} = 0$의 두 근을 a, β $(\alpha < \beta)$라 하고, 판별식을 D라 하면

$D = (\sqrt{a})^2 - 4 \times \left(-\dfrac{a}{8}\right) = a + \dfrac{a}{2} = \dfrac{3}{2}a > 0 \ (\because a > 0)$

이므로 이 이차방정식은 서로 다른 두 실근을 갖는다.
이차방정식의 근과 계수의 관계에서

$\alpha + \beta = -\sqrt{a} < 0$, $\alpha\beta = -\dfrac{a}{8} < 0$이므로

$\alpha < 0$, $\beta > 0$
함수 $f(x)$의 증가와 감소를 표로 나타내면 다음과 같다.

x	$\cdots$	α	$\cdots$	β	$\cdots$
$f'(x)$	$+$	0	$-$	0	$+$
$f(x)$	↗	극대	↘	극소	↗

$\alpha < 0$, $\beta > 0$, $f(0) = 1 > 0$이고 함수 $f(x)$의 극댓값과 극솟값의 곱이 음수이므로 함수 $y = f(x)$의 그래프의 개형은 그림과 같다.

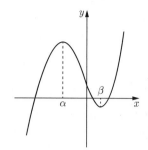

방정식 $f(x) = 0$의 서로 다른 실근의 개수는 함수 $y = f(x)$의 그래프와 x축이 만나는 점의 개수이므로 3이다.

$\therefore \ p = 3$

또, 서로 다른 실근 중 양수의 개수는 2이므로

$q = 2$

$\therefore \ p^2 + q^2 = 3^2 + 2^2 = 13$

📖 **교과서 속 개념 확인**

도함수의 활용–방정식의 실근의 개수
방정식 $f(x) = g(x)$의 서로 다른 실근의 개수는 함수 $y = f(x)$의 그래프와 함수 $y = g(x)$의 그래프의 교점의 개수와 같음을 이용한다. 또는 함수 $y = f(x) - g(x)$의 그래프와 x축의 교점의 개수와 같음을 이용한다.

[문제 13]

📖 **문항 출제 기준**

- **출제 범위**: 수학 Ⅱ (도함수의 활용–접선의 방정식)

- **출제 의도**
  접선의 방정식을 이해하고 이를 활용할 수 있는지 평가한다.

- **출제 근거**
  [12수학Ⅱ 02-06] 접선의 방정식을 구할 수 있다.

도서명	쪽수/번
2025 수능완성 수학영역 수학 Ⅱ	51쪽 11번

💡 **문제해결의 TIP**

본 문항은 수학 Ⅱ 과목의 미분 단원에서 곡선 위의 점에서의 접선의 방정식에 관한 문항이다. 따라서 곡선 위의 한 점에서의 접선의 기울기는 그 점에서의 미분계수와 같음을 이용하여 미지수 a의 값을 구한 후, 점과 직선 사이의 거리 공식에 적용하여 문제를 해결할 수 있는지를 평가하고 있다.

예시 답안

$f(x) = x^3 + 3x^2 - 2x - 3$에서 $f'(x) = 3x^2 + 6x - 2$

함수 $y = f(x)$의 그래프 위의 점 $P(a, f(a))$에서의 접선 l_1과 점 $Q(a+2, f(a+2))$에서의 접선 l_2가 서로 평행하므로 두 접선 l_1, l_2의 기울기가 서로 같다.

즉, $f'(a) = f'(a+2)$이므로

$3a^2 + 6a - 2 = 3(a+2)^2 + 6(a+2) - 2$에서

$12a + 24 = 0$, $12(a+2) = 0$

$\therefore a = -2$

따라서 두 접점의 좌표는 $P(-2, 5)$, $Q(0, -3)$이다.

$f'(-2) = -2$이므로 점 $P(-2, 5)$에서의 접선 l_1의 방정식은

$y - 5 = -2(x+2)$, 즉 $y = -2x + 1$ $\cdots\cdots$ ㉠

$\therefore R(0, 1)$

직선 QH는 점 Q를 지나고 직선 l_1과 수직인 직선이므로 방정식은

$y + 3 = \dfrac{1}{2}x$, 즉 $y = \dfrac{1}{2}x - 3$ $\cdots\cdots$ ㉡

㉠, ㉡으로부터 점 H의 좌표는

$H\left(\dfrac{8}{5}, -\dfrac{11}{5}\right)$

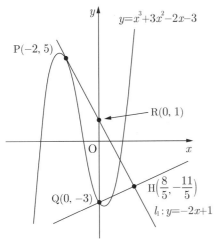

따라서 구하는 삼각형 QRH의 넓이는

$\dfrac{1}{2} \times 4 \times \dfrac{8}{5} = \dfrac{16}{5}$

[문제 14]

문항 출제 기준

- **출제 범위**: 수학 Ⅱ (정적분과 미분의 관계)

- **출제 의도**

정적분과 미분의 관계을 이해하고 이를 활용할 수 있는지 평가한다.

- **출제 근거**

12수학Ⅱ 03-04 다항함수의 정적분을 구할 수 있다.

도서명	쪽수/번
2025 수능특강 수학영역 수학 Ⅱ	75쪽 유제 4번

문제해결의 TIP

본 문항은 수학 Ⅱ 과목의 적분 단원에서 정적분과 미분의 관계에 관한 문항이다. 따라서 정적분과 미분의 관계를 이해하고, 정적분의 성질을 이용하여 다항함수 $f(x)$의 식을 구해 문제를 해결할 수 있는지를 평가하고 있다.

예시 답안

$$\dfrac{1}{2}x^2 f(x) = \int_2^x (t+2)f(t)dt - \int_x^{-2} (t-2)f(t)dt$$

$$= \int_2^x (t+2)f(t)dt + \int_{-2}^x (t-2)f(t)dt$$

위 식의 양변을 x에 대하여 미분하면

$$xf(x) + \dfrac{1}{2}x^2 f'(x) = (x+2)f(x) + (x-2)f(x)$$

$$\dfrac{1}{2}x^2 f'(x) = xf(x) \quad \cdots\cdots ㉠$$

$f(x)$의 차수를 n, 최고차항의 계수를 a $(a > 0)$라 하자.

㉠의 양변의 최고차항의 계수를 비교하면 $\dfrac{1}{2}an = a$이므로

$$n = 2$$

이때 $f(x) = ax^2 + bx + c$ (a, b, c는 상수)라 하면

$f'(x) = 2ax + b$

위 식을 ㉠에 대입하여 풀면

$$\dfrac{1}{2}x^2 \times (2ax + b) = x(ax^2 + bx + c)$$에서

$$ax^3 + \dfrac{1}{2}bx^2 = ax^3 + bx^2 + cx$$

계수비교법에 의해 $\dfrac{1}{2}b = b$, $c = 0$

$\therefore b = 0$, $c = 0$

즉, $f(x) = ax^2$이다.

$$\frac{1}{2}x^2 f(x) = \int_2^x (t+2)f(t)dt - \int_x^{-2} (t-2)f(t)dt$$

$$\cdots\cdots\ \text{ⓛ}$$

ⓛ의 양변에 $x = 2$를 대입하면

$$2f(2) = -\int_2^{-2}(t-2)f(t)dt = \int_{-2}^2 (t-2)f(t)dt$$

이므로

$$8a = \int_{-2}^2 (x-2)f(x)dx$$

ⓛ의 양변에 $x = -2$를 대입하면

$$2f(-2) = \int_2^{-2}(t+2)f(t)dt = -\int_{-2}^2 (t+2)f(t)dt$$

이므로

$$-8a = \int_{-2}^2 (x+2)f(x)dx$$

따라서

$$\int_{-2}^2 (x-2)f(x)dx \times \int_{-2}^2 (x+2)f(x)dx = -64a^2 = -16$$

에서 $a^2 = \dfrac{1}{4}$

$a > 0$이므로 $a = \dfrac{1}{2}$

따라서 $f(x) = \dfrac{1}{2}x^2$이므로

$$f(4) = 8$$

교과서 속 개념 확인

정적분과 미분의 관계

함수 $f(x)$가 닫힌구간 $[a,\ b]$에서 연속일 때

$$\frac{d}{dx}\int_a^x f(t)dt = f(x) \quad (\text{단},\ a < x < b)$$

[문제 15]

문항 출제 기준

- **출제 범위**: 속도와 거리

- **출제 의도**
  속도와 위치변화량과의 관계를 이해하고 정적분을 활용할 수 있는지 평가한다.

- **출제 근거**
  12수학Ⅱ 03-06 속도와 거리에 대한 문제를 해결할 수 있다.

도서명	쪽수/번
2025 수능특강 수학영역 수학 Ⅱ	99쪽 Level2 6번

문제해결의 TIP

본 문항은 수학 Ⅱ 과목의 적분 단원에서 속도와 거리에 관한 문항이다. 따라서 속도 $v(t)$의 그래프에서 점 P가 운동 방향을 한 번만 바꾸도록 하는 미지수 a의 값을 구한 후, 속도 $v(t)$의 정적분의 값이 점 P의 위치변화량임을 이용하여 문제를 해결할 수 있는지를 평가하고 있다.

예시 답안

양의 실수 a에 대하여 수직선 위를 움직이는 점 P의 시각 $t\ (t \geq 0)$에서의 속도를 $v(t)$라 할 때

$$v(t) = -(t-1)(t-a)(t-2a)$$

점 P가 출발 후 운동 방향을 한 번만 바꾸려면 점 P의 시각 t에서의 속도 $v(t)$의 그래프가 t축과 $t = p$에서 만나고, $t = p$의 좌우에서 $v(t)$의 부호가 바뀌면 점 P는 $t = p$에서 운동 방향을 바꾼다.

즉, $a = \dfrac{1}{2}$ 또는 $a = 1$일 때 점 P는 운동 방향을 한 번만 바꾼다.

(ⅰ) $a = \dfrac{1}{2}$일 때

$v(t) = -(t-1)^2\left(t - \dfrac{1}{2}\right)$이므로 시각 $t = 0$에서 $t = 2$까지의 점 P의 위치변화량은

$$\int_0^2 -(t-1)^2\left(t-\frac{1}{2}\right)dt$$

$$= \int_0^2 \left(-t^3 + \frac{5}{2}t^2 - 2t + \frac{1}{2}\right)dt$$

$$= \left[-\frac{1}{4}t^4 + \frac{5}{6}t^3 - t^2 + \frac{1}{2}t\right]_0^2$$

$$= -4 + \frac{20}{3} - 4 + 1 = -\frac{1}{3}$$

(ⅱ) $a = 1$일 때

$v(t) = -(t-1)^2(t-2)$이므로 각 $t=0$에서 $t=2$까지의 점 P의 위치변화량은

$$\int_0^2 -(t-1)^2(t-2)dt$$

$$= \int_0^2 (-t^3 + 4t^2 - 5t + 2)dt$$

$$= \left[-\frac{1}{4}t^4 + \frac{4}{3}t^3 - \frac{5}{2}t^2 + 2t \right]_0^2$$

$$= -4 + \frac{32}{3} - 10 + 4 = \frac{2}{3}$$

(ⅰ), (ⅱ)에서 점 P의 위치변화량으로 가질 수 있는 모든 값의 합은 $-\frac{1}{3} + \frac{2}{3} = \frac{1}{3}$

제6회 자연 계열 정답 및 해설

국어

[문제 1]

📖 문항 출제 기준

- **출제 범위**: 국어 (작문, 건의문, 문제 해결)

- **출제 의도**
  고등학교 교육과정에서 문제 상황, 해결 방안, 이익·기대 효과라는 건의문의 핵심 요소를 명확하게 파악하고, 실제 사례에 적용된 양상을 분석하는 능력을 평가하고자 출제하였다.

- **출제 근거**
  `12화작03-06` 현안을 분석하여 쟁점을 파악하고 해결 방안을 담은 건의하는 글을 쓴다.

도서명	쪽수/번
창비 화법과 작문	182~183쪽
2022(4월) 고3 학력평가	42~45번

💡 문제해결의 TIP

제시된 글은 ○○숲 공원을 이용하는 지역 주민의 수가 감소되는 문제를 해결하기 위해 공원의 개선을 촉구하고 있다. 1문단은 건의의 목적, 2문단은 ○○숲 공원의 실태 조사와 개선의 필요성, 3문단은 ○○숲 공원의 문제를 해결할 수 있는 방안, 4문단은 문제 해결로 얻게 되는 이익과 기대 효과, 5문단은 개선의 촉구로 구성되어 있다.
먼저, 2문단에 의하면, 학생은 '그러나~있었습니다.'와 같이 동아리에서 조사한 내용을 바탕으로 문제 상황을 구체적 수치와 함께 제시하였다. 이를 통해 공원 내 휴게 시설의 정비와 확충이 시급하게 해결되어야 함을 강조하였다.
또한, 4문단에서 '○○숲~것입니다.'와 같이 건의 사항이 해결되면 지역 주민들의 만족도가 올라 공동체 발전에 이바지할 수 있다는 기대 효과를 나타내었다.

✏️ 예시 답안

- ⊙, ⓒ 각각 첫 어절과 마지막 어절을 순서대로 정확하게 쓴 경우만 정답으로 인정함.

답안	배점
⊙: 그러나, 있었습니다.	5
ⓒ: ○○숲, 것입니다.	5

| 2~3 |

📖 문항 출제 기준

- **출제 범위**: 독서 (사실적 이해, 인문·예술 분야의 글 읽기)

- **출제 의도**
  고등학교 교육과정에서 인문·예술 분야의 글을 올바르게 이해할 수 있는 능력과 제시된 내용을 분석하여 명확한 추론을 통해 사례에 적용할 수 있는 능력을 평가하고자 출제하였다.

- **출제 근거**
  `12독서02-01` 글에 드러난 정보를 바탕으로 중심 내용, 주제, 글의 구조와 전개 방식 등 사실적 내용을 파악하며 읽는다.
  `12독서03-01` 인문·예술 분야의 글을 읽으며 제재에 담긴 인문학적 세계관, 예술과 삶의 문제를 대하는 인간의 태도, 인간에 대한 성찰 등을 비판적으로 이해한다.

도서명	쪽수/번
지학사 독서	52~53, 116~117쪽
2025 수능완성 국어영역	184쪽

[문제 2]

💡 문제해결의 TIP

제시된 글의 2문단에 의하면, 베이컨은 단순히 여러 사례를 나열하는 기존의 귀납법 대신, 더 복잡하고 정교한 논리 과정을 통해 '참의 정도'를 강화하고자 하였다.
1문단에 의하면, '경험적 데이터'를 바탕으로 새로운 지식을 생성할 수 있는 것은 귀납법의 장점이다. 2문단에서 확인할 수 있듯, 베이컨은 경험적 데이터를 바탕으로 일반적인 법칙을 발견할 수 있다고 믿고 열의 개념을 도출하기 위한 연구에 새로운 귀납법을 도입하였다.

3문단에 의하면, 베이컨의 새로운 귀납법이 '과학적 방법론'의 발전에 기여하였음을 알 수 있다.

- ①~③을 정확하게 쓴 경우만 정답으로 인정함.
- 2어절의 띄어쓰기가 분명하게 나타나야 정답으로 인정함.

답안	배점
①: 참의 정도	3
②: 경험적 데이터	3
③: 과학적 방법론	4

[문제 3]

제시된 글의 1문단에 의하면, 연역법은 일반적 원리나 법칙으로부터 '특정한 결론'을 도출하고, 귀납법은 특정 사례들로부터 일반적인 결론을 도출한다.

귀납법의 결론은 항상 일정한 제한을 가지며, '모든 사례'를 관찰하지 않는 한 절대적인 확실성을 가질 수 없다.

- ①, ②를 정확하게 쓴 경우만 정답으로 인정함.

답안	배점
①: 특정한 결론	5
②: 모든 사례	5

「베이컨의 귀납법」

■ 해제

이 글은 베이컨이 기존 귀납법의 확률적 한계를 극복하고자 제안한 새로운 귀납법을 소개하고 있다. 기존 귀납법이 단순히 사례를 나열해 일반적 결론을 도출하는 것에 비해, 베이컨의 방법은 더 복잡한 논리 과정을 통해 참의 정도를 강화한다. 그는 이를 통해 자연 현상을 관찰하고 실험하여 신뢰할 수 있는 과학적 지식을 창출하려 하였다. 베이컨의 새로운 귀납법은 과학적 방법론의 기초를 마련하였으며, 현대 과학의 경험주의 원칙에도 중요한 기여를 하였다.

■ 주제

베이컨의 귀납법

[문제 4]

• 출제 범위: 독서 (사실적 이해, 인문·예술 분야의 글 읽기)

• 출제 의도
고등학교 교육과정에서 인문·예술 분야의 글을 올바르게 이해할 수 있는 능력과 제시된 내용을 분석하여 명확한 추론을 통해 사례에 적용하는 능력을 평가하고자 출제하였다.

• 출제 근거
12독서02-01 글에 드러난 정보를 바탕으로 중심 내용, 주제, 글의 구조와 전개 방식 등 사실적 내용을 파악하며 읽는다.
12독서03-01 인문·예술 분야의 글을 읽으며 제재에 담긴 인문학적 세계관, 예술과 삶의 문제를 대하는 인간의 태도, 인간에 대한 성찰 등을 비판적으로 이해한다.

도서명	쪽수/번
2025 수능완성 국어영역	158쪽

제시된 글의 1문단에 의하면, 언어를 통해 우리는 자신의 '정체성'을 확인하고 타인과의 관계를 형성한다.

또한, 언어는 '고정적'이면서도 '유동적'인 특성을 가지고 있다.

예시 답안

답안	배점
①~③을 정확하게 쓴 경우만 정답으로 인정함.	
①: 정체성	4
②: 고정적	3
③: 유동적	3

작품 분석

■ 해제

이 글은 의사소통과 사회 구조를 이해하는 필수 도구인 언어에 대한 춘추 전국 시대 사상가들의 관점을 제시하고 있다. 공자와 순자는 언어의 사회 질서 유지 역할을 강조하였다. 반면, 노자와 장자는 언어의 한계를 인정하였으며, 노자는 직관적 이해를 중시하고 장자는 진리 추구를 중시하였다. 이 논의는 언어의 복잡성과 다층적 역할을 이해하는데 중요한 단서를 제공한다.

■ 주제

춘추 전국 시대 사상가들이 주장한 언어의 개념과 역할

| 5~6 |

문항 출제 기준

• 출제 범위: 문학 (현대 소설, 소재의 상징적 의미)

• 출제 의도

고등학교 교육과정에서 문학 작품 중 소설에 나타난 소재의 상징적 의미를 이해하고, 작품의 시대 배경을 고려하여 소설에 대한 심층적 이해를 할 수 있는 능력을 평가하고자 출제하였다.

• 출제 근거

 12문학01-01 문학이 인간과 세계에 대한 이해를 돕고, 삶의 의미를 깨닫게 하며, 정서적·미적으로 삶을 고양함을 이해한다.

 12문학02-02 작품을 작가, 사회·문화적 배경, 상호 텍스트성 등 다양한 맥락에서 이해하고 감상한다.

도서명	쪽수/번
2025 수능완성 국어영역	197쪽

[문제 5]

문제해결의 TIP

'갈매나무'는 두현에게 윤정과의 행복한 추억을 떠올리게 하는 아름다운 배경이기도 하면서 동시에 윤정과의 이별을 떠올리고 아픔을 느끼도록 만드는 가시와도 같은 존재이다.

제시문의 후반부에는 두현이 한 나무에 대한 꿈을 꾸는 장면이 등장한다. 두현은 어느 깊은 계곡에 홀로 뿌리를 박고 눈보라와 찬비 등의 시련을 견디고 있을 갈매나무를 상상하며 직접 보지는 못한 가상의 자연물을 언젠가는 직접 보게 되리라 확신하고 있는데, 이는 절망과 허무로 힘든 시간을 보내고 있는 두현이 지옥 같은 현실에 맞서겠다는 의지와 다짐을 상징적으로 드러내는 것으로 볼 수 있다. 따라서 '수칼매나무'는 두현이 지향하는 삶에 대한 강인한 의지와 생명력을 지닌 존재로 볼 수 있다.

어릴 때부터 어른이 된 현재까지 갈매나무는 두현에게 특별한 존재였다. 갈매나무 가시에 찔린 아픔을 이기기 위해 더 독한 가시를 품어야 한다는 할머니의 말씀은 두현이 살아가면서 시련을 대하는 마음가짐의 밑바탕이 된다. 이때, '세상의 숱해 많은 까시'는 살면서 겪을 수많은 시련과 고난을, 더 독한 까시는 삶에 대한 강한 의지를 의미한다.

 예시 답안

답안	배점
①~③을 정확하게 쓴 경우만 정답으로 인정함.	
①: 갈매나무	3
②: 수칼매나무	3
③: 세상의 숱해 많은 까시	4

교과서 속 개념 확인

소설의 소재

(1) 개념: 작품에서 작가가 말하고자 하는 바를 나타내기 위해 선택하는 재료를 말한다.

(2) 기능

① 소재는 대개 상징적 의미를 지니고 있으며, 앞으로 전개될 사건을 암시하는 복선 기능을 한다.

② 소재의 기능, 역할, 의미를 바르게 이해하려면 소재 자체에 얽매이기보다 소설 전체의 흐름과 주제와의 연관 속에서 파악해야 한다.

김소진, 「갈매나무를 찾아서」

■ 해제

이 작품은 백석의 시 「남신의주 유동 박시봉방」을 인용하여 주인공의 처지를 드러내며, '갈매나무'라는 상징적 소재를 활용하여 주제 의식을 형상화하고 있다. 백석의 시 속 화자가 아내도 집도 없이 타향에서 쓸쓸히 지내고 있는 것처럼 주인공 역시 이혼의 상처를 지닌 채 쓸쓸히 살아가고 있다. 작품 초반에 두현이 찾아가고자 한 가게 이름이 '아름다운 지옥'인 것과 작품의 주요 소재인 갈매나무가 열매와 독한 가시를 함께 지니고 있다는 내용을 통해 인생이란 지옥과 아름다움, 즉 기쁨과 슬픔이 공존하는 것이라는 의미를 파악할 수 있다. 또한, 홀로 겨울의 추위를 꿋꿋하게 견디며 자신의 자리를 지키는 갈매나무를 떠올리는 주인공의 모습을 통해 그가 자신의 환경을 받아들이며 의지적인 삶을 살게 될 것임을 암시하며 작품이 마무리된다.

■ 주제

삶의 의지를 회복하고자 하는 열망

■ 줄거리

늦깎이 시인으로 등단한 두현은 윤정과 이혼 후 시를 쓰지 못한 채 방황하며 살고 있다. 우연히 책 정리를 하다가 연애 시절 자주 가던 '아름다운 지옥'이라는 가게에서 찍은 사진 속에서 환하게 웃고 있는 윤정과 그 뒤에 서있는 갈매나무를 발견하고는 추억에 젖어 그곳을 찾아간다. 그러나 '아름다운 지옥'은 이미 없어지고 그곳에는 오리고기 식당이 생겼다. 두현은 그곳에서 식당 여주인과 술을 마시며 추억에 잠긴다. 갈매나무는 두현에게 있어 어린 시절 가시에 찔린 아픈 기억, 윤정과 함께 갈매나무 아래서 첫 키스를 하던 기억 등 아름다운 기억과 아픈 기억이 공존하는 대상이다. 술이 오른 두현은 백석의 시를 떠올리며 시 속에 등장하는 추운 겨울을 홀로 견디는 수칼매나무처럼 자신도 현실의 고통과 아픔을 받아들이며 꿋꿋하게 살아가야겠다고 다짐한다.

[문제 6]

• 출제 범위: 문학 (현대 시, 시어의 상징적 의미)

• 출제 의도
고등학교 교육과정에서 문학 작품 중 소설에 나타난 소재의 상징적 의미를 이해하고, 작품의 시대 배경을 고려하여 소설에 대한 심층적 이해를 할 수 있는 능력을 평가하고자 출제하였다.

• 출제 근거

12문학01-01 문학이 인간과 세계에 대한 이해를 돕고, 삶의 의미를 깨닫게 하며, 정서적·미적으로 삶을 고양함을 이해한다.

12문학02-02 작품을 작가, 사회·문화적 배경, 상호 텍스트성 등 다양한 맥락에서 이해하고 감상한다.

도서명	쪽수/번
2025 수능완성 국어영역	227쪽

문제해결의 TIP

'절제와 균형'을 유지하고 있던 그릇이 빗나간 힘에 의해 깨진 그릇이 되었을 때, 그것은 아무것이나 베어 넘길 수 있는 무서운 사금파리의 칼날이 되어 그 내부에 감추고 있던 긴장된 힘의 본질, 즉 날카로운 면을 드러내게 된다. 이는 부정적인 것이 아니다. 이를 통해 비로소 이성이 차가운 눈을 뜨고 맹목의 사랑은 베어지게 되기 때문이다. 그리고 이에 그치지 않고 칼날에 베인 상처 때문에 우리는 비로소 '성숙'한 혼이 될 수 있는 것이다. 이 시는 편향된 사고방식이 가져올 수 있는 획일화된 이념이나 사상을 경계해야 한다는 교훈을 깨진 그릇에 비유하여 전해 주고 있다.

예시 답안

– ①, ②를 정확하게 쓴 경우만 정답으로 인정함.
– ①은 2어절의 띄어쓰기가 분명하게 나타나야 정답으로 인정함.

답안	배점
①: 절제와 균형	5
②: 성숙	5

작품 분석

오세영, 「그릇 · 1」

■ 해제
이 작품은 깨진 그릇을 통해 인간의 상처와 그로 인한 성숙을 표현한 작품이다. 깨진 그릇이 칼날이 되어 날카로워지는 것처럼, 상처받은 인간도 상처 속에서 성숙하고 이성을 깨닫게 된다. 시인은 상처의 경험이 인간을 변화시키고 성장시킨다는 것을 상징적으로 보여 준다.

■ 주제
인간의 상처와 그로 인한 성숙

■ 구성
1연: 칼날이 되는 깨진 그릇
2연: 차가운 이성의 눈을 뜨게 하는 깨진 그릇
3연: 깨진 그릇에 의한 상처와 그로 인한 영혼의 성숙
4연: 깨진 그릇의 의미 재확인

수학

[문제 07]

문항 출제 기준

- **출제 범위**: 수학 Ⅰ (거듭제곱근의 뜻과 성질)
- **출제 의도**
  거듭제곱근의 뜻과 성질을 이해하고 이를 활용할 수 있는지 평가한다.
- **출제 근거**
  12수학Ⅰ 01-02 지수가 유리수, 실수까지 확장될 수 있음을 이해한다.

도서명	쪽수/번
2025 수능완성 수학영역 수학 Ⅰ	6쪽 04번

문제해결의 TIP

본 문항은 수학 Ⅰ 과목의 지수함수와 로그함수 단원에서 거듭제곱근의 뜻과 성질에 관한 문항이다. 따라서 실수 a의 n제곱근 중 n이 짝수와 홀수일 때에 따라 어떤 값을 갖는지 이해하고, 이를 통해 문제를 해결할 수 있는지를 평가하고 있다.

예시 답안

(ⅰ) n이 짝수인 경우
   $x^2 - 4 = (x+2)(x-2)$이므로
   $(x+2)(x-2) > 0$, 즉 $x < 2$ 또는 $x > 2$일 때
   $f_n(x) = 2$
   $(x+2)(x-2) = 0$, 즉 $x = 2$ 또는 $x = -2$일 때
   $f_n(x) = 1$
   $(x+2)(x-2) < 0$, 즉 $-2 < x < 2$일 때
   $f_n(x) = 0$

(ⅱ) n이 3 이상의 홀수인 경우
   x의 값에 관계없이 $f_n(x) = 1$

(ⅰ), (ⅱ)에 의하여
$f_3(x) + f_4(x) + f_5(x) + f_6(x) + f_7(x) + f_8(x)$
$= 1 + f_4(x) + 1 + f_6(x) + 1 + f_8(x)$
$= 3 + f_4(x) + f_6(x) + f_8(x)$

한편, $g(x) = 3$에서
$f_3(x) + f_4(x) + f_5(x) + f_6(x) + f_7(x) + f_8(x) = 3$
$3 + f_4(x) + f_6(x) + f_8(x) = 3$

즉, $f_4(x) + f_6(x) + f_8(x) = 0$이므로

$f_4(x) = f_6(x) = f_8(x) = 0$

따라서

$f_3(x) + f_4(x) + f_5(x) + f_6(x) + f_7(x) + f_8(x) = 3$을 만족
시키는 실수 x의 값의 범위는 $-2 < x < 2$이므로 이 부등식을
만족하는 정수 x의 개수는

-1, 0, 1의 3

 교과서 속 개념 확인

$\sqrt[n]{a}$ (n제곱근 a)

실수 a의 n제곱근 중 실수인 것은 기호 $\sqrt[n]{a}$ 를 이용하여 다음과 같
이 나타낸다.

	$a > 0$	$a = 0$	$a < 0$
n이 홀수	$\sqrt[n]{a} > 0$	$\sqrt[n]{0} = 0$	$\sqrt[n]{a} < 0$
n이 짝수	$\sqrt[n]{a} > 0$, $-\sqrt[n]{a} < 0$	$\sqrt[n]{0} = 0$	없다.

[문제 08]

📏 문항 출제 기준

- **출제 범위**: 수학 Ⅰ (지수에 미지수를 포함한 부등식, 로그의 진수
  에 미지수를 포함한 부등식)

- **출제 의도**
  지수에 미지수를 포함한 부등식과 로그의 진수에 미지수를 포함한
  부등식을 이해하고 이를 활용할 수 있는지 평가한다.

- **출제 근거**
  `12수학Ⅰ 01-08` 지수함수와 로그함수를 활용하여 문제를 해결할
  수 있다.

도서명	쪽수/번
2025 수능특강 수학영역 수학 Ⅰ	34쪽 Level3 3번

💡 문제해결의 TIP

본 문항은 수학 Ⅰ 과목의 지수함수와 로그함수 단원에서 지수에
미지수를 포함한 방정식과 로그의 진수에 미지수를 포함한 방정
식에 관한 문항이다. 따라서 지수의 범위에 따른 함숫값의 범위를
구한 후, 부등식을 만족시키는 해의 범위를 구해 문제를 해결할
수 있는지를 평가하고 있다.

📝 예시 답안

조건 (가)의 $t \le 0$에서 $f(t) = 3^{t+2} - 4$이고 밑 3이 1보다 크
므로 $-4 < f(t) \le 5$이다.

이때 $f(a) \ge 4$이면 $f(t) + f(a) = 0$인 음의 실수 t가 존재하지
않는다.

즉, $f(a) = \log_3(a+1) \ge 4$이고 밑 2가 1보다 크므로

$a + 1 \ge 3^4$에서 $a \ge 80$

따라서 a의 최솟값은 80이다.

📖 교과서 속 개념 확인

지수에 미지수를 포함한 부등식

(1) $a > 1$일 때, $a^{f(x)} < a^{g(x)} \Leftrightarrow f(x) < g(x)$

(2) $0 < a < 1$일 때, $a^{f(x)} < a^{g(x)} \Leftrightarrow f(x) > g(x)$

로그의 밑 또는 진수에 미지수가 포함된 부등식

(1) $a > 1$일 때
  $\log_a f(x) < \log_a g(x) \Leftrightarrow 0 < f(x) < g(x)$

(2) $0 < a < 1$일 때
  $\log_a f(x) < \log_a g(x) \Leftrightarrow f(x) > g(x) > 0$

[문제 09]

📏 문항 출제 기준

- **출제 범위**: 수학 Ⅰ (삼각함수의 방정식에의 활용)

- **출제 의도**
  합성함수로 이루어진 삼각함수를 포함한 방정식의 해를 구할 수 있
  는지 평가한다.

- **출제 근거**
  `12수학Ⅰ 02-02` 삼각함수의 뜻을 알고, 사인함수, 코사인함수, 탄
  젠트함수의 그래프를 그릴 수 있다.

도서명	쪽수/번
2025 수능특강 수학영역 수학 Ⅰ	50쪽 Level2 11번

💡 문제해결의 TIP

본 문항은 수학 Ⅰ 과목의 삼각함수 단원에서 삼각함수의 활용에
관한 문항이다. 따라서 합성함수로 이루어진 삼각함수를 이해하
고, 삼각함수를 포함한 방정식을 그래프를 그려 문제를 해결할
수 있는지를 평가하고 있다.

방정식 $(f \circ g)(x) \times (g \circ f)(x) = 0$에서

$(f \circ g)(x) = 0$ 또는 $(g \circ f)(x) = 0$

$0 \le x \le 2\pi$에서 두 방정식 $(f \circ g)(x) = 0$, $(g \circ f)(x) = 0$

의 서로 다른 실근의 집합을 각각 A, B라 하면 방정식

$\dfrac{(f \circ g)(x)}{(g \circ f)(x)} = 0$의 서로 다른 실근은 $A \cap B^C$의 원소이다.

(i) $(f \circ g)(x) = 0$일 때

$\begin{aligned}(f \circ g)(x) &= f(g(x)) = f(\pi \cos 2x) \\ &= 2\pi \sin(\pi \cos 2x) = 0\end{aligned}$

이므로 $\sin(\pi \cos 2x) = 0$이어야 한다.

$\therefore \cos 2x = m \ (m \text{은 정수}) \ \cdots\cdots \ \bigcirc$

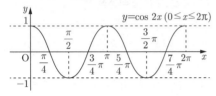

$0 \le x \le 2\pi$에서 $-1 \le \cos 2x \le 1$이므로 $\bigcirc$의 서로 다른 실근은 곡선 $y = \cos 2x \ (0 \le x \le 2\pi)$가 세 직선 $y = 1$, $y = 0$, $y = -1$과 만나는 점들의 x좌표이다.

즉, $A = \left\{ 0, \dfrac{\pi}{4}, \dfrac{\pi}{2}, \dfrac{3}{4}\pi, \pi, \dfrac{5}{4}\pi, \dfrac{3}{2}\pi, \dfrac{7}{4}\pi, 2\pi \right\}$

(ii) $(g \circ f)(x) = 0$에서

$(g \circ f)(x) = g(f(x)) = g(2\pi \sin x) = \pi \cos(2\pi \sin x) = 0$

이므로 $\cos(2\pi \sin x) = 0$이어야 한다.

$2\pi \sin x = \dfrac{2n-1}{2}\pi \ (n \text{은 정수})$에서

$\sin x = \dfrac{2n-1}{4} \ \cdots\cdots \ \bigcirc$

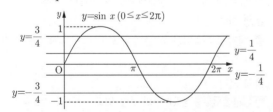

$0 \le x \le 2\pi$에서 $-1 \le \sin 2x \le 1$이므로 방정식 $\bigcirc$의 서로 다른 실근은 곡선 $y = \sin x \ (0 \le x \le 2\pi)$가 네 직선 $y = -\dfrac{3}{4}$, $y = -\dfrac{1}{4}$, $y = \dfrac{1}{4}$, $y = \dfrac{3}{4}$과 만나는 점들의 x좌표이다.

(i), (ii)에서 집합 A의 임의의 원소를 a라 하면

$\sin a = -1$ 또는 $\sin a = -\dfrac{\sqrt{2}}{2}$ 또는 $\sin a = 0$

또는 $\sin a = \dfrac{\sqrt{2}}{2}$ 또는 $\sin a = 1$

이므로 두 집합 A, B에 동시에 속하는 원소는 존재하지 않는다.

따라서 $A \cap B^C = A$이고, 집합 A의 모든 원소의 합은

$0 + \dfrac{\pi}{4} + \dfrac{\pi}{2} + \dfrac{3}{4}\pi + \pi + \dfrac{5}{4}\pi + \dfrac{3}{2}\pi + \dfrac{7}{4}\pi + 2\pi = 9\pi$

[문제 10]

문항 출제 기준

- **출제 범위:** 수학 Ⅰ (등비수열의 활용)

- **출제 의도**
  등비수열을 이해하고 이를 활용할 수 있는지 평가한다.

- **출제 근거**
  등비수열의 뜻을 알고, 일반항, 첫째항부터 제n항까지의 합을 구할 수 있다.

도서명	쪽수/번
2025 수능특강 수학영역 수학 Ⅰ	84쪽 Level3 2번

문제해결의 TIP

본 문항은 수학 Ⅰ 과목의 수열 단원에서 등비수열의 활용에 관한 문항이다. 따라서 주어진 도형의 길이와 각의 크기를 이용하여 수열 $\{a_n\}$에 대한 관계식을 찾고, 이 관계식이 등비수열을 의미함을 이해하면서 빈칸에 알맞은 문자나 수식을 써넣어 문제를 해결할 수 있는지를 평가하고 있다.

예시 답안

원 C_1의 중심을 O_1이라 하고, 점 O_1에서 선분 OB에 내린 수선의 발을 H_1이라 하자.

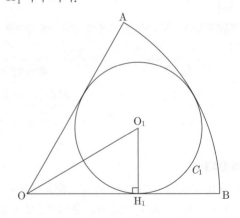

삼각형 O_1OH_1에서

$\overline{O_1H_1} = a_1$, $\overline{OO_1} = 9 - a_1$이고, $\angle O_1OH_1 = \dfrac{\pi}{6}$이므로

$\sin\dfrac{\pi}{6} = \dfrac{\overline{O_1H_1}}{\overline{OO_1}}$에서 $\dfrac{1}{2} = \dfrac{a_1}{9 - a_1}$

$\therefore a_1 = 3$

한편, 원 C_n의 중심을 O_n, 원 C_{n+1}의 중심을 O_{n+1}이라 하자. 또, 점 O_n에서 선분 OB에 내신 수선의 발을 H_n이라 하고, 점 O_{n+1}에서 선분 O_nH_n에 내린 수선의 발을 Q_n이라 하자.

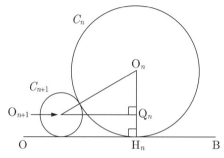

삼각형 $O_nO_{n+1}Q_n$에서 $\overline{O_nO_{n+1}}$과 $\overline{O_nQ_n}$을 a_n과 a_{n+1}을 이용하여 나타내면

$\overline{O_nO_{n+1}} = a_n + a_{n+1}$, $\overline{O_nQ_n} = a_n - a_{n+1}$이고

$\angle O_nO_{n+1}Q_n = \dfrac{\pi}{6}$이므로 $\sin\dfrac{\pi}{6} = \dfrac{\overline{O_nQ_n}}{\overline{O_nO_{n+1}}}$에서

$\dfrac{1}{2} = \dfrac{a_n - a_{n+1}}{a_n + a_{n+1}}$ $\therefore a_{n+1} = \dfrac{1}{3}a_n$

따라서 $p = 3$, $q = \dfrac{1}{3}$이므로

$36(p + q) = 36 \times \left(3 + \dfrac{1}{3}\right) = 120$

 교과서 속 개념 확인

등비수열

(1) 첫째항이 a, 공비가 r인 등비수열 $\{a_n\}$의 일반항 a_n은
   $a_n = ar^{n-1}$ (단, $n = 1, 2, 3, \cdots$)

(2) 등비수열의 귀납적 정의
   ① $\dfrac{a_{n+1}}{a_n} = r$ (일정)
      $\Rightarrow$ 공비가 r인 등비수열 (단, $a_n \neq 0$)
   ② $\dfrac{a_{n+2}}{a_{n+1}} = \dfrac{a_{n+1}}{a_n}$ 또는 $(a_{n+1})^2 = a_na_{n+2}$

   (단, $a_na_{n+1} \neq 0$)

[문제 11]

문항 출제 기준

- **출제 범위:** 수학 Ⅱ (함수의 극한의 도형에의 활용)

- **출제 의도**
  도형의 넓이에 대한 극한값을 구할 수 있는지 평가한다.

- **출제 근거**
  12수학Ⅱ 01-02 함수의 극한에 대한 성질을 이해하고, 함수의 극한값을 구할 수 있다.

도서명	쪽수/번
2025 수능특강 수학영역 수학 Ⅱ	15쪽 Level2 8번

문제해결의 TIP

본 문항은 수학 Ⅱ 과목의 함수의 극한과 연속 단원에서 극한의 도형에의 활용에 관한 문항이다. 따라서 곡선과 직선의 교점의 x좌표를 t로 나타낸 후, 두 삼각형의 넓이를 구해 함수의 극한을 도형에 활용하여 문제를 해결할 수 있는지를 평가하고 있다.

예시 답안

곡선 $y = 2x^2 + 1$과 직선 $y = 2x + t$ $\left(t > \dfrac{1}{2}\right)$가 만나는 두 점의 x좌표는 이차방정식 $2x^2 + 1 = 2x + t$,

즉 $2x^2 - 2x + 1 - t = 0$의 해와 같다.

이차방정식의 근의 공식에 의하여

$x = \dfrac{1 - \sqrt{2t-1}}{2}$ 또는 $x = \dfrac{1 + \sqrt{2t-1}}{2}$

$\alpha = \dfrac{1 - \sqrt{2t-1}}{2}$, $\beta = \dfrac{1 + \sqrt{2t-1}}{2}$이라 하면 점 A의 x좌표는 점 B의 x좌표보다 작으므로 $A(\alpha, 2\alpha + t)$, $B(\beta, 2\beta + t)$이고, 이때 $P(\alpha, 0)$, $Q(0, 2\beta + t)$이다.

삼각형 APB의 넓이 $S_1(t)$는

$S_1(t) = \dfrac{1}{2} \times \overline{AP} \times (\overline{BQ} - \overline{OP}) = \dfrac{1}{2} \times (2\alpha + t) \times (\beta - \alpha)$

$= \dfrac{1}{2}(2\alpha + t)(\beta - \alpha)$

삼각형 ABQ의 넓이 $S_2(t)$는

$S_2(t) = \dfrac{1}{2} \times \overline{BQ} \times (\overline{OQ} - \overline{AP})$

$= \dfrac{1}{2} \times \beta \times \{(2\beta + t) - (2\alpha + t)\}$

$= \beta(\beta - \alpha)$

$$\therefore \lim_{t \to \frac{1}{2}^+} \frac{S_2(t)}{S_1(t)} = \lim_{t \to \frac{1}{2}^+} \frac{\beta(\beta - \alpha)}{\frac{1}{2}(2\alpha + t)(\beta - \alpha)}$$

$$= \lim_{t \to \frac{1}{2}^+} \frac{2\beta}{2\alpha + t}$$

$$= \lim_{t \to \frac{1}{2}^+} \frac{2 \times \frac{1 + \sqrt{2t-1}}{2}}{2 \times \frac{1 - \sqrt{2t-1}}{2} + t}$$

$$= \frac{1}{1 + \frac{1}{2}} = \frac{2}{3}$$

[문제 12]

문항 출제 기준

• **출제 범위**: 수학 Ⅱ (곡선 위의 점에서의 접선의 방정식)

• **출제 의도**
곡선 위의 점에서의 접선의 방정식을 이해하고 이를 활용할 수 있는지 평가한다.

• **출제 근거**
12수학Ⅱ 02-06 접선의 방정식을 구할 수 있다.

도서명	쪽수/번
2025 수능특강 수학영역 수학 Ⅱ	54쪽 Level2 2번

문제해결의 TIP

본 문항은 수학 Ⅱ 과목의 미분 단원에서 접선의 방정식에 관한 문항이다. 따라서 곡선과 직선이 접할 때, 곡선과 접선으로 이루어진 방정식은 중근을 가짐을 이용하여 문제를 해결할 수 있는지를 평가하고 있다.

예시 답안

조건 (가)에서 곡선 $y = f(x)$와 직선 $y = 2x - 3$의 교점의 x좌표는 2, a이다.
곡선 $y = f(x)$와 직선 $y = 2x - 3$은 $x = 2$에서 접하므로 방정식 $f(x) = 2x - 3$의 근은
$x = 2$(중근) 또는 $x = a$
즉, $f(x) - (2x - 3) = (x - 2)^2(x - a)$이므로
$f(x) = (x - 2)^2(x - a) + 2x - 3$

조건 (나)에서 $f'(a) = 18$이고
$f'(x) = 2(x - 2)(x - a) + (x - 2)^2 + 2$이므로
$f'(a) = (a - 2)^2 + 2 = 18$
$a^2 - 4a - 12 = 0$, $(a - 6)(a + 2) = 0$
이때 $a > 0$이므로 $a = 6$
$\therefore f(x) = (x - 2)^2(x - 6) + 2x - 3$
곡선 $y = f(x)$ 위의 점 $(6, f(6))$, 즉 점 $(6, 9)$에서의 접선의 방정식은 $y - 9 = 18(x - 6)$이므로
$y = 18x - 99$
따라서 구하는 접선의 y절편은 -99이다.

[문제 13]

문항 출제 기준

• **출제 범위**: 수학 Ⅱ (함수의 극대와 극소)

• **출제 의도**
함수의 극대와 극소를 이해하고 이를 활용할 수 있는지 평가한다.

• **출제 근거**
12수학Ⅱ 02-08 함수의 증가와 감소, 극대와 극소를 판정하고 설명할 수 있다.

도서명	쪽수/번
2025 수능특강 수학영역 수학 Ⅱ	55쪽 Level2 8번

문제해결의 TIP

본 문항은 수학 Ⅱ 과목의 미분 단원에서 함수의 극대와 극소에 관한 문항이다. 따라서 함수의 극대와 극소를 이용하여 함수의 그래프의 개형을 그린 후, 점 C의 좌표를 구해 삼각형의 넓이에서 미지수의 값을 구할 수 있는지를 평가하고 있다.

예시 답안

$f(x) = ax^3 - 12ax + 3$에서
$f'(x) = 3ax^2 - 12a = 3a(x + 2)(x - 2)$
$f'(x) = 0$에서 $x = -2$ 또는 $x = 2$
함수 $f(x)$의 증가와 감소를 표로 나타내면 다음과 같다.

x	$\cdots$	-2	$\cdots$	2	$\cdots$
$f'(x)$	+	0	−	0	+
$f(x)$	↗	극대	↘	극소	↗

함수 $f(x)$는 $x = -2$에서 극댓값 $f(-2) = 16a + 3$,
$x = 2$에서 극솟값 $f(2) = -16a + 3$을 가지므로
$A(-2, 16a + 3)$, $B(2, -16a + 3)$
곡선 $y = f(x)$ 위의 점 $A(-2, 16a + 3)$에서의 접선의 방정식
은 $x = -2$일 때 극대이므로 직선 $y = 16a + 3$이다.
곡선 $y = f(x)$와 직선 $y = 16a + 3$이 만나는 점 중 점 A 가 아
닌 점 C의 좌표를 구해 보자.
$f(x) = 16a + 3$에서 $ax^3 - 12ax + 3 = 16a + 3$
$a(x^3 - 12x - 16) = 0$, $a(x - 4)(x + 2)^2 = 0$
$\therefore x = -2$ 또는 $x = 4$
즉, 점 C의 좌표는 $(4, 16a + 3)$이다.

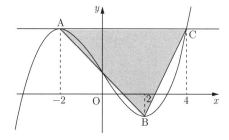

이때 삼각형 ABC의 넓이가 32이고
$\overline{AC} = 4 - (-2) = 6$이므로
$$\frac{1}{2} \times 6 \times \{(16a + 3) - (-16a + 3)\} = 96a = 32$$

따라서 $a = \dfrac{1}{3}$이므로 $\dfrac{1}{a} = 3$

 교과서 속 개념 확인

함수의 극대와 극소
(1) 함수 $f(x)$에서 a를 포함하는 어떤 열린구간에 속하는 모든
  x에 대하여 $f(x) \leq f(a)$이면 함수 $f(x)$는 $x = a$에서 극
  대라 하고, 그때의 함숫값 $f(a)$를 극댓값이라고 한다.
(2) 함수 $f(x)$에서 b를 포함하는 어떤 열린구간에 속하는 모든
  x에 대하여 $f(x) \geq f(b)$이면 함수 $f(x)$는 $x = b$에서 극
  소라 하고, 그때의 함숫값 $f(b)$를 극솟값이라고 한다.

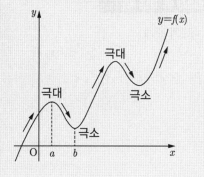

[문제 14]

문항 출제 기준

• **출제 범위**: 수학 Ⅱ (함수의 성질을 이용한 정적분)

• **출제 의도**
함수의 그래프가 원점 또는 y축에 대하여 대칭임을 이용하여 정적
분의 값을 구할 수 있는지 평가한다.

• **출제 근거**

12수학Ⅱ 03-04 다항함수의 정적분을 구할 수 있다.

도서명	쪽수/번
2025 수능완성 수학영역 수학 Ⅱ	63쪽 08번

문제해결의 TIP

본 문항은 수학 Ⅱ 과목의 미분 단원에서 함수의 극대·극소와
적분 단원에서 함수의 성질을 이용한 정적분을 연계하여 출제한
문항이다. 따라서 다항함수는 연속함수임을 이용하여 함수가 원
점에 대하여 대칭일 때와 y축에 대하여 대칭일 때 정적분을 구한
다. 또, $x = a$에서 함수 $f(x)$가 극값을 가지면 $f'(a) = 0$임을
이용하여 미지수의 값을 구해 문제를 해결할 수 있는지를 평가하
고 있다.

예시 답안

$$\int_{-1}^{1} f(x) dx = 2 \int_{0}^{1} \frac{1}{2} ax^2 dx = \left[\frac{a}{3} x^3 \right]_{0}^{1} = \frac{a}{3}$$

$$\int_{-1}^{1} xf(x) dx = 2 \int_{0}^{1} \left(\frac{2}{3} x^4 + bx^2 \right) dx$$

$$= 2 \left[\frac{2}{15} x^5 + \frac{b}{3} x^3 \right]_{0}^{1}$$

$$= \frac{4}{15} + \frac{2}{3} b$$

이고

$$4 \int_{-1}^{1} f(x) dx + 5 \int_{-1}^{1} xf(x) dx = 4 \times \frac{a}{3} + 5 \times \left(\frac{4}{15} + \frac{2}{3} b \right)$$

$$= 0$$

이므로

$4a + 10b + 4 = 0$, 즉 $2a + 5b = -2$ ······ ㉠

한편, $f(x) = \dfrac{2}{3} x^3 + \dfrac{1}{2} ax^2 + bx$에서

$f'(x) = 2x^2 + ax + b$

$x = 1$에서 극솟값을 가지므로 $f'(1) = 0$

$f'(1) = 2 + a + b = 0$에서 $a + b = -2$ ······ ㉡

㉠, ㉡을 연립하여 풀면

$$a = -\frac{8}{3}, \; b = \frac{2}{3}$$

따라서 $f(x) = \frac{2}{3}x^3 - \frac{4}{3}x^2 + \frac{2}{3}x$이므로

$$f(3) = 18 - 12 + 2 = 8$$

 교과서 속 개념 확인

(1) 연속함수 $y = f(x)$의 그래프가 y축에 대하여 대칭일 때, 즉 모든 실수 x에 대하여 $f(-x) = f(x)$이면

$$\int_{-a}^{a} f(x)dx = 2\int_{0}^{a} f(x)dx$$

(2) 연속함수 $y = f(x)$의 그래프가 원점에 대하여 대칭일 때, 즉 모든 실수 x에 대하여 $f(-x) = -f(x)$이면

$$\int_{-a}^{a} f(x)dx = 0$$

[문제 15]

문항 출제 기준

- 출제 범위: 수학 Ⅱ (정적분과 미분의 관계)

- 출제 의도
  정적분과 미분의 관계를 이해하고 이를 활용할 수 있는지 평가한다.

- 출제 근거
  `12수학Ⅱ03-04` 다항함수의 정적분을 구할 수 있다.

도서명	쪽수/번
2025 수능특강 수학영역 수학 Ⅱ	75쪽 유제 4번

문제해결의 TIP

본 문항은 수학 Ⅱ 과목의 적분 단원에서 정적분과 미분의 관계에 관한 문항이다. 따라서 부정적분의 정의와 정적분과 미분의 관계를 이용하여 함수식을 구한 후, 정적분의 정의를 통해 문제를 해결할 수 있는지를 평가하고 있다.

예시 답안

$$x^3 f(x) = \frac{1}{2}x^4 + 8 + 3\int_{2}^{x} t^2 f(t)dt \quad \cdots\cdots ㉠$$

㉠의 양변에 $x = 2$를 대입하면

$$8f(2) = 8 + 8 + 3\int_{2}^{2} t^2 f(t)dt$$

$\int_{2}^{2} t^2 f(t)dt = 0$이므로

$$8f(2) = 8 + 8 = 16$$

$$\therefore \; f(2) = 2$$

㉠의 양변을 x에 대하여 미분하면

$$3x^2 f(x) + x^3 f'(x) = 2x^3 + 3x^2 f(x)$$

$x^3 f'(x) = 2x^3$에서 $f(x)$는 다항함수이므로

$$f'(x) = 2$$

$$\therefore \; f(x) = \int f'(x)dx$$
$$= \int 2dx = 2x + C \;(C는 \text{ 적분상수})$$

이고 $f(2) = 4 + C = 2$에서

$$C = -2$$

$$\therefore \; f(x) = 2x - 2$$

따라서

$$\int_{2}^{3} x^2 f(x)dx = \int_{2}^{3} x^2(2x-2)dx$$
$$= \int_{2}^{3} (2x^3 - 2x^2)dx$$
$$= \left[\frac{1}{2}x^4 - \frac{2}{3}x^3\right]_{2}^{3} = \frac{119}{6}$$

이므로

$$p = 6, \; q = 119$$

$$\therefore \; p + q = 6 + 119 = 125$$

 교과서 속 개념 확인

정적분과 미분의 관계
함수 $f(x)$가 닫힌구간 $[a, b]$에서 연속일 때
$$\frac{d}{dx}\int_{a}^{x} f(t)dt = f(x) \;(단, \; a < x < b)$$

제7회 자연 계열 정답 및 해설

국어

[문제 1]

📝 문항 출제 기준

- **출제 범위:** 국어 (화법, 강연, 효과적인 말하기 전략)

- **출제 의도**
고등학교 교육과정에서 강연의 특성을 이해하고, 자신의 의견을 상대에게 효과적으로 전달하기 위해 적절한 말하기 전략을 활용하는 능력을 평가하고자 출제하였다.

- **출제 근거**
  `12화작02-06` 청자의 특성에 맞게 내용을 구성하여 발표한다.
  `12화작02-09` 상황에 맞는 언어적·준언어적·비언어적 표현 전략을 사용하여 말한다.

도서명	쪽수/번
지학사 화법과 작문	74~81, 86~93쪽
2024 고3(6월) 학력평가	35~37번

💡 문제해결의 TIP

제시된 글은 한글의 대중화를 주제로 어려운 시기에도 굳은 신념으로 한글을 지키고, 다양한 저서를 바탕으로 제자들과 함께 한글을 발전시킨 주시경과 최현배의 업적을 설명하는 강연이다.
문화 해설사는 '아~우리말입니다.'에서 최현배 선생에 대한 설명을 하던 중 청중의 배경지식 수준을 고려하여 '갈'의 의미를 설명하였다.
또한, 문화 해설사는 청중이 추가로 궁금해할 수 있는 부분을 고려하여 인터넷 홈페이지, 즉 누리집을 통해 정보를 얻을 수 있음을 강연의 말미에 언급하고 있다. 이는 '최현배~있습니다.'에 나타나 있다.

✏️ 예시 답안

- ①, ② 각각 첫 어절과 마지막 어절을 순서대로 정확하게 쓴 경우만 정답으로 인정함.

답안	배점
①: 아, 우리말입니다.	5
②: 최현배, 있습니다.	5

[문제 2]

📝 문항 출제 기준

- **출제 범위:** 문학 (현대 시, 시어의 상징적 의미)

- **출제 의도**
고등학교 교육과정에서 작품을 감상할 때 시어의 상징적 의미를 분석하고, 작품에 나타난 화자의 행위가 가지는 의미를 파악할 수 있는지 평가하고자 출제하였다.

- **출제 근거**
  `12문학02-01` 문학학 작품은 내용과 형식이 긴밀하게 연관되어 이루어짐을 이해하고 작품을 감상한다.
  `12문학03-04` 한국 문학 작품에 반영된 시대 상황을 이해하고 문학과 역사의 상호 영향 관계를 탐구한다.

도서명	쪽수/번
2025 수능특강 국어영역 문학	9쪽

💡 문제해결의 TIP

제시된 글의 12~16행에 의하면, 화자는 적막을 깨뜨리는 '(자욱한) 풀벌레 소리를 발로 차며' '황량한 생각'으로부터 벗어나기 위해 허공에 돌팔매 하나를 띄우고 있다. 그러나 그것은 허공에 한낱 돌멩이를 집어 던지는 허망한 행위에 지나지 않는 것이므로, 그 돌팔매는 다만 고독한 반원을 그으며 떨어질 뿐이다. 화자는 황량한 현실 상황을 벗어나기 위해 제 나름대로 노력을 벌이지만, 결국 극복하지 못하고 그 분위기에 더욱 휩싸여 버린다.
'(자욱–한) 풀벌레 소리 발길로 차며'는 청각적 심상을 촉각적 또는 시각적 심상으로 전이하는 '공감각적 심상'이 사용되었다.

'시적 허용'은 시적인 효과를 위해서 특별히 허용하는 비문법적인 표현을 말한다. '호올로'는 이 작품의 주된 정서인 쓸쓸함을 강조하고 있다. 이 외에도 이 작품에는 '차단—한', '비인' 등의 표현에 시적 허용이 사용되어 화자의 의도를 강조하고 있다

예시 답안

- ①~③을 정확하게 쓴 경우만 정답으로 인정함.
- ①은 '풀벌레 소리 발길로 차며', '자욱-한 풀벌레 소리 발길로 차며' 둘 다 정답으로 인정함.

답안	배점
①: (자욱-한) 풀벌레 소리 발길로 차며	3
②: 호올로	3
③: 황량한 생각	4

교과서 속 개념 확인

시의 심상

(1) 심상의 제시 방법
  ① 묘사적 심상: 직접적 묘사나 서술 등 시에 나타난 언어 그 자체만으로 표현한다.
  ② 비유적 심상: 나타내고자 하는 내용의 특징을 살릴 수 있는 사물, 언어를 통해 표현한다.
  ③ 상징적 심상: 시 가운데 원관념은 없고 보조 관념만이 나타난다는 점에서 비유와 다르다.
(2) 종류: 시각, 청각, 후각, 미각, 촉각, 공감각 등

시의 비유와 상징

(1) 비유: 표현하고자 하는 대상(원관념)을 유사하거나 관련 있는 다른 사물(보조 관념)에 빗대어 표현하는 방법이다.
(2) 상징: 어떤 사물 자체의 의미를 유지하면서 포괄적으로 다른 뜻까지 암시해 표현하는 방법이다.

작품 분석

김광균, 「추일서정」

■ 해제
이 작품은 가을에 느끼는 고독과 애수를 도시적 감각으로 표현하고 있다. 상투적으로 느낄 수도 있는 가을의 소재들을 현대적 감각으로 낯설게 만들어 독자에게 감각적 쾌감을 준다. 낙엽은 '폴란드 망명정부의 지폐'에, 길은 '구겨진 넥타이'에, 열차의 매연은 '담배 연기'에, 구름은 '셀로판지'에 비유되어 있는데, 익숙한 것을 도시적 소재로 치환함으로써 감각적 신선함을 획득하고 있다. 이런 표현 방식을 통해 시인의 개인적이고 특수한 정서를 최대한 억제하여 객관적이면서 보편적인 정서 전달에 성공하고 있다. 객관적인 묘사를 중시하기 때문에 시에서 시적 화자가 거의 드러나지 않는다. 그러나 후반부에 가서 시적 화자의 정서를 완전하게 억제하지 않고 '황량', '고독' 등의 어휘를 사용하여 서정적인 느낌을 조성하고 있다.

■ 주제
황량한 가을날의 고독감

■ 구성
1~3행: 가을의 공허감과 상실감
4~7행: 가을 햇살 속 들판과 길의 모습
8~11행: 도시의 가을 풍경이 주는 황량함
12~16행: 황량한 풍경 속에서 느끼는 고독감

| 3~4 |

문항 출제 기준

• 출제 범위: 독서 (사실적·추론적 이해, 사회·문화 분야의 글 읽기)

• 출제 의도
고등학교 교육과정에서 사회·문화 분야의 글에 드러난 정보를 명확하게 파악하고, 세부 내용을 파악할 수 있는 능력을 평가하고자 출제하였다.

• 출제 근거
[12독서02-01] 글에 드러난 정보를 바탕으로 중심 내용, 주제, 글의 구조와 전개 방식 등 사실적 내용을 파악하며 읽는다.
[12독서02-05] 글에서 자신과 사회의 문제를 해결하는 방법이나 필자의 생각에 대한 대안을 찾으며 창의적으로 읽는다.

도서명	쪽수/번
지학사 독서	152쪽
비상 독서	40쪽
2025 수능완성 국어영역 독서	213쪽

[문제 3]

🔍 문제해결의 TIP

제시된 글의 3문단에 의하면, 마찰적 실업은 개인의 '이직이나 전직' 과정에서 발생하는 '일시적'인 실업을 의미한다.
장기화된 마찰적 실업을 줄이기 위해, 정부는 실업자들이 '현재 시장에서 요구되는' 기술을 습득할 수 있도록 직업 훈련 및 재교육 프로그램을 제공해야 한다.

📝 예시 답안

- ①~③을 정확하게 쓴 경우만 정답으로 인정함.

답안	배점
①: 이직이나 전직	3
②: 일시적	3
③: 현재 시장에서 요구되는	4

[문제 4]

🔍 문제해결의 TIP

제시된 글의 2문단에 의하면, 계절적 실업은 계절의 영향으로 '특정 시기'에만 '일시적'으로 발생한다. 실업의 원인이 개인에게 있지 않으므로 계절적 실업은 일시적 실업이자 '비자발적 실업'이다. 따라서 ㉠은 적절하지 않다.
또한, 계절적 실업은 농업, 관광업, 건설업 등 성수기와 비수기가 뚜렷한 산업 등에서 빈번하게 발생한다. 하지만 '예측이 가능'하므로 미리 계획하고 대비하는 것이 가능하다. 따라서 ㉡은 적절하지 않다.
3~4문단에 의하면, 경기가 어려워지면 기업은 폐업하거나 생산을 축소한다. 이는 구직자와 구인자 사이에 일종의 마찰이 생긴 상황으로 볼 수 있으므로 불경기에는 마찰적 실업이 증가할 것이라는 점을 짐작할 수 있다. 또한, 불황에는 실업률이 증가한다고 하였으므로 순환적 실업도 증가할 것이라는 점도 알 수 있다. 따라서 ㉢은 적절하다.
4문단에 의하면, 전지구적 문제 같은 대규모 경제 충격이 발생할 경우 경제 활동이 위축된다고 하였다. 코로나 19와 같은 팬데믹으로 인한 실업은 대규모 경제 충격에 의한 것이므로 순환적 실업에 해당한다. 따라서 ㉣은 적절하다.

📝 예시 답안

- ①~②를 정확하게 쓴 경우만 정답으로 인정함.
- ①, ②의 각 항목을 기호가 아닌 문장으로 쓴 경우도 정답으로 인정함.
- ①, ②의 작성 순서가 바뀌어도 정답으로 인정함.

답안	배점
①: ㉢	5
②: ㉣	5

📖 작품 분석

「실업」

■ 해제
이 글은 일할 의사와 능력이 있는 사람들이 일자리를 찾지 못하는 상태인 실업을 계절적 실업, 마찰적 실업, 순환적 실업으로 분류하고 그 특성을 설명하고 있다. 계절적 실업은 특정 시기에 발생하며 예측이 가능하다. 마찰적 실업은 직업 이동 과정에서 발생하는 단기적 실업이지만 장기화되면 정부의 지원이 필요하다. 순환적 실업은 경제 활동 상태에 따라 변하며, 경기 부양책을 통해 조절 가능하다.

■ 주제
실업의 의미와 종류

[문제 5]

📋 문항 출제 기준

• 출제 범위: 독서 (사실적 이해, 인문·예술 분야의 글 읽기)

• 출제 의도
고등학교 교육과정에서 인문·예술 분야의 글을 올바르게 이해할 수 있는 능력과 사실적 이해를 바탕으로 두 관념에 대한 상관관계를 연계하여 파악할 수 있는 독해 능력을 평가하고자 출제하였다

• 출제 근거
`12독서02-01` 글에 드러난 정보를 바탕으로 중심 내용, 주제, 글의 구조와 전개 방식 등 사실적 내용을 파악하며 읽는다.
`12독서03-01` 인문·예술 분야의 글을 읽으며 제재에 담긴 인문학적 세계관, 예술과 삶의 문제를 대하는 인간의 태도, 인간에 대한 성찰 등을 비판적으로 이해한다.

도서명	쪽수/번
미래엔 독서	22~23, 134~135쪽
2025 수능특강 국어영역 독서	283쪽

제시된 글이 1문단에 의하면, 무어는 윤리적 판단은 추론이나 경험에 의해 결정되는 것이 아니라 '개인의 직관'에 의해 이루어지는 것이라고 하며 직관주의 윤리학을 제시하였다.

3문단에 의하면, 에이어는 윤리적 판단이 사실상 그 사람의 '주관적 감정'을 반영해 표현하는 것에 불과하다고 생각하였다.

📝 **예시 답안**

– ①, ②를 정확하게 쓴 경우만 정답으로 인정함.	
답안	**배점**
①: 개인의 직관	5
②: 감정	5

📖 **작품 분석**

「직관주의와 정의주의」

■ 해제

이 글은 자연주의 윤리학과 무어·에이어의 윤리학 관점에 대해 논의한다. 자연주의 윤리학은 자연적인 요소를 통해 올바른 행동을 결정한다고 주장하며, 무어는 이 접근 방식을 비판한다. 무어는 직관적 판단에 의해 윤리적 판단이 이루어지며, 에이어는 윤리적 판단이 감정을 반영하는 것에 불과하다고 주장한다. 에이어의 검증 원리는 진술의 유효성을 평가하는 도구이지만, 무의미한 진술을 판별하는 것은 어렵다고 지적한다. 따라서 에이어는 윤리적 판단이 주관적이며 객관적인 진리를 갖지 않는다고 본다.

■ 주제

무어의 직관주의와 에이어의 정의주의

[문제 6]

📋 **문항 출제 기준**

- **출제 범위**: 문학 (고전 소설, 한국 문학의 전통과 특질)

- **출제 의도**
고등학교 교육과정에서 한국 문학의 배경과 특성을 파악하여 작품을 감상하는 능력과 작품 속에 등장하는 인물들의 역할을 파악할 수 있는 능력을 평가하고자 출제하였다.

- **출제 근거**
  [12문학03-02] 대표적인 문학 작품을 통해 한국 문학의 전통과 특질을 파악하고 감상한다.
  [12문학03-03] 주요 작품을 중심으로 한국 문학의 갈래별 전개와 구현 양상을 탐구하고 감상한다.
  [12문학03-04] 한국 문학 작품에 반영된 시대 상황을 이해하고 문학과 역사의 상호 영향 관계를 탐구한다.

도서명	쪽수/번
2025(6월) 고3 학력평가	18~21번
2025 수능특강 국어영역 문학	139~141쪽

💡 **문제해결의 TIP**

'소저가 만일 ~ 후원을 넘어 피신하옵소서.'의 대사에서 확인할 수 있듯이 장애황은 석연과의 혼례를 피하기 위해 난향의 제안대로 남장을 하였다.

여성인 장애황의 뛰어난 영웅성은 '재주는 능히 풍운조화를 부리고 용력은 능히 태산을 끼고 북해를 뛸 듯하더라.'에서 확인할 수 있다.

📝 **예시 답안**

– ①, ②를 정확하게 쓴 경우만 정답으로 인정함. – ①은 '소저는 급히~넘어 피신하옵소서.'를 해당 부분으로 보는 것을 인정하여 '소저는, 피신하옵소서.'도 답으로 인정함.	
답안	**배점**
①: 소저가, 피신하옵소서.	5
②: 재주는, 듯하더라.	5

작자 미상, 「이대봉전」

■ 해제
이 작품은 부부의 영웅적 활약을 담고 있는 소설이며, 여걸소설의 범주에도 속한다. 여성의식을 탐구하는 데 좋은 자료로 작자와 연대를 알 수 없지만, 조선 후기 유행한 군담소설의 일부로 추측된다. 당시 여성의 사회상이 낮고, 여성의 활동을 극히 제한하였던 사회였기에, 남성중심의 사회를 비판하고, 여성과 남성의 동등한 능력을 강조하고 싶은 작가 의식이 반영된 것으로 볼 수 있다.

■ 주제
나라에 대한 충성과 남녀 주인공의 영웅성

■ 줄거리
명나라의 상서 이익은 오랫동안 자식이 없다가 금화산 백운암의 노승에게 시주한 뒤 아들 대봉을 낳는다. 이후 이익은 자신의 아들과 같은 날에 태어난 장 한림의 딸 애황과 정혼시킨다. 하지만 간신 왕희의 모함으로 이익은 귀양을 가게 되고, 왕희는 뱃사공을 사주하여 이익과 대봉을 죽이려고 한다. 용왕의 도움으로 이익은 외딴섬에서 삶을 이어가게 되고, 이대봉은 천축국에서 도승을 만나 무예를 익힌다. 이익과 대봉이 귀양을 가다가 죽었다는 소식을 들은 장 한림과 부인은 병을 얻어 죽게 되고, 정혼자와 부모를 잃은 애황은 자신을 며느리로 들이려는 왕희를 피해 남장을 하고 도망가 이름을 계운으로 바꾸고, 희씨 부인에게 의탁하게 된다. 과거에 급제한 이후 선우족이 남쪽을 침범하자 대원수로서 전쟁에 나가 적을 격파한다. 한편, 때를 기다리던 대봉은 북흉노가 중원을 침범하여 천자에게 항복을 종용하자 천자를 구하고 적을 격파한다. 이후 재회한 대봉과 애황은 혼인하여 부귀영화를 누린다.

수학

[문제 07]

- **출제 범위**: 수학 Ⅰ (로그함수와 지수함수의 그래프)

- **출제 의도**
  로그함수와 지수함수가 역함수 관계임을 이해하고 이를 활용할 수 있는지 평가한다.

- **출제 근거**
  `12수학Ⅰ01-07` 지수함수와 로그함수의 그래프를 그릴 수 있고, 그 성질을 이해한다.

도서명	쪽수/번
2025 수능특강 수학영역 수학 Ⅰ	25쪽 예제 3번

문제해결의 TIP

본 문항은 수학 Ⅰ 과목의 지수함수와 로그함수 단원에서 지수함수와 로그함수의 뜻과 성질에 관한 문항이다. 따라서 지수함수의 그래프와 로그함수의 그래프의 뜻과 성질을 이해하고, 두 함수의 그래프가 서로 역함수 관계임을 이용하여 문제를 해결할 수 있는지를 평가하고 있다.

예시 답안

함수 $f(x) = \log_3 x$의 역함수는 $y = 3^x$이므로
$g(x) = 3^x$
이때 점 B의 y좌표가 27이므로 $3^x = 27$에서
$x = 3$
$\therefore \mathrm{B}(3,\ 27)$
점 A는 직선 $y = x$에 대한 점 B의 대칭점이다.
$\therefore \mathrm{A}(27,\ 3)$

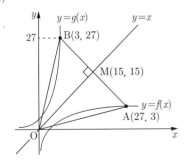

선분 AB의 중점을 M이라 하면

$M\left(\dfrac{3+27}{2},\ \dfrac{27+3}{2}\right)$, 즉 M(15, 15)이므로

$\overline{OM}=\sqrt{15^2+15^2}=15\sqrt{2}$

$\overline{AB}=\sqrt{(3-27)^2+(27-3)^2}=24\sqrt{2}$

따라서 삼각형 OAB의 넓이는

$\dfrac{1}{2}\times15\sqrt{2}\times24\sqrt{2}=360$

[문제 08]

문항 출제 기준

- **출제 범위:** 수학 Ⅰ (지수함수의 그래프)

- **출제 의도**
  지수함수의 그래프를 이해하고 이를 활용할 수 있는지 평가한다.

- **출제 근거**
  12수학Ⅰ 01-07 지수함수와 로그함수의 그래프를 그릴 수 있고, 그 성질을 이해한다.

도서명	쪽수/번
2025 수능특강 수학영역 수학 Ⅰ	21쪽 유제 2번

문제해결의 TIP

본 문항은 수학 Ⅰ 과목의 지수함수와 로그함수 단원에서 지수함수의 그래프에 관한 문항이다. 따라서 두 함수 $y=2^x$, $y=4^x$ 의 그래프를 그린 후 문제의 조건의 직선과 만나는 두 점의 좌표를 각각 구해 문제를 해결할 수 있는지를 평가하고 있다.

예시 답안

기울기가 음수이고 y절편이 0보다 큰 직선 l이 두 함수 $y=4^x$, $y=2^x$ 의 그래프와 만나는 점을 각각 P, Q라 하자.

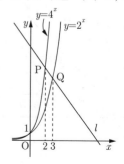

이때 점 P의 x좌표는 2이고, 점 Q의 x좌표는 3이므로

$P(2,\ 4^2)$, $Q(3,\ 2^3)$, 즉 $P(2,\ 16)$, $Q(3,\ 8)$

따라서 직선 l의 방정식은

$y=\dfrac{8-16}{3-2}(x-2)+16$

$\therefore\ y=-8x+32$

즉, 구하는 직선 l의 y절편은 32이다.

📖 교과서 속 개념 확인

지수함수 $y=a^x$ $(a>0,\ a\neq1)$의 성질

(1) 지수함수의 그래프

① $a>1$일 때

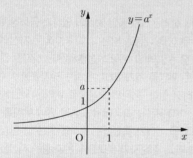

② $0<a<1$일 때

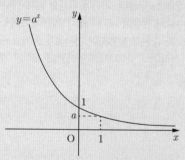

(2) 정의역은 실수 전체의 집합이고, 치역은 양의 실수 전체의 집합이다.

(3) $a>1$일 때, x의 값이 증가하면 y의 값도 증가한다.
   $0<a<1$일 때, x의 값이 증가하면 y의 값은 감소한다.

(4) 그래프는 점 $(0,\ 1)$을 지나고, 점근선은 x축이다.

[문제 09]

📖 문항 출제 기준

- **출제 범위**: 수학 Ⅰ (사인법칙과 코사인법칙의 활용)

- **출제 의도**
사인법칙과 코사인법칙을 이해하고 이를 활용할 수 있는지 평가한다.

- **출제 근거**
[12수학Ⅰ 02-03] 사인법칙과 코사인법칙을 이해하고, 이를 활용할 수 있다.

도서명	쪽수/번
2025 수능완성 수학영역 수학Ⅰ	145쪽 11번

💡 문제해결의 TIP

본 문항은 중학교 수학 과목의 삼각형의 내각의 이등분선의 성질, 원주각의 성질과 수학 Ⅰ 과목의 삼각함수 단원에서 사인법칙, 코사인법칙을 연계하여 출제한 문항이다. 따라서 사인법칙과 코사인법칙을 이용하여 삼각형의 변의 길이를 구한 후, 삼각형의 내각의 성질과 원주각의 성질을 통해 삼각형 BCD는 정삼각형임을 이해하고 문제를 해결할 수 있는지를 평가하고 있다.

📝 예시 답안

삼각형 ABC의 외접원의 반지름의 길이가 $\sqrt{21}$ 이므로 사인법칙에 의해

$$\frac{\overline{BC}}{\sin\frac{2}{3}\pi}=2\sqrt{21}$$

$$\therefore \ \overline{BC}=2\sqrt{21}\times\sin\frac{2}{3}\pi=2\sqrt{21}\times\frac{\sqrt{3}}{2}=3\sqrt{7}$$

삼각형 ABD의 외접원의 반지름의 길이가 $\sqrt{21}$ 이므로 사인법칙에 의해

$$\frac{\overline{AB}}{\sin(\angle BDA)}=2\sqrt{21}$$

$$\overline{AB}=2\sqrt{21}\times\sin(\angle BDA)=2\sqrt{21}\times\frac{2\sqrt{7}}{7}=4\sqrt{3}$$

삼각형 ABC에서 $\overline{AC}=x\ (x>0)$
코사인법칙에 의해

$$\overline{BC}^2=\overline{AB}^2+\overline{AC}^2-2\times\overline{AB}\times\overline{AC}\times\cos\frac{2}{3}\pi$$

$$(3\sqrt{7})^2=(4\sqrt{3})^2+x^2-2\times4\sqrt{3}\times x\times\left(-\frac{1}{2}\right)$$

$$x^2+4\sqrt{3}\,x-15=0, \ (x+5\sqrt{3})(x-\sqrt{3})=0$$

$x>0$ 이므로 $x=\sqrt{3}$

직선 AD가 ∠BAC를 이등분하므로
$\overline{AB}:\overline{AC}=\overline{BE}:\overline{CE}$ 에서
$$\overline{BE}=4\overline{CE}$$
원주각의 성질에 의해

$$\angle BAD=\angle BCD=\frac{\pi}{3}, \angle CAD=\angle CBD=\frac{\pi}{3}$$ 이므로

삼각형 BCD는 정삼각형이다.
따라서

$$\overline{BE}=\frac{4}{5}\overline{BC}=\frac{12\sqrt{7}}{5}, \ \overline{CE}=\frac{1}{5}\overline{BC}=\frac{3\sqrt{7}}{5}$$

이므로

$$\frac{25}{7}\left(\overline{BE}^2+\overline{CE}^2\right)=144+9=153$$

[문제 10]

📖 문항 출제 기준

- **출제 범위**: 수학 Ⅰ (귀납적으로 정의된 수열)

- **출제 의도**
귀납적으로 정의된 수열의 해법을 이해하고 이를 적용할 수 있는지 평가한다.

- **출제 근거**
[12수학Ⅰ 03-06] 수열의 귀납적 정의를 이해한다.

도서명	쪽수/번
2025 수능특강 수학영역 수학Ⅰ	95쪽 예제 5번

💡 문제해결의 TIP

본 문항은 수학 Ⅰ 과목의 수열 단원에서 귀납적으로 정의된 수열에 관한 문항이다. 따라서 귀납적으로 정의된 수열에서 n에 1, 2, 3, … 을 차례로 대입하여 조건을 만족하는 특정한 항의 값을 구한 후, 등비수열의 합을 이용하여 문제를 해결할 수 있는지를 평가하고 있다.

📝 예시 답안

$$a_{2^2-1}=a_3=2a_1+1=3=2^2-1$$

$$a_{2^3-1}=a_7=2a_3+1=7=2^3-1$$

$$a_{2^4-1}=a_{15}=2a_7+1=15=2^4-1$$

$$a_{2^5-1}=a_{31}=2a_{15}+1=31=2^5-1$$

$$\vdots$$

이므로 $a_{2^n-1}=2^n-1$임을 알 수 있다.

$$\therefore \sum_{k=1}^{30} a_{2^k-1} = a_1 + a_3 + a_7 + \cdots + a_{2^{30}-1}$$
$$= (2^1-1)+(2^2-1)+(2^3-1)+\cdots+(2^{30}-1)$$
$$= (2^1+2^2+2^3+\cdots+2^{30})-30$$
$$= \frac{2(2^{30}-1)}{2-1}-30$$
$$= 2^{31}-32 = 2^5(2^{26}-1)$$

따라서 $m=5$, $n=26$이므로
$m+n=5+26=31$

교과서 속 개념 확인

등비수열의 합

첫째항이 a, 공비가 r인 등비수열 $\{a_n\}$의 첫째항부터 제n항까지의 합 S_n은

(1) $r \neq 1$일 때, $S_n = \dfrac{a(1-r^n)}{1-r} = \dfrac{a(r^n-1)}{r-1}$

(2) $r=1$일 때, $S_n=na$

[문제 11]

문항 출제 기준

- **출제 범위**: 수학 Ⅱ (함수의 연속성 + 최대 · 최소 정리)

- **출제 의도**
  함수의 연속성과 최대 · 최소 정리를 이해하고 이를 활용할 수 있는지 평가한다.

- **출제 근거**
  12수학Ⅱ 01-04 연속함수의 성질을 이해하고, 이를 활용할 수 있다.

도서명	쪽수/번
2025 수능특강 수학영역 수학 Ⅱ	27쪽 Level2 5번

문제해결의 TIP

본 문항은 수학 Ⅱ 과목의 함수의 극한과 연속 단원에서 연속함수의 성질에 관한 문항이다. 따라서 함수의 연속의 정의를 이용하여 함수식을 구한 후, 최대 · 최소 정리를 이해하고 이를 통해 문제를 해결할 수 있는지를 평가하고 있다.

예시 답안

부등식 $f(x) \leq 0$을 만족하는 x의 값의 범위는
$(x-1)^3(x-5) \leq 0$에서 $1 \leq x \leq 5$이고,
$f(x) > 0$을 만족하는 x의 값의 범위는
$(x-1)^3(x-5) > 0$에서 $x < 1$ 또는 $x > 5$이다.
따라서 함수 $g(x)$는

$$g(x) = \begin{cases} ax^2+bx+c & (1 \leq x \leq 5) \\ \dfrac{dx+1}{x-1} & (x<1,\ x>5) \end{cases}$$

함수 $g(x)$가 실수 전체의 집합에서 연속이므로
$$\lim_{x \to 1-} g(x) = g(1),\ \lim_{x \to 5+} g(x) = g(5)$$
$$\lim_{x \to 1-} g(x) = \lim_{x \to 1-} \frac{dx+1}{x-1} = a+b+c$$에서 $x \to 1-$일 때
(분모)$\to 0$이고 극한값이 존재하므로 (분자)$\to 0$이어야 한다.
즉, $\lim_{x \to 1-}(dx+1) = 0$에서 $d=-1$

$x<1$ 또는 $x>5$에서 $g(x) = \dfrac{-x+1}{x-1} = -1$

따라서 $g(1)=g(5)$이고, $1 \leq x \leq 5$에서 $g(x)$는 이차함수이므로 $x=3$에 대칭이다.

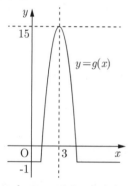

한편, 닫힌구간 $[1,\ 5]$에서 $g(1)=g(5)=-1$이므로
$g(x) = a(x-1)(x-5)-1$이라 할 수 있다.
이때 함수 $g(x)$의 최댓값이 19이므로
$g(3) = -4a-1 = 19$에서
$a=-5$
따라서 $g(x) = \begin{cases} -5(x-1)(x-5)-1 & (1 \leq x \leq 5) \\ -1 & (x<1,\ x>5) \end{cases}$
이므로
$g(2) = -5 \times (2-1)(2-5)-1 = 14$

교과서 속 개념 확인

최대 · 최소 정리

함수 $f(x)$가 닫힌구간 $[a,\ b]$에서 연속이면 함수 $f(x)$는 이 구간에서 반드시 최댓값과 최솟값을 갖는다.

[문제 12]

문항 출제 기준

- 출제 범위: 수학 Ⅱ (접선의 방정식)

- 출제 의도
  곡선 위의 점에서의 접선의 방정식을 구할 수 있는지 평가한다.

- 출제 근거
  12수학Ⅱ 02-06 접선의 방정식을 구할 수 있다.

도서명	쪽수/번
2025 수능특강 수학영역 수학 Ⅱ	54쪽 Level2 1번

문제해결의 TIP

본 문항은 수학 Ⅱ 과목의 미분 단원에서 접선의 방정식에 관한 문항이다. 따라서 곡선 위의 한 점에서의 접선의 방정식을 구하고, 이 접선에 수직인 직선이 곡선에서 접할 조건을 이용하여 문제를 해결할 수 있는지를 평가하고 있다.

예시 답안

$f(x) = 2x^3 + ax^2 + 4x$라 하면 $f'(x) = 6x^2 + 2ax + 4$이므로 $f'(0) = 4$이다.

즉, 곡선 $y = f(x)$ 위의 점 $O(0, 0)$에서의 접선의 방정식은 $y = 4x$이다.

이 접선에 수직이고 점 $O(0, 0)$을 지나는 직선의 방정식은 $y = -\dfrac{1}{4}x$이다. 직선 $y = -\dfrac{1}{4}x$가 곡선 $y = 2x^3 + ax^2 + 4x$ 위의 점 $O(0, 0)$을 지나고 다른 한 점에서 접하면 방정식 $2x^3 + ax^2 + 4x = -\dfrac{1}{4}x$, 즉 $x(8x^2 + 4ax + 17) = 0$에서 이차방정식 $8x^2 + 4ax + 17 = 0$이 중근을 가져야 한다.

이 이차방정식의 판별식을 D라 하면 $D = 0$이어야 하므로 $\dfrac{D}{4} = 4a^2 - 8 \times 17 = 0$에서 $a^2 = 34$

[문제 13]

문항 출제 기준

- 출제 범위: 수학 Ⅱ (도함수의 활용-속도와 가속도)

- 출제 의도
  수직선 위를 움직이는 점의 시각 t에서의 속도와 가속도의 정의를 이해하고 이를 활용할 수 있는지 평가한다.

- 출제 근거
  12수학Ⅱ 02-11 속도와 가속도에 대한 문제를 해결할 수 있다.

도서명	쪽수/번
2025 수능완성 수학영역 수학 Ⅱ	58쪽 32번

문제해결의 TIP

본 문항은 수학 Ⅱ 과목의 미분 단원에서 속도와 가속도에 관한 문항이다. 따라서 수직선 위를 움직이는 점 P의 시각 t에서의 위치가 주어졌을 때, 위치를 t에 대해 미분하면 속도임을 이용하여 문제를 해결할 수 있는지를 평가하고 있다.

예시 답안

두 점 P, Q의 시각 t에서의 속도를 각각 v_P, v_Q라 하면

$$v_P = \frac{dx_P}{dt} = t - 2, \quad v_Q = \frac{dx_Q}{dx} = -3t^2 + 9t + 30$$

두 점 P, Q가 서로 같은 방향으로 움직이면 $v_P v_Q > 0$이므로

$$(t-2)(-3t^2 + 9t + 30) > 0, \quad (t-2)(t+2)(t-5) < 0$$

이때 $t \geq 0$이므로 $2 < t < 5$

따라서 $\alpha = 2$, $\beta = 5$이므로

$$\alpha + \beta = 2 + 5 = 7$$

[문제 14]

📘 문항 출제 기준

• 출제 범위: 수학 Ⅱ (부정적분의 정의와 성질)

• 출제 의도
부정적분의 정의와 성질을 이해하고 활용할 수 있는지 평가한다.

• 출제 근거
12수학Ⅱ 03-01 부정적분의 뜻을 안다.

도서명	쪽수/번
2025 수능특강 수학영역 수학 Ⅱ	83쪽 Level2 6번

💡 문제해결의 TIP

본 문항은 수학 Ⅱ 과목의 적분 단원에서 부정적분의 뜻과 성질에 관한 문항이다. 따라서 주어진 조건과 부정적분의 뜻과 성질을 이용하여 함수식을 구해 문제를 해결할 수 있는지를 평가하고 있다.

📝 예시 답안

$g(x) = \int x f(x) dx$의 양변을 x에 대하여 미분하면

$g'(x) = x f(x)$

$f'(x) = g'(x) - 6x^3 + 5x$에서

$f'(x) = x f(x) - 6x^3 + 5x$

$x f(x) = f'(x) + 6x^3 - 5x$ ...... ㉠

따라서 $f(x)$는 최고차항의 계수가 6인 이차함수이다.

$f(x) = 6x^2 + ax + b$ (a, b는 상수)라 하면

$f'(x) = 12x + a$

㉠에서

$x(6x^2 + ax + b) = (12x + a) + 6x^3 - 5x$

$6x^3 + ax^2 + bx = 6x^3 + 7x + a$ ...... ㉡

㉡은 x에 대한 항등식이므로

$a = 0$, $b = 7$

$\therefore f(x) = 6x^2 + 7$

한편,

$g(x) = \int x f(x) dx = \int (6x^3 + 7x)$

$= \dfrac{3}{2}x^4 + \dfrac{7}{2}x^2 + C$ (단, C는 적분상수)

이고 $g(0) = C = -1$이므로

$g(x) = \dfrac{3}{2}x^4 + \dfrac{7}{2}x^2 - 1$

$\therefore f(1) + g(\sqrt{2}) = 13 + 12 = 25$

[문제 15]

📘 문항 출제 기준

• 출제 범위: 수학 Ⅱ (정적분의 활용-속도와 거리)

• 출제 의도
속도와 움직인 거리와의 관계를 이해하고 이를 정적분을 활용할 수 있는지 평가한다.

• 출제 근거
12수학Ⅱ 03-06 속도와 거리에 대한 문제를 해결할 수 있다.

도서명	쪽수/번
2025 수능특강 수학영역 수학 Ⅱ	95쪽 유제 6번

💡 문제해결의 TIP

본 문항은 수학 Ⅱ 과목의 적분 단원에서 속도와 거리에 관한 문항이다. 수직선 위를 움직이는 점 P가 운동 방향을 바꿀 때의 속도는 0임을 이해하고, 그때의 시각 t에서의 $|v(t)|$의 정적분의 값이 점 P가 움직인 거리임을 이용하여 문제를 해결할 수 있는지를 평가하고 있다.

📝 예시 답안

점 P가 움직이는 방향이 바뀌는 순간 $v(t) = 0$이므로

$t^3 + (a-2)t^2 - 2at = 0$에서

$t(t+a)(t-2) = 0$

이때 $a > 0$이고 $t_1 > 0$이므로 $t = 2 = t_1$이다.

$0 \le t \le 2$에서 $v(t) = t(t+a)(t-2) \le 0$이므로 시각 $t = 0$에서 $t = 2$까지 점 P가 움직인 거리는

$\int_0^2 |v(t)| dt = \int_0^2 |t^3 + (a-2)t^2 - 2at| dt$

$= \int_0^2 \{-t^3 - (a-2)t^2 + 2at\} dt$

$= \left[-\dfrac{1}{4}t^4 - \dfrac{a-2}{3}t^3 + at^2 \right]_0^2$

$= -4 - \dfrac{8(a-2)}{3} + 4a$

$= \dfrac{4}{3}a + \dfrac{4}{3}$

따라서 $\dfrac{4}{3}a + \dfrac{4}{3} = 4$이므로 $\dfrac{4}{3}a = \dfrac{8}{3}$

$\therefore a = 2$

2025 가천대학교 논술고사 실전 모의고사 자연 계열

개정2판1쇄 발행	2024년 09월 05일 (인쇄 2024년 07월 26일)
초 판 발 행	2022년 09월 05일 (인쇄 2022년 07월 22일)
발 행 인	박영일
책 임 편 집	이해욱
편 저	이규정 · 오지연
편 집 진 행	이미림 · 김하연 · 박누리별 · 백나현
표지디자인	박종우
편집디자인	김기화 · 고현준
발 행 처	(주)시대에듀
출 판 등 록	제10-1521호
주 소	서울시 마포구 큰우물로 75 [도화동 538 성지 B/D] 9F
전 화	1600-3600
팩 스	02-701-8823
홈 페 이 지	www.sdedu.co.kr

I S B N	979-11-383-7241-1 (53410)
정 가	24,000원

나는 이렇게 합격했다

당신의 합격 스토리를 들려주세요
추첨을 통해 선물을 드립니다

베스트 리뷰
갤럭시탭 / 버즈 2

상/하반기 추천 리뷰
상품권 / 스벅커피

인터뷰 참여
백화점 상품권

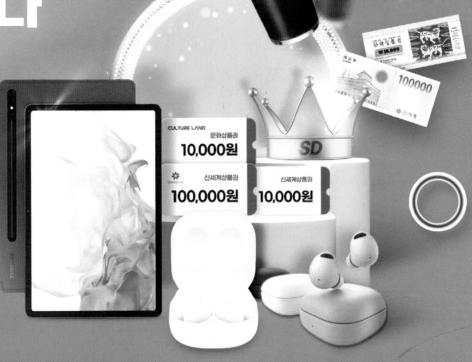

이벤트 참여 방법

합격수기

시대에듀와 함께한
도서 or 강의 **선택**
> 나만의 합격 노하우
정성껏 **작성**
> 상반기/하반기
추첨을 통해 **선물 증정**

인터뷰

시대에듀와 함께한
강의 **선택**
> 합격증명서 or
자격증 사본 **첨부**,
간단한 **소개 작성**
> 인터뷰 완료 후
백화점 상품권 증정

이벤트 참여 방법
다음 합격의 주인공은 바로 여러분입니다!

QR코드 스캔하고 ▷ ▷ ▶
이벤트 참여하여 푸짐한 경품받자!

합격의 공식
시대에듀

2025

가천대학교 논술고사
실전 모의고사

자연 계열(수학 + 국어)

실전 모의고사로 문제 해결력 키우고
2025학년도 논술고사 합격하자!

시대에듀 한국사능력검정시험 심화(1·2·3급) 대비서 시리즈

개념 정복

Type A 개념 이해와 학습 방법을 파악하는 단계

PASSCODE 한국사능력검정시험 한권으로 끝내기 심화
- 황의방 교수 저자 직강 무료
- 알짜만 모은 핵심 이론
- 시험에 자주 등장하는 키워드를 통한 철저한 기출문제 분석
- 한능검을 정복하는 20가지 유형별 문제 풀이 스킬 제시

Type B 전략적인 기출 분석이 필요한 단계

PASSCODE 한국사능력검정시험 주제·시대 공략 기출문제집 심화
- 시대 통합 주제와 시대별 핵심 주제로 구성된 이론 및 문제를 통해 신유형 완전 정복
- 실제 기출된 사료와 선지를 재구성한 미니 문제를 통해 핵심 키워드 파악
- 전 문항 개별 QR코드로 나 홀로 학습 가능

Type C 효율적인 단기 완성의 단계

PASSCODE 한국사능력검정시험 7일 완성 심화
- 기출 빅데이터 분석으로 50개 주제별 빈출 키워드와 문제 유형 제시
- 오디오북으로 스마트하게 학습 가능한 꼭 나오는 기출 선택지 제시
- 최종 모의고사 1회분과 시대별 연표로 마지막 1문제까지 완벽 케어

나의 학습 단계에 맞는 한능검 교재를 통해
한국사 개념을 정복하고 문제 풀이 스킬을 업↑시켰다면,

⬇

최종 마무리 단계로 실전 감각 익히기!

기출 정복

마무리 한국사에 대한 개념이 빠삭한 단계

PASSCODE 한국사능력검정시험 기출문제집 800제 16회분 심화
- 회차별 최신 기출문제 최다 수록
- 오답부터 정답까지 기본서가 필요 없는 상세한 해설
- 무료 기출 해설 강의
- 회차별 모바일 OMR 자동채점 서비스 제공

※ 도서의 구성과 이미지는 변경될 수 있습니다.

시대에듀와 함께해요!

함께 읽으면 좋은
시사 상식 시리즈!

2025학년도 대입의 지름길!
10대를 위한
모든 이슈

▶ 대입 논술·구술면접을 위한
  이슈와 상식의 결정판!

▶ 주요 이슈들과 꼭 알아야 하는
  기본 상식들을 모두 한 권에 정리!

대입 면접 논술 대비 필독서!
The 똑똑한
청소년 시사상식

▶ 인문·경제·정치·사회·과학·
  문화·우리말 상식 수록!

▶ 수능·논술·면접·수행평가·토론·
  퀴즈 대회 준비도 한 번에 OK!

하루 30개 한 달 PLAN!
하루
상식

▶ 하루 10분 투자로
  똑똑해지는 습관!

▶ 최신 이슈와 시사용어, 필수상식 중
  꼭 알아두어야 하는 핵심 상식 수록!

퀴즈로 재미있게 상식 채우기!
뇌가 섹시해지는
꿀잼 상식 퀴즈

▶ 퀴즈 대회부터 면접 대비
  맞춤형 상식 퀴즈 수록!

▶ 다양한 분야의
  상식 퀴즈 수록!

※ 도서 이미지 및 세부 내용은 변경될 수 있습니다.